本书由国家自然科学基金项目"基于文化地理学的东北传统民居演化机制与现代演绎研究"（批准号：51878203）资助出版

国家出版基金项目
NATIONAL PUBLICATION FOUNDATION

·中国传统村落及其民居保护与文化地理研究文库·

肖大威　主编

东北传统村落及民居类型文化地理研究

周立军　著

中国建筑工业出版社
中国城市出版社

审图号：GS（2020）4326号

图书在版编目（CIP）数据

东北传统村落及民居类型文化地理研究／周立军著
. —北京：中国城市出版社，2019.12
（中国传统村落及其民居保护与文化地理研究文库／
肖大威主编）
ISBN 978-7-5074-3250-3

Ⅰ. ①东… Ⅱ. ①周… Ⅲ. ①村落－乡村规划－研究
－东北地区 Ⅳ. ①TU982.293

中国版本图书馆CIP数据核字（2019）第281067号

责任编辑：付 娇 李玲洁 杜 洁 王 磊
责任校对：王 烨

中国传统村落及其民居保护与文化地理研究文库
肖大威 主编

东北传统村落及民居类型文化地理研究
周立军 著

*
中国建筑工业出版社、中国城市出版社出版、发行（北京海淀三里河路9号）
各地新华书店、建筑书店经销
北京锋尚制版有限公司制版
北京富诚彩色印刷有限公司印刷
*
开本：787毫米×1092毫米 1/16 印张：$20\frac{1}{4}$ 字数：438千字
2020年12月第一版 2020年12月第一次印刷
定价：**188.00元**
ISBN 978 - 7 - 5074 - 3250 - 3
　　（904232）

总序

1. 缘起

用文化地理的理论和方法研究民居（并拓展到村庄）是我在20世纪80年代攻读博士学位时萌生的研究建筑历史的想法。中华文化博大精深、源远流长，尤其是五千年农耕文化沉淀了适应农耕生产和各地气候环境的人居聚落形态和民居类型，体现了巧妙的营建智慧，值得研究和总结。我读大学和研究生时经常看到，当某地发现了一种很有特色的民居时就发表一篇阐述这个特殊民居的文章，我想这些"发现"落在地图上，会告诉我们怎样的信息？什么理论方法能够承担探讨民居文化根源这一重任，可以全面地、多层次地研究分布如此广泛、由多元文化和环境所产生的各种村落与民居形态？

通过多年的思考和探索，我们选择了文化地理学这种可供借用的理论与方法。文化地理的方法将文化类型建构于地理空间上，可以帮助我们"一目了然"地了解各类村落和民居的位置，进而更深层次地了解到各类民居产生的自然气候环境和文化条件，理解各类民居之间的空间位置关系，也就是各种形式的民居产生在什么地方，他们的相对位置可能会形成某种文化圈层系统。具体而言，文化地理的方法可以告诉我们的信息包括：民居和村落类型的源流和差异的信息，交流的信息，核心区与边缘区的信息，技术的信息，材料的信息，生态环境影响的信息，经济形态的信息，制度影响的信息以及演进分异的信息等，进而可以对中华农耕文化的聚居形态进行较深层的理解或解释，这是建筑学方法所难企及的，却又是建筑学需要探究的本质因素。

2. 为什么要用文化地理学研究方法？

（1）保护传统村落文化遗产的现实紧迫性

中国自古是农业主导的社会，血缘和地缘关系将人们以家族为单位固化在其长年耕作的土地上。农民一代复一代在相同的土地上以相近的方式生产生活，他们赖以生存的聚落，赖以居住的房屋，其营建方式也通过自古积累的经验不断传承演化，沉淀了风土人情，反映着当时当地农民生活中的习俗礼仪，展现出一种鲜活而朴素的乡土风貌。

然而，中国当代的社会经济变迁扰动了这种乡村历史的沉淀。近30多年来中国开始了史诗般的城镇化进程，伴随着城市的迅猛拓展的是村落与民居的迅速消亡，在这一城乡景观巨大变迁的历史进程中，传统的聚落与民居形式被逐渐消解，传统的生活方式迅速消失，祖国大地上星罗棋布的传统村落与民居如今已变得十分稀寥。

所幸的是，近年来许多有识之士对传统村落与民居的价值及其保护提出了卓越的见解。中国传统村落是农耕文明的精髓和中华民族的根基，蕴藏着丰富的历史文化信息与自然生态景观资源，是我国乡村历史、文化、自然遗产的"活化石"和"博物馆"，是中华传统文化的重要载体和中华民族的精神家园[1]，这一对传统村落价值的高度概括已在全国引起共鸣，各级政府及各类研究机构都认识到保护传统村落的重要性。2012年，由住房和城乡建设部、文化部、国家文物局、财政部联合发布了《关于开展传统村落调查的通知》（建村〔2012〕58号），启动了中国传统村落的调查与审评工作，标志着传统村落保护工作在全国的全方位展开。截至2018年，全国共颁布了五批6799个传统村落。

然而，由于传统村落与民居的分布量大面广，且许多村落区位偏远，导致调研成本高、历时长、难度大，而且调研工作需要大量专业人员参与。因此，全国性传统村落与民居基础数据普查进展缓慢，地方性调查也未成系统；同时，针对传统村落的保护与发展措施还不完善，空心化或过度开发导致了传统村落的凋敝或损毁，传统文化随着载体被迅速肢解或消亡。

从务实地解决保护矛盾的态度出发，首先需要开展基础性研究。只有充分了解传统村落与民居，才有可能回答如何保护的问题。在没有进行充分的基础性研究的情况下提出保护措施是有风险的，也可能成为建设性破坏的重要原因。采用文化地理学的方法进行传统村落及其民居的研究，可以直观有效地理解文化景观现象，有利于探索其文化内涵和影响因素，深刻理解我国传统居住文化的源流；同时，可以通过调查收集大量的传统村落及其民居的各类信息，从而支撑和推进传统村落及其民居文化的研究、保护和传承。

（2）传统村落和民居研究理论体系突破的必要性

正当传统村落保护被日益重视之时，相应的传统村落和民居基础研究却彷徨在如何创新和突破的十字路口，成果在量的积累和丰富之外尚缺乏质的创新，视角与方法未有大的突破，尚未做好新时期的转型准备以迎合时代的需求，体现时代之精神。

从全国近1.2万篇关于民居研究的论文分析，其研究对象和方法存在异地同质现象，主要表现在：1）这些研究以核心地区的典型案例为主，地区间的联系及对比研究较少，导致对传统村落在地域上的共性和差异性认识有所局限；2）由于研究对象集中在文化核心区，对边缘圈层研究较少，因此对核心区与边缘区的文化交织传播认识不够；3）对传统村落的演变过程探讨较少，对传统村落及其民居的原型、迁移扩散、发展演变和空间边界等因素的考察较为薄弱。此外，通过梳理近年传统村落与民居的研究现状，不难发现，学者们普遍意识到以往建筑学科静态描述性的研究忽视了对空间形态形成和演变规律性问题的探讨，研究成果尚欠解释力，因此，一种以学科交叉为基础的传统村落及民居的研究范式逐渐形成，但从已有的研究成果来看，仍是建立在少数的案例研究基础之上，彼此之间关联较少，

---

1 《住房城乡建设部　文化部　财政部关于加强传统村落保护发展工作的指导意见》，2012年12月12日。

尚未具备普遍性与基础性理论的构建。如果我们不能找到一条整合的途径，那么现在已有的以及将来形成的众多研究成果，只能是量的积累，而非质的提升。

对于传统村落与民居来说，强调基础理论研究的系统性，是因为快速城市化发展使传统村落与民居在全国范围内不断灭失，而已有的研究却在国土空间上呈现出显著的不平衡状态，部分地区的传统村落与民居在尚未开展研究的情况下就面临灭失的风险，而这些传统村落与民居同样是中华文明体系中的精华与代表，其消失将带来我们传统文化框架中无法弥补的结构性缺憾。因此，我们的研究应当在以往对代表性对象进行集中研究的基础上，更多地关注以文化整体为对象的结构性与系统性研究。只有在确保系统结构完善与稳定的基础上，才有可能进行更为深入的研究。

同时，我们目前开展的许多传统村落与民居的相关研究是以案例分析为基础的，研究关注的重点在于个体。而传统村落及其民居的研究在很大程度上需要以更大范围的空间和时间为参照，通过对比研究得出的差异性来进行规律性问题的揭示和理论归纳。由于理论体系的缺失，相关的研究缺少了一个共同的参照平台，从而难以实现纵向与横向的比较研究，这样已有的研究就较难整合起来，形成创新性的成果，局限了学科的发展。

因此，我们需要重视理论框架的构建，为传统村落与民居建筑研究提供一个可以定位自身的平台，以明确相关研究之间的联系与区别，并在这一过程中逐渐探索一些深层次的规律性问题，从而开创传统村落与民居建筑研究的新局面。

以上论述表明，开展传统村落与民居研究的基础性理论体系的构建已经是一个无法回避的课题。本丛书的写作基于这一核心问题的思考，尝试对传统村落与民居进行文化地理学与建筑学的交叉研究，通过理论层面对本质性特征的分析与实践层面的论证，建立起一套较为系统的理论框架，为传统村落与民居研究提供可以定位与比较的平台，并形成一套相应的研究方法，以实现理论层面的归纳。

（3）空间分析技术的快速发展为传统村落与民居文化地理研究提供了技术可行性

中国有许多具有较高历史文化价值的村落及民居，而得到充分关注、记录、保护和研究的尚属少数。采用以往针对核心地区典型案例的调查研究手法难以适应当下对大量传统村落及其民居研究与保护的普遍性要求。

信息与网络时代的到来为学术研究中的技术创新带来了极大的可能性。许多以往无法完成的研究在新时期的技术条件下已具备可行性，例如对海量数据的处理、空间计算、空间信息在地图上的落图显示和分析等。此外，我国国土测绘的高清地图、日新月异的实验仪器如田野调查的测拍无人机、三维自动扫描仪等，都可为大面积普查工作的开展提供支撑。

3．如何运用传统村落与民居文化地理学研究方法

"聚居研究"是传统民居文化地理研究中的重要内容。"聚"即集聚，指传统民居集聚区域，如城市中的历史街区和传统村落。"居"即居住，指传统民居建筑。集聚对应空间布

局，居住对应单体建筑。利用文化地理学的理论进行传统聚居研究，一方面要在统计意义上研究村落与民居文化的空间分布结构，另一方面则在历史演进的视角下探讨村落与民居文化的传播与整合，从而系统地揭示出物质形式与地域文化形态之间的关联机制。具体研究包括聚居文化与地理要素之间的关系、空间分布规律、演化扩散机制、体系划分及分类原则、关联性等几个方面。

从方法上而言，传统村落与民居文化地理研究的基础是数据库的建立：通过将大数据、遥感技术与地理信息系统结合，构建时空一体的数据采集与分析框架，在此基础上对大量传统村落与民居进行地图上的精确定位并在线下开展普查，建立传统村落与民居文化地理时空数据库。

（1）在省（或大文化区）一级的规模区域层面进行断代及地图定位研究

这是文化地理研究的重要环节。民居类型的分类在以往的研究中一般是在省级行政区划层面的分类，如广东省的民居，主要分为广府（文化圈）民居、客家（文化圈）民居、福佬潮汕（文化圈）民居。而这些文化圈内部的异同，只有在地理层面交叉其他学科调研分析才能明了。对比是文化地理研究的核心内容之一。这是因为在地理区位上，较易定义不同或相邻文化的同异，也较易作区位间的对比，在对比中揭示地理区位民居文化的差异，探讨差异产生的影响因素。

（2）在调研、评价及定位基础上，进行更具体的分类划区、归类统计与对比研究

借助便利的现代交通和信息技术，在地图上准确地定位各个传统村落及有价值的民居，绘制传统村落及民居地图。同时对实例中的各种信息进行科学收集，形成传统村落及民居信息库。通过调研分析不同区域、区位的传统村落及民居所具有不同的内部结构技术和空间特征，可以立体化的揭示传统村落及民居文化的细节和内涵，为后期在文化地理层面阐述传统村落与民居的类型及其分布规律提供更翔实的调查实证基础。

（3）在分类（归类）对比的基础上，研究文化交流与传播的方向和途径

民居的发展演变是缓慢的，在农耕社会营建材料基本不变的条件下，文化之间的交流碰撞是推动民居演变发展的主要原因。民居文化地理在文化传播与交流研究方面的优势显而易见。因为通过地理区位的准确定位，能够把民居变化的方向和路线揭示出来，也就是能够把民居文化传播的阶段痕迹找出来。民居在营造技术和审美情趣上常常是相互模仿的，一般是在尊重祖传习俗的基础之上，学习和接受先进文化，也就是说，文化交流和传播是一种梯度式传播（准确地说，是双向传播）。在研究中可以结合生产力的发展，营造技术的进步，建筑材料的异同等方面来揭示民居发展的演变规律。

（4）阐述总结不同文化圈的技术、材料等物质文化因素

民居是中国传统建筑的主体，是城乡建设的基本形式。因古代建筑技术与材料所限，传统民居在物质文化方面的表现在一定程度上代表了当时普及性的建筑水平，如材料和结构技术。木结构一直沿用至今，而不同地区的木结构营造方式却变化丰富。对材料的利用、

营建技术法则和规定、工匠的手法都存在地区差异，并体现在民居的空间布局、装饰构件、图案等方面，这和当地的物产、气候及环境都有很大关联性。按不同的地理区域描绘出不同的民居物质文化图则，将系统地揭示民居建筑科学的技术奥妙，以及许多生态节能的地方技术。

（5）分析和解释不同文化圈在营建中所体现的制度、民俗等意识文化因素

民居中的意识文化是一种根深蒂固的文化传统，是民居文化的核心，存在于物质文化的具体空间与构件之中。这些广义上的意识文化包括制度、价值观和审美观等。

首先，传统礼制对古代建筑的形制规模都有较为具体的规定，到了民居层面，礼制的规定会结合等级伦理道德，体现在除形制和规模以外的功能布局和空间尺度上，且在各个地域和各种民居类型中的表现不尽一致。而民间的"制度"就是乡规民约，这些约定是群众的监督，是一只无形的手，影响着村落的组织结构、空间序列和色彩等，协调了民居之间的营建矛盾。这些制度文化是传统村落和民居演进的重要因素，也是民居文化地理所需的研究内容。

其次，业主的价值观和审美观形成了对所建民居样式的倾向。各地域文化圈会在教育、社会风尚、宗教、道德等方面影响和教化业主，从众心理与标新立异的思想也会影响观念。从民居文化地理的研究角度，重点是研究哲学、美学、绘画、诗文意境类的依附于物质文化的精神意识，以此揭示地域文化中的价值观和审美观。

最后，价值观、审美观、风水观念等意识文化又与经济条件、与民居建筑所处的气候、环境、地貌等自然因素密切相关，这些都是文化地理所要研究的重要内容。

4. 传统村落与民居文化地理学可以解决什么问题？

采用文化地理学的方式研究传统村落及其民居，其优势主要体现在两个方面：

（1）传统村落及其民居是人类社会最大规模的历史文化载体之一，反映人地关系，具有鲜明的区域人文特色。文化地理学研究文化与地理的关系，注重描述和解释文化的空间差异及分布规律，适合农耕型文化在地理版图上相对固化的特征。因此，将村落和民居这种物质文化与地理空间直接联系起来，可以从地理空间上直观地认识传统村落与民居文化现象，如一种民居形式在一定范围内的分布疏密可以定量可视，便于识别。文化作为这一视野的着眼点，其本身就为民居研究提供了一个更为广阔的平台；而地理要素作为一种先决条件的存在，则为我们认识文化问题提供了空间的支撑，我们由此可以判定"这种文化"与"那种文化"之间的差异，其实也是"这里"与"那里"的差异，由此把建筑文化与地理在本质上融合起来。

（2）文化地理学的动态性研究与建筑学的静态性研究具有交叉性与互补性。通过时间上的传播演变序列在空间上的投射，可以构建一个时空结合的研究框架，把描述性和解释性的民居研究与分析和关联性的文化研究结合起来，令各类型的民居之间产生清晰关联，

成为一个整体系统，从而了解一种建设文化的传播情况，找到某些传统村落形态和民居形态的"源头"，弄清来龙去脉，把形态的时空秩序统一于其内在的演变规律和机制中。

通过这两方面优势，结合大数据的调查和数据库建立，就可以构建起一个可归纳拓展的研究体系，对于理解传统村落与民居形态背后的文化内涵，探索村落与民居文化的交流规律，认识不同地域中传统村落与民居类型的同源性与差异性，发掘地域性建筑文化的特质和营建技术等具有重要意义。

结合以上优势，传统村落与民居的文化地理学存在着许多有意义的值得讨论的议题，例如：文化核心在文化区的形成、成熟和固化中所起到的集聚和辐射作用；文化边缘区中的文化交融现象以及边缘区与和核心区之间的梯度关系等。

此外，从实践应用上来看，对传统村落文化与地理的探讨，能让我们对全国传统村落与民居文化形成更为系统的认知，进而为传统村落保护工作的全面深入发展提供依据。当前我国传统村落评选采用的是地方上报后集中评审的操作方法，虽然对于单个村落能否列入传统村落名录已有较完善的评价体系，但上报哪些村落却有很大一部分因素取决于地方对申报工作的积极性和对当地传统村落文化价值的认识。由于地方在申报选点的操作中缺乏专业的参考和引导，很难掌握一个地区文化类型分布的整体规律，导致选出的传统村落分布存在一定的盲区，并带来一系列问题：1）某个地区的村落选点可能因文化同质而无法体现当地文化类型的多样性；2）一些具有特质文化代表性的村落未能被及时发现和上报，将在默默无闻中快速消亡；3）基于名录所做的相关研究因对象不全面，难以得出科学的研究结论并进行有效保护。

要解决传统村落选点的科学性和全面性问题，采用以往对核心地区典型案例的调研手法难以实现。通过文化地理学掌握大区域范围内的传统村落及民居文化类型的分布，可以直观有效地从空间全局上理解多样的文化景观现象，为在广袤的中国乡村大地上科学甄别筛选具有历史文化代表性的传统村落的选点提供精准指导，实现传统村落目录对文化类型的全覆盖，使传统村落保护体系能充分反映中国传统村落文化的多样性和完整性。

传统村落与民居研究虽已取得了较为丰富的成果，但是，在日新月异的社会经济变化中，我们仍然需要思考如何在新的时期做出创新的研究成果。已有的研究是前辈们在当时特定的理念、方法、技术等背景下形成的，这些成果一方面可以作为我们今天研究的基础加以学习与利用，另一方面也为我们提出了问题和挑战：我们今天的时代背景为研究传统村落与民居提供了什么样的条件，社会发展带来的新技术应当如何更好地服务于我们的研究，我们应当如何在已有研究成果的基础上作出具有时代特征的研究成果等。

本套丛书希望通过传统村落与民居文化地理学这一体系的构建，在传统村落与民居研究领域中贡献一点理念上的创新、研究技术上的创新和理论上的归纳，从而推动传统村落与民居基础研究和保护实践往前迈进。

本套丛书主要是由亚热带建筑科学国家重点实验室立项支持，民居与建筑历史研究团队以及拓展到全国范围内的多位资深教授的博士研究生的博士论文改写而成。由于是在有限目标下的有限时间内完成，有些地方的研究深度还不够，需要进一步补充资料，但也发现了一系列值得进一步深入研究的科学问题和领域。希望这套丛书的出版能够抛砖引玉，在未来有更多的同行学者参与到其中来，使中华农耕聚居文化及其博大的科学智慧能够得到全面的揭示和光大，使浓浓的"乡愁"凝聚成国人更强的文化自信，迈向中华民族的伟大复兴。

2020年元旦于广州南秀村

目录

0

绪论

- 研究背景及意义
- 国内外相关研究现状
- 研究范围的说明
- 研究内容和方法

0.1　研究背景及意义

0.1.1　研究背景

1．社会对传统村落及民居保护的关注

进入21世纪，我国逐步重视对传统村落的保护，自2003年，建设部和国家文物局发起第一批历史文化名村评选以后，至今已评选六批累计共276个历史文化名村。东北地区仅有吉林省的一个朝鲜族村列入名录。与此同时，从2012年起由住房和城乡建设部等组成的专家委员会评审的《中国传统村落名录》至今已评定五批，全国范围内共计6819个传统村落入选，东北三省地区共有65个村落位列其中。

此外，国家在积极推行对传统村落调查保护的同时，地方政府也在开展更为系统的村落普查工作，对列入文物保护单位的传统村落及民居建立保护监管系统，完善建设管理制度，使得一个个尘封多年的传统村落及民居再次走入人们的视野。

于此契机，为了更好地针对东北地区传统村落及民居实施保护并促进其发展，本书从地理区域层面展开研究，并将视角着眼于传统村落布局形态以及汉族、满族、朝鲜族民居单体，这主要源于东北是多民族混居地，拥有深厚的民族文化底蕴，传统村落及民居特征鲜明、分布广泛，具有较高的研究价值。

2．现代化建设下传统民居建造技术的失落

如今，传统建造技术面临着前所未有的挑战。随着现代化水平的不断推进，不仅仅是城市，乡村也在积极开展建设活动。在对东北传统民居的实地调研中发现，即使很多地处偏远山区、历史悠久的传统村落，传统民居的保护状况也不容乐观。旧的住房由于历史局限性已不能满足人们在新时期下的居住需求，于是人们纷纷舍弃或拆除自家老房，效仿城镇搭建新时代的砖瓦房。也正是在这个破旧迎新的过程中，传统民居承载的营造技术渐渐被人遗忘，很多优秀的营造经验得不到有效的传承发展。即便尚存的一些传统建筑由于缺乏掌握相应修缮技术的工匠，处境也是十分尴尬。这也使我们看到，快速的建设发展，对传统民居建造技术如何科学地进行保护提出了更高的要求。

0.1.2　研究意义

1．挖掘东北地区传统村落布局形态及民居营造技术的丰富内涵

区划内的东北三省传统村落分布较为分散，很少有分布比较集中的区域，加之人们对传统民居的保护意识淡薄以及城镇近年来的飞速建设，使得东北留存下来的传统村落及民居较之其他地区少之又少，因此很难得到外界的关注。但这并不代表对东北地区传统村落

布局形态及传统民居营造技艺的研究没有意义。

传统村落从形成到发展的过程是自然发生的，是人与自然不断融合并达到一个平衡点的过程。传统村落的布局形态蕴含着人类与自然、社会相互平衡、相互适应的智慧，在没有文字记录的年代，人类所有的记忆、生活、历史都留在了他们世代居住的村落之中。同时，东北地区匠人综合考量地理环境、气候条件等因素，充分利用碱土、羊草、秫秸、松木、桦树皮等地域材料，创造出拉哈墙、土坯墙、五花墙、夹心墙等独特的建造技术。这种与地域环境充分契合的传统营造技术具有建造成本低、资源利用合理、适应气候环境的技术优势，是民间营建工艺和历史经验的结晶，值得进一步研究、借鉴和发扬。

2. 增进东北地区传统村落及民居的研究深度

东北地区是多民族文化区，各族人民世代在东北大地上繁衍生息，形成了丰富多彩的村落及民居景观。而现阶段对于东北传统村落及民居的研究主要偏重于对民居构成及环境要素的静态描述，很少有从区域层面，对村落布局形态和不同类型民居营造技术的分布和演变的宏观研究。

本书透过文化地理学的视角来研究传统村落布局形态及民居的建造技艺，侧重于探讨不同村落及民居建造要素的分布规律与差异；分析东北地区传统村落布局形态及汉族、满族、朝鲜族传统民居建造技术的文化地理特征，并分别划分布局形态文化分区与建造技术文化分区。研究通过大量村落及民居样本的实地考察，借助地理学的地图语言，绘制文化地理图册。使分析更加系统与清晰，这也恰能弥补过往研究的空白，丰富了东北传统村落及民居的研究成果。

3. 为东北地区传统村落及民居的保护提供基础资料

随着社会的不断发展与变迁、生活方式的改变以及自然力的破坏，越来越多的传统村落及民居正悄无声息地消失在人们的视野中，而其背后代表的传统文化与营造技艺也渐渐被人们所遗忘。这警示我们对传统村落及民居的保护工作迫在眉睫。

通过资料研究和实地调研，本研究对传统村落布局形态及民居建造技术的相关信息进行收集整理，并从这两方面依次对区域内村落及民居不同的特性进行对比，分析不同地区的差异性，提炼地域特征，可以为未来文化遗产的保护和修缮提供一定的基础资料，有助于今后展开更有针对性的民居保护工作。

0.2　国内外相关研究现状

0.2.1　传统村落及民居研究进展

1. 东北汉族传统村落及民居研究现状

自20世纪40年代起，刘敦桢先生写出《中国住宅概说》，作为当时最早的民居研究著作标志着我国民居研究的开端，该著作从平面功能分类角度研究传统民居。20世纪80年代以来学术界在民居研究领域关注较多，民居研究论文和论著大量增长，不过针对东北民居的研究不及其他地区。有关东北民居的专著包括：张驭寰于1985年编著的《吉林民居》和周立军等于2009年编著的《东北民居》，除此之外的东北民居研究成果寥寥。在部分民居相关的综合性书籍中一部分学者也论述了部分东北地区民居研究成果。例如，王其钧于1993年编著的《中国传统民居》一书在形式和构造上介绍了东北民居；汪之力于1994年编著的《中国传统民居建筑》中对东北地区民居进行了简要介绍并收录了部分实例；陆元鼎于2004年编著的《中国民居建筑》中按民族分类整理了东北具有典型民族风格的民居。

早年针对东北民居的论文发布也较少。有关东北地区民居的主要期刊资料包括：王文卿、周立军于1992年发表在《建筑学报》的《中国传统民居构筑形态的自然区划》；周立军于1996年发表在《中国传统民居与文化第四辑》的《北方汉族传统住宅类型浅议》；章似愚于1998年发表在《小城镇建设》的《邮票上的民居——东北民居》；闫文芳于1999年发表在《农村天地》的《东北地区农村民居的建设方式》等。

近年来，东北民居作为中国传统民居一个重要分支，研究的学者越来越多，研究成果也在不断增长。主要有学术论文：金正镐《东北地区传统民居与居住文化研究》；周巍《东北地区传统民居营造技术研究》；李同予《东北汉族传统合院式民居院落空间研究》等。近年来的学术期刊有：李同予、薛滨夏、白雪《东北汉族传统民居在历史迁徙过程中的型制转变及其启示》；张凤婕、万家强《东北地区汉族传统民居院落原型研究》；张欣宇、金虹《基于改善冬季风环境的东北村落形态优化研究》等。

2. 东北满族传统村落及民居研究综述

东北传统民居自20世纪80年代逐渐受到学术界的关注后，至今已经积累了大量的研究成果。其中专著类包括：1985年张驭寰编写的《吉林民居》，从民居演变、空间格局、建造技术、艺术装饰等方面介绍了吉林省传统民居的构筑方式。1994年汪之力主编的《中国传统民居建筑》，书中在区域划分的基础上对东北民居的建筑空间及环境进行梳理。2004年陆元鼎主编的《中国民居建筑》根据不同民族、不同地区的民居的发展历史，对有关东北满族传统民居做了分析论述。2009年周立军等在《东北民居》中介绍了东北各民族聚落的村落布局形式、民居类型、建造方式等内容，并比较全面地阐述了满族传统营造技艺的独特性及与其他民族建造传统的关联性。2015年，韩沫在其博士论文基础上出版的《北方满族民居历史环境景观》一书中，对近代至今曾经的和现存的北方满族乡镇的历史环境进行了梳理，从分析与保护满族民居建筑和历史景观环境的角度对满族历史文化进行研究，其中有单独一章介绍北方满族民居景观环境的营造技艺与风貌。

有关东北满族传统民居研究的期刊文章有：2001年《满族建筑文化国际学术研究会论文集》，收录了30余篇关于满族建筑的文章；2004年王中军的《东北满族民居的特点——乌拉街镇"后府"研究》，通过对吉林省乌拉街镇"后府"的系统调查研究，对其历史、形制及特点做出了总结；2006年于学斌的《辽东满族和辽西满族民居的比较研究——以岫岩和北宁为例》，从历史、文化、地理等不同侧面研究两地满族民居产生差异的原因；2009年曲沐同、刘松茯的《黑龙江省满族民居的建筑特色研究》，通过调查测绘，分析了黑龙江省满族民居的特点及其形成的原因和文化渊源。

有关东北满族传统民居研究的学术论文有：2005年中央民族大学金正镐的博士论文《东北地区传统民居与居住文化研究—满族、朝鲜族、汉族民居为中心》，以满族、朝鲜族、汉族民居为研究对象，论述了自然环境及其他因素对居住文化的影响；2015年东北师范大学刘治龙的博士论文《东北民居空间演绎研究》，从区域地理空间分布入手，探讨了东北传统建筑格局在不同时期的空间变化规律；同年，东北师范大学姜欢笑的博士论文《自组织美学情境下的东北满族传统民居保护与发展研究》，论述了如何利用东北满族传统村镇自然演变中所形成的规律来探寻村镇发展中的地域性问题；2006年重庆大学周巍的硕士论文《东北地区传统民居营造技术研究》，从民居本体各个要素展开分析，总结了东北民居营造技术的地域性特点；2007年哈尔滨工业大学韩聪的硕士论文《气候影响下的东北满族民居研究》，归纳总结了满族民居在抵抗东北严寒气候条件中的建造智慧；2008年哈尔滨工业大学卢迪的硕士论文《东北满族民居的文化涵化研究》，阐述了东北满族民居在发展演变中与其他民族的民居互相融合渗透的现象，并对其产生原因进行分析；2013年沈阳建筑大学赵龙梅的硕士论文《我国东北地区传统井干式民居研究》，以对典型地区井干式民居调研与测绘为基础，对民居空间形态、结构以及构造特点作了详细的论述。

3. 东北朝鲜族传统村落及民居研究综述

中国东北地区具有悠久的历史，文化形态相对丰富，是我国典型的多民族聚集地，民居类型众多，因此吸引了众多学者的关注，积攒了大量的朝鲜族传统村落学术研究成果。1985年，张驭寰在其编写的《吉林民居》一书中，从营造方式上介绍了吉林传统民居的演变、建造技术以及建筑形态等。书中详细描述了朝鲜族村落布局原则和民居建筑的平面类型、建筑外观以及建筑构造。1994年，汪之力编写的《中国传统民居建筑》，书中在区域划分的基础上对东北民居的建筑空间及环境进行了梳理。通过对东北地区朝鲜族民居进行调研，运用建筑的平、立、剖面图，解析东北朝鲜族传统民居建筑构造细节及营造技艺等。2004年，陆元鼎所著的《中国民居建筑》，将社会、历史、文化、民族、民俗、语言、气候地理等学科相结合，根据不同民族、不同地区的民居历史和发展，客观地和实事求是地对我国传统民居进行分析评论，并全面地描述了朝鲜族民居的发展史及不同地区的朝鲜族传统民居的建筑特征和文化习俗。2004年，王其钧编写的《图说民居》，运用大量说明图画来解释和说明一些典型的传统民居和村落，通过图画解析朝鲜族传统民居建筑构造以及技术细节，比如朝鲜族建筑的叠瓦、屋架等建筑要素。2009年，周立军的《东北民居》一书，详细描述了东北地区朝鲜族传统民居的材料特征、构造特征等内容。2007年，金俊峰在其编著的《中国朝鲜族民居》一书中，探讨不同区域内朝鲜族传统民居及村落空间分布的差异，分析总结不同民族、气候等因素对朝鲜族民居的平面布局、建造技艺、建筑形态等营造方式的影响。

作为中国传统民居类型的组成部分，朝鲜族民居受到了较高的重视和关注，众多学者对其展开了深层次的研究。2011年，金日学发表的《朝鲜族民居空间特性研究》一文，以东北地区朝鲜族民居为研究对象，解析东北各地区民居建筑的空间特征及不同原籍的朝鲜族在东北地区的分布情况，并探讨其他民族对朝鲜族传统民居的影响。2015年，张玉坤与金日学发表的《梨田村平安道型朝鲜族民居的空间形态与地域演变研究》一文详细描述了平安道地区的民居建造特点以及平安道型朝鲜族民居对我国朝鲜族传统民居的影响。2015年，韦宝畏和李波发表的《朝鲜族传统民居的儒道文化阐释》，研究历史上我国的儒释道思想和风水文化对朝鲜半岛建筑的影响，并探讨民居建筑的文化内涵，对我国东北地区朝鲜族民居建筑如何延续传统建筑风格起指导作用。2016年，杜海明发表的《朝鲜族传统民居造型特点解析》，探讨民间传统的生产生活方式、风俗信仰、审美传统文化对朝鲜族传统民居建筑艺术表达的影响，并以图们市白龙村的"百年老宅"为例，将建筑的屋顶造型、立面形式、平面布局、建筑材料作为研究基础，解析建筑造型特点，并分析总结传统文化对建筑造型产生的影响。

近几年关于朝鲜族传统民居研究的学术论文也是层出不穷。2005年，中央民族大学的博士生金正镐的论文《东北地区传统民居与居住文化研究，以满族、朝鲜族、汉族民居为中心》，讲述了东北地区的自然环境以及生活习俗对满族、朝鲜族、汉族民居居住文化的影响。2015年，东北师范大学刘治龙的博士论文《东北民居空间演绎研究》，探讨不同年代的东北民居的建筑文化和特征，对东北传统民居建筑的空间演变脉络进行更深层次的讨论。2010年，西安建筑科技大学吴京燕所写的硕士论文《适应东北朝鲜族生活模式的集合住宅设计研究》，通过调研考察东北地区朝鲜族民居，研究出现代生活模式下满足朝鲜族人民独特生活方式的集合住宅。

综上所述，我国传统民居演化机制研究已经取得了大量的学术成果。但是，现阶段研究主要针对民居演化现象做静态描述，较少对于演化规律进行历时性动态分析，对于区域性的建筑在空间布局及分布规律方面的研究鲜有成果。针对东北传统民居演化机制更是仅处于质性研究阶段，有待从时间和空间维度上对其进行系统、深入的研究。

0.2.2 文化地理学相关研究

1. 文化地理学国内研究综述

我国传统民居的实物遗存以及文献资料十分丰富，文化地理学的相关研究也比较早。20世纪初，我国著名的建筑学家梁启超在其著作《地理与文化关系》中涉及了区域文化的相关内容，但当时从文化地理学角度对传统民居演化机制进化的研究却鲜有成果。直至20世纪80年代，针对我国民居方面的文化地理学研究才陆续开展。1986年美国学者邵仲良的《中国农村的传统建筑——民居的文化地理》中，探讨了文化地理学影响下的不同历史年代传统民居演化的主导因素。1992年王文卿、周立军发表的论文——《中国传统民居构筑形态的自然区划》，从地形、气候、材料等自然环境因素出发，对中国传统民居的建筑形态进行地理区域划分。1994年彭一刚的著作《传统村镇聚落景观分析》，讨论了气候条件、文化习俗等地理文化因素对于村镇聚落景观差异性的影响。1977年刘沛林的著作《古村落：和谐的人居环境》，将"文化地理"和"人居环境学"两个学科相结合，探讨了古村落的布局思想、选址哲学以及文化意境。1993年王恩涌在《民居中的奇迹——福建的土楼》一书中对福建地区的土楼进行了地理研究。1994年翟辅东发表的《论民居文化的区域性因素——民居文化地理研究》一文中，从文化地理学角度剖析区域性要素对民居形成与分布的影响。伍家平在《论民族聚落地理特征形成的文化影响与文化聚落类型》一文中探讨了文化背景对村落聚落形态与空间分布差异性的影响。

国内研究内容方面，研究者采用的方式往往是通过对典型案例的实地调研与民间访问，从而探讨研究区域范围内传统村落或民居的现状以及发展演变情况。其中具有代表性的研究成果包括：2011年石宏超在《江南传统民居建筑区划初探》一文中从文化地理学的角度，以传统民居中木结构为主要的文化因子，对明清江南民居做出文化区划分，从而探讨不同文化区间木结构的差异。2012年湖南大学何峰发表的文章——《湘南汉族传统村落空间形态演变机制与适应性研究》，探讨了社会文化、经济技术、政策引导对湘西汉族传统村落和民居的出现、发展、衰落、重生等一系列的演变进化机制的影响。2015年孙晓曦在《基于宗族结构的传统村落肌理演化及整合研究》一文中分析了传统村落的肌理与宗教结构在空间分布和时间维度上的相互关系，归纳传统村落空间秩序的演变规律。

当下国内以文化地理学为基础对传统民居开展较多研究的是以华南理工大学肖大威教授为核心的学术团队。2013年以来，肖大威教授主持课题"广东省传统村落及民居文化地理学研究"，并依托课题对广东省及周边地区传统民居进行了文化景观区和影响要素的研究，先后指导并完成了十余篇硕士论文以及数篇杂志期刊论文。2015年华南理工大学曾艳的博士论文《广东传统聚落及其民居类型文化地理研究》将文化地理学与民居建筑学相结合，以文化地理学为基础将研究区域划分为七个文化区，研究分析了各文化区的景观特征，根据研究成果解析各文化区建筑特征，探讨各文化区文化特征的成因以及其内在联系和普遍规律。除此之外，华南理工大学还有2013年张宇翔发表的论文《基于文化地理学的惠州地区的传统村落与民居研究》，2014年汤晔的《基于文化地理学的梅州地区的传统村落及民居研究》，2015年赵映的《基于文化地理学的雷州市的传统村落及民居研究》，2016年谭乐乐的《基于文化地理学的桂林地区传统村落及民居研究》等十余篇博硕士论文，从文化地理学角度探讨广东地区传统村落及民居的建造特点、村落布局、建造技术、建筑年代等在地理位置上的空间分布。

近些年来，我国不断加强传统村落和民居的保护力度。一方面，国内专家学者开始将传统民居作为社会、文化、政治等复杂人地关系中重要的组成部分，这与国外新文化地理学的发展趋势相同；另一方面，研究者开始借助地理信息系统，对传统民居的空间分布特征进行量化分析。对于这一历史性契机，中国传统民居的文化地理学研究也取得了一定的突破，但是研究成果更多地集中在民居类型较丰富的南方地区，以广东省为最多。针对东北传统民居文化区划更是仅处于质性研究阶段，有待进一步从区域和空间维度上进行系统性的深入研究。

2. 文化地理学国外研究综述

20世纪20年代，美国文化地理学家索尔出版《景观的形态》一书，标志着由近代文化地理学阶段过渡到现代文化地理学阶段。现代文化地理学从人文地理学中独立出来，作为人文地理学的分支，其研究更注重文化现象在空间上的呈现及分布。同时文化地理学的研究者们非常注重民居建筑作为文化现象的研究价值。作为文化地理学研究的主要推动者，沙瓦（Sauar）在*Manifestation of Archipelagic Culture: How significant is it within the Negeri Sembilan Malay traditional architecture*中提出民居建筑的形态、结构、风格是重要的文化因子。霍斯金斯（Hoskins W G）发表的著作*The Making of the English Landscape*一书，探讨了不同地区的民居聚居类型和经济对村落聚居空间分布的影响等。

20世纪80年代，文化地理学经历了近代文化地理学和现代文化地理学两个重要的发展阶段，形成了新文化地理学，新文化地理学针对民居建筑的文化地理学研究进一步扩展至经济政治关系等更广阔的社会领域。这一阶段关于民居的地理文化研究更多的是通过对文化现象的分析来总结民居演变的客观规律以及背后的原因。1981年，美国加州大学戴维斯分校的杰特（Jett）教授的著作*Navajo Architecture: Forms, History, Distribution*，通过考察纳瓦霍聚落形态、结构材料、艺术审美等文化信息的历时性演化，发现了纳瓦霍部落对西方殖民文化的排斥与融合历程。1988年，英国纽卡斯尔大学戈斯（Goss）教授发表的*The Built Environment and Social Theory: Towards an Architectural Geography*一文，为历史建筑的文化地理研究提出了理论框架，认为历史建筑是由社会产生的物质文化实体，承载并反映了社会关系与社会生产力水平。1986年，美国纽约州立大学的汉学家那仲良教授（Knapp）在 *China's Traditional Rural Architecture: a Cultural Geography of the Common House* 一书中，首次将文化地理学方法应用于中国传统民居与聚落研究，研究分析了浙江、广东等地的民居聚落，提出了宗族对于传统村落形态的影响。

进入21世纪，随着地理信息系统（Geographic Information System）、遥感图像（Remote Sensing Image）等地理数据采集与分析技术的广泛应用，研究者可以更加精准地分析传统民居的分布特征与变化规律，更加强调采用学科交叉的研究方法来解读不同地区文化差异的空间分布，研究层面也不仅仅局限于物质层面，进而向营造技艺、仪式、禁忌等非物质层面展开研究。2007年，Zomeni、Maria等学者在 *Historical analysis of landscape change using remote sensing techniques landscape and urban planning* 一文中利用遥感技术，分析总结了近代以来农业政策与技术发展对希腊乡村聚落形态造成的影响。2008年，英国杜伦大学Roberts教授发表的著作 *Documents and Maps: Villages in Northern England and Beyond* 一书中，将文化地理学、建筑学、经济历史学等学科相结合进行多学科交叉研究，分析了英格兰北部村庄17世纪以来布局形态的变化情况，追溯其历史原型，并推断地权变更、阶级分化等潜在因素对英国村庄形态演化造成的影响。2017年，意大利米兰理工大学的Ziyaee教授在 *Assessment of urban identity through a matrix of cultural landscapes* 一文中，将地域性因子与文化因子结合，得到地域性文化景观矩阵（cultural landscapes matrix），以此识别历史建筑文化特征。

因此，国外的文化地理学经过三个阶段，从开始阶段的描述分析到现阶段的多学科交叉研究。民居的文化信息也从狭义的物质层面扩展到营造技艺、仪式、禁忌等非物质层面。总的来说，国外研究学者经过长时间的积累，在文化地理学与传统民居研究相结合方面积累了许多的宝贵经验，对我国传统民居的文化地理研究具有借鉴意义。

0.2.3　已有研究的启示

从国内外近年来的村落及民居研究综述总结出近年来村落及民居研究正处于热潮中，特别是对于如广东、西安等地区的研究颇丰，而东北村落及民居研究领域则主要有哈尔滨工业大学、吉林建筑大学、沈阳建筑大学等东北地区高校研究团队进行了部分研究。在村落及民居区划研究方面，国内主要有华南理工大学的研究团队针对广东、广西等地区的民居进行了研究。而国内外整体的村落及民居研究上针对东北村落及民居的区划研究还留有空白，因此本书主要从东北传统村落布局形态和汉族、满族、朝鲜族民居的营造技艺两个层面区划进行研究，以期作为"拼图的一块"填补该领域研究的空白。

0.3 研究范围的说明

0.3.1 研究空间范围的说明

传统村落的研究范围以行政上的东北三省作为研究区域，即黑龙江、吉林和辽宁三省。民居单体的研究范围分别基于东北地区内汉族、满族、朝鲜族的空间分布，由于各民族的生产活动范围不尽相同，因此下文分叙不同民族的空间范围。

1．汉族研究范围

主要的研究范围为东北三省现存的汉族传统村落和民居。东北地区汉族传统村落分布广泛，主要分布在黑龙江省的哈尔滨市、齐齐哈尔市、大庆市、绥化市、牡丹江市、佳木斯市、黑河市、大兴安岭地区等地区，吉林省的长春市、吉林市、四平市、辽源市、通化市、白山市、白城市等地区，辽宁省的铁岭市、沈阳市、辽阳市、鞍山市、营口市、盘锦市、大连市、锦州市、葫芦岛市等地区。

2．满族研究范围

当代，东北满族聚居区主要集中在9个满族自治县、2个满族县级市以及144个满族乡级行政区域内，东北其他地区的满族为散居。本书选取东三省内20个城市（哈尔滨、齐齐哈尔、牡丹江、绥化、黑河、吉林、四平、辽源、白山、通化、沈阳、大连、鞍山、抚顺、本溪、丹东、锦州、辽阳、铁岭、葫芦岛）内满族集中分布的县区（县级市）以及4个城市（长春、延边州、营口、阜新市）内的满族乡镇的行政范围之和为研究范围。

3．朝鲜族研究范围

东北三省朝鲜族聚居区主要集中在1个朝鲜族自治州、1个朝鲜族自治县、43个朝鲜族乡级行政区域内，以及东北地区其他朝鲜族散居区。研究范围为延边朝鲜族自治州和长白朝鲜族自治县行政区内9个城市及县区（延吉、图们、敦化、龙井、珲春、和龙、汪清、安图、长白）以及榆树市、蛟河市、永吉县、四平市、盘石市、齐齐哈尔市、绥化市、牡丹江市、佳木斯市、黑河市、宁安、通化市、集安市、丹东市、梅河口市、沈阳市、鞍山市、盘锦市、营口市、本溪市内朝鲜族乡镇的行政区域。

0.3.2 研究对象范围的说明

研究对象为东北地区形态比较完整、保存良好的传统村落及民居。对于传统村落及民居样本的搜集并没有局限于已评定的传统村落范围内，这主要因为东北地区被评选为中国传统村落的数量较少，其数量对于依靠大量数据支撑的文化地理学研究还远远不够。因此，扩大了传统村落及民居的搜集范围。其中包括：被评为少数民族特色村寨的行政村、民俗村，吉林省评选为美丽乡村的行政村，以及少数民族自治县内少数民族人口较多的聚居村，而这些聚居村的筛选原则为村落内部至少存在5处能反映所在地域建造方式的民居。同时本书研究对象范围还涵盖了《中华人民共和国不可移动文物目录》（黑龙江卷、吉林卷、辽宁卷）内的汉族、满族、朝鲜族民居和东三省内的省、市、县级传统民居文物保护单位所在的村落。在研究中，将这些村落都划定在传统村落范围内。

以实地调研获得的第一手资料作为最主要的数据支撑，并结合以往研究成果与Google、可视街景等软件提供的村落民居信息作为数据补充。

0.4　研究内容和方法

0.4.1　研究内容

1．东北村落及民居区划的基本概念及现状

研究东北村落及民居的相关概念，包括东北村落、东北民居、布局形态、营造技艺、文化地理学、文化区以及文化区划等的理论知识，为调研工作做理论基础准备，进而为东北传统村落布局形态、民居营造技艺的提取及文化区区划提供理论支持。

2．传统村落布局形态的区划划分

综合实地调研、文献资料搜集、卫星影像软件等方式，对全域村落进行全面而细致地识别与筛选，提取出东北传统村落肌理、选址地形、组团关系等文化因子信息，进行科学、合理分类并统一录入与整理，借助地理信息系统（ARCGIS）平台，建立东北传统村落布局形态文化地理数据库。在此基础上，对文化因子逐一分析，并进行叠合分析，绘制东北地区传统村落布局形态文化地理图册。基于数据库和文化地理图册的直观表达，选取主导文化因子（村落肌理）初步划定文化分区，并选取其他辅助文化因子进行修改完善，提炼文化区的差异格局与形态特征，最终确定东北地区传统村落布局形态文化区。

3．传统民居营造技艺的区划划分

通过广泛调研收集得到民居的构建形式、构筑材料等文化因子信息，将信息收集整理成数据库并将数据导入到ArcGIS软件中进行矢量化处理，通过绘制地理图册、统计数据表以及建立分布图形的方式，对传统民居营造技艺的空间分布进行解析。提取出主导文化因子并初步进行文化区划，再通过与辅助因子的叠合分析对区划进一步细化，同时叠加山脉、

河流等地理信息底图和行政区划底图进行区划分界，最终形成东北各民族民居的建造技术文化区。

4. 文化区的景观特征表征及内涵

通过传统村落及民居的文化分区，主要根据地理因素、历史发展、民族文化、迁徙路径、文化线路等方面，并通过典型村落的介绍与分析，综合分析各文化区的景观特征与形成因素。在对文化区进行分析后，通过各族人民的自然观和生态观、民间习俗、地理环境、文化线路和多民族涵化等因素，进一步探究和挖掘东北传统村落布局形态及民居营造技艺的文化特质，最后解析和总结出东北传统村落布局形态及民居营造技艺文化区的区划成果及文化区的表征与内涵。

0.4.2　研究方法

1. 文献研究法

研究有关村落布局形态，汉族、满族、朝鲜族民居，民居建造技术，文化地理学，文化区划分，各民族文化等方面的文献，主要包括专著、报刊、论文、图纸等文字资料以及所研究范围内的古文献、地方志、地方史、历史地图等。通过对文献的阅读与归纳总结，为后续研究打下坚实基础。

2. 田野调查法

运用田野考察和居民访谈方法，通过现场调查、记录、拍照等方式收集村落布局形态、民居建筑形态、建筑材料、构造技术等信息的第一手资料。对研究范围内传统村落及民居数量集中、保存较完整的村落进行实地调研，并将其与相关文献资料进行对照研究，为汇总成有效的民居文化地理数据库做支撑。

3. 定量分析法

借助地理信息系统ArcGIS对空间与数据的分析功能，将传统村落及民居在地理空间上进行准确定位，使不同的村落及民居要素在相同的地理空间上呈现，结合对分布数据的统计分析，即可直观地表达出研究要素在地图上的分布规律。同时GIS所构建的时空数据库可实现多种矢量化分析，如数量分析、空间分布、地图叠合分析等，为文化区划提供可靠的技术保证。

4. 多学科交叉研究法

研究所基于的文化地理学的研究方法本身即为一项多学科交叉研究的领域，除了要建立在对文化地理学、建筑学和城乡规划学研究的基础上，更是离不开社会学、历史学等多学科的相关内容与方法。多领域的学科交叉运用，可对研究对象进行整体上的分析把握，进而确保了研究成果的准确性与科学性。

5．对比研究法

利用不同类型的分布地图对比叠加，或是对同一村落及民居建造要素不同的地理分布信息相互对照，以及将调研数据简单统计绘制成图表，都需要运用对比分析的研究方法进行。通过综合比较，可以清晰地发现民居建造技术空间分布的规律及差异性，有助于深入研究其发展与演变的内在动因。

01

东北传统村落及其民居
文化生成背景

- 自然环境
- 社会人文环境
- 东北传统村落及民居的类型与特点

1.1 自然环境

1.1.1 地形地貌

东北地区幅员辽阔，地貌多样，整体形似山环水绕的马蹄，区域内主要地貌类型有山地、丘陵、平原、台地四种。大兴安岭、小兴安岭以及长白山山脉构筑了整个东北地貌的外围轮廓，向中心则逐渐过渡为丘陵和台地的地貌类型，区域内部则形成了广阔的东北三大平原，分别为由黑龙江、松花江和乌苏里江冲积而成的三江平原；由辽河冲积而成的辽河平原；以及由松花江、嫩江冲击而成的松嫩平原。高山区的分布范围很小，三大平原的西、北、东三面都被海拔高度在800～1500米范围内低山、中山所环绕。其中西部为辽西山地和大兴安岭山脉，北面为小兴安岭山脉，东面为长白山脉。

按《中国地形图》中将东北地貌划分为：IA三江平原区、IB长白山中低山地区、ID小兴安岭低山区、IE松辽低平原区、IF燕山——辽西中低山地区，而每个区域又可以划分为若干个次一级的地貌分区。

1.1.2 水系河流

东北地区水网密布，大大小小的河流加起来总共有2000余条。其中黑龙江省有黑龙江、松花江、乌苏里江、绥芬河、嫩江五大水系。同时黑龙江是东北地区的最大水系，孕育了省内的三大支流：松花江、嫩江、乌苏里江。河流的水文特点为：水量较大，季节变化大，有积雪融水和大气降水补给，一年有春汛和夏汛，含沙量小，流速平缓，冰期较长。

吉林省的河流水系特征受地形及气候的影响极其明显，东部山地雨量充沛，长白山成为主要的河流发源地，西部则干旱少雨。省内河流主要分属松花江、辽河、鸭绿江、绥芬河、图们江五大水系，其中以松花江水系流域面积最广，而河流分布情况以东部长白山地为最为密集丰富。

辽宁省境内河流主要分属辽河、太子河、绕阳河、浑河、大凌河、鸭绿江等流域，其中辽河是省内最大的水系。境内大部分河流自东、西、北三个方向往中南部汇集注入海洋。河流水文总体特点为：西部地区河流上游水土流失较严重，下游河道平缓，含沙量高，泄洪能力差，易生洪涝。东部河流水清流急，河床狭窄。

其中东北地区最主要的几支水系，黑龙江水系、松花江水系、嫩江水系、辽河水系、图们江水系和鸭绿江水系，都对东北地区传统村落的分布产生重要影响。

1.1.3 气候特征

东北地区位于亚欧大陆东岸，纬度较高，在北纬40°～53°30′（跨度为13°30′），东经120°～135°（跨度为15°）。所辖行政区域面积为78.73万平方公里，黑龙江、松花江及其众多河流贯穿东北地区。东临朝鲜，北临俄罗斯，西面与我国内蒙古接壤。

东北地区大部分位于我国建筑气候区划中的严寒地区，只有辽宁南部极小部分地区归属于寒冷地区。东北地区整体处在极寒冷地区，1月份平均温度达到零下20摄氏度以下，极寒地区的平均温度到达零下31摄氏度，7月平均气温小于25摄氏度。夏季短暂，而冬季持续半年之久，积雪多，冻土时间长且冻结较深，东北地区冻土厚度在1～4米。

东北地区基本属于温带季风气候，仅辽宁省西部局部地区（朝阳市）属于温带大陆性气候。东北地区各月份降雨分配极不均匀，夏天是东北地区的雨期，各地区降雨量也是相差很大的，由南向北逐渐减少。年平均降水量在400～900毫米，年平均相对湿度为50%～70%。

东北地区太阳能资源相对丰富，太阳辐射较强。东北地区年日照时间为2200～3100小时，每年的太阳总辐射照度在140～200瓦/平方米，每年的太阳日照百分率范围为51%～70%。与降雨量相似，太阳辐射量同样呈现出由南向北逐渐降低的趋势（表1-1）。

东北严寒地区气候特征　　　　　　　　　　　　表1-1

建筑热工分区	行政区域	日照			湿度	温度		降雨	风
		年太阳总辐射照度（瓦/平方米）	年日照时数（小时）	年日照百分率（%）	平均相对湿度（%）	7月平均气温（摄氏度）	1月平均气温（摄氏度）	年降水量（毫米）	平均风速（米/秒）
严寒地区	黑龙江省	140～200	2200～3100	51～70	50～70	<25	<-20	400～900	2～5
	吉林省								
	辽宁省								

1.2 社会人文环境

1.2.1 东北行政建置沿革与区划演变

黑龙江省简称"黑"，省会城市为哈尔滨，下辖12个地级市，1个地区，64个市辖区，18个县级市，45个县，1个自治县。黑龙江省位于中国国土最东北端，东部和北部与俄罗斯隔江相邻，黑龙江和乌苏里江为国界河，西部接壤内蒙古自治区，南部接连吉林省。黑龙江省位于中国版图的最东北，人类文明在这里延续了数百万年，古代时期主要是满族等少数游猎民族的祖先在这里繁衍生息，先秦时期东北地区是肃慎、秽貊和东胡的聚居地，唐武德年间设黎州和室韦都督府。后鞑鞨族在牡丹江上游地区建立了渤海国，此后东部地区经济发展迅速，农业和手工业都有较大发展。公元1115年女真族从东北地区出发建立元朝，逐渐在全国掌握统治政权，东北地区划归辽阳行省。明朝隶属奴儿干都指挥司，清朝时期黑龙江地区迅速繁荣起来，是历史上发展最快的时期，清初由盛京总管统辖，顺治十年在牡丹江流域设宁古塔，统领黑龙江和吉林地区。康熙二十二年开始派设黑龙江将军，建有黑龙江将军府。咸丰末年封禁政策废弛，大批汉人闯入黑龙江地区，人口逐渐由少数民族为基础逐渐转为以汉族为基础，至今黑龙江地区主要有汉族、满族、朝鲜族、回族、蒙古族、达斡尔族、鄂温克族、鄂伦春族、赫哲族、锡伯族等。

吉林省简称"吉"，省会城市为长春，前省会城市为吉林，下辖8个地级市、1个自治州。吉林省地处东北亚地区的中心区位，北部连接黑龙江省，南部连接辽宁省，西部连接内蒙古自治区，东部与俄罗斯西伯利亚地区接壤，东南部与朝鲜隔江相望，图们江和鸭绿江为国界河。吉林省自古以来就是许多少数民族的发祥聚集地，尤其是以满族为首的少数民族更是在吉林地区起源和发展壮大，在周朝时期吉林地区分布着不同的民族，东部长白山脉的山林地区居住着以采集狩猎为主的肃慎一族，在西部平原和丘陵一带居住着从事游牧为主的鲜卑族和契丹族，在松花江流域居住着从事渔猎为主的赫哲族，在中部平原地区居住着少部分从事农业和采集经济的土著汉族。北宋时期辽国兴起，灭渤海国后统治黑龙江和吉林全境，明末由于战乱等因素吉林地区仍以少数民族为主，全省人口仍然较少，遍布荒地和山林。清顺治年间颁布招垦令招垦中原汉人移民吉林，随后乾隆年间开始实施封禁令，设柳条边。清末时期禁令逐步废弛，东部参山和西部蒙古族牧地逐步开放，大批汉人迁入吉林地区，在1791年蒙古贵族王公招垦加上朝鲜半岛动荡，大量朝鲜族从鸭绿江和图们江流域迁入东部地区，清咸丰末年吉林全面解禁后汉族人口暴增，最终形成了以汉族为主、多民族混居的状态。

辽宁省简称"辽"，省会城市为沈阳市，下辖14个地级市，16个县级市、25个县（其中8个少数民族自治县）、59个市辖区，其中副省级城市2个（沈阳、大连）。辽宁省南部临黄海、渤海，东部与朝鲜隔江相望，东部与日本、韩国隔海相望，北部连接吉林省，西部连接内蒙古和河北。辽宁省是东北地区历史发展最为久远的地区，文化历史悠久，石器时代起就发展了新乐文化、红山文化、夏家店下层文化。夏时隶属幽州，春秋战国时期隶属燕国，秦统一后设立辽东郡、辽西郡，汉武帝时期隶属十三州中的幽州，魏晋时期设置为平州，辽代设上京道、中京道、东京道，元代设立辽宁行省，明朝设辽东都司，清朝实行旗民分治，分别以奉天将军和府州县管理旗民。1898年俄国占领旅顺与大连港口，民国时期设奉天省，1928年张学良易帜改奉天为辽宁。辽宁省历史上朝代更迭社会动荡造成人口数量也大幅震荡，后期因边防屯田和戍边引入大量人口，又因闯关东移入大批中原农民，辽宁自此成为以汉族为主体的多民族聚居省份，包括汉族、满族、蒙古族、朝鲜族、锡伯族等44个民族。

1.2.2　文化形态

1．民族宗教

东北地区随历史发展，逐步汇集了众多民族聚居于此，除汉族为主体外，还包括满族、朝鲜族、蒙古族、回族、达斡尔族、鄂温克族、鄂伦春族、赫哲族、锡伯族等44个民族。

汉族没有全民族必须信仰的完全意义上的宗教，自古对各种宗教采取兼容并蓄的态度。汉族传统上为以祖先信仰为主，并且具有儒、释、道三教合一的宗教信仰传统和特点，同时存在其他多种宗教。

满族文化具有浓烈的宗教色彩，萨满教是其主要宗教信仰。萨满教崇拜祖先和自然神灵，其居住习惯、住宅文化也具有强烈的宗教意识：如满族民居的院落形态通常方正，坐北朝南，以西为尊。满族民居院内东南方向立有索罗杆，用于祭祀和饲喂满族神鸟——乌鸦。

朝鲜族是一个迁入民族，主要分布在东北三省，大部分朝鲜族聚居在一起，形成有规模的朝鲜族村落（或村庄），保持着民族的传统性和整体性。朝鲜族传统民居不是特别注重朝向。朝鲜族崇尚儒教，遵循礼制，注重等级思想。

2．流人文化

流放，是古代一种把犯人遣送到边远地区服劳役的刑罚。清朝最早发配东北的流人为皇太极时期，发配至尚阳堡，即今天辽宁省铁岭市清河区，后来与黑龙江宁古塔成为齐名的两个国家级最大的犯人流放地，除此之外，还有一定数量城市为古时比较主要的流放地。对流放地产生的影响最大者，当属那些具有较高文化程度的文化流人，将先进的中原文化传播到东北，在实现垦边戍疆的同时，通过这些流人发展经济、创办教育、著书立说、成立社团等活动，带动了东北社会、经济、文化的发展，从而使东北由蛮荒社会进入近现代的文明社会。

3．闯关东

人们所说的关东，具体指黑龙江、吉林、辽宁三省。闯关东实质上是贫苦农民面对天灾与战乱，自发选择的到东北去逃荒、避难、谋求生存的运动。清末，沙俄侵略东北，日本紧跟其后，两国竞相在东北扩张势力，修筑铁路、掠夺资源，需大批劳动力，迫使大批农民再次移民关外，尤以山东、河北两省农民最多，河南也占有一定比例。闯关东的人，数量之多，规模之大，是中国近代史上著名的人口迁徙事件之一。

4．东北亚丝绸之路

东北亚丝绸之路特指古往今来一条以中国东北为纽带，连接内地与东北、中国与东北亚诸国之间，实现人员、物质、资金、技术、信息、文化等要素互联互通、周转往来的"大通道"，是一系列载体和媒介的集合。东北亚丝绸之路自形成之后，在辽金元时期发展达到一个高峰，其中，金上京会宁府（今黑龙江省阿城）、东京辽阳府（今辽宁省辽阳市）是重要枢纽，围绕这两个枢纽，多条丝路呈辐射状展开。经今农安、沈阳（时称沈州）、绥中、山海关而入河北，进燕京（北京）的陆路通道，是金代东北及东北亚地区丝路的核心构成。

5．中东铁路的修建

中东铁路即中国东省部铁路之意，是19世纪末20世纪初沙俄在远东地区修建的一条"丁"字形铁路，该铁路以哈尔滨为中心，北满干线从满洲里到绥芬河，南满支线从哈尔滨经宽城子至旅顺，这是沙皇俄国为了攫取中国东北资源、意图侵占东北领土进而企图称霸东北亚地区的战略铁路。沙俄修建铁路时期，采取掠夺、诱骗等方式引诱大量汉族劳工流入铁路干线周边地区，成为修筑铁路的苦力或开采资源的劳力，尤其是山东、河南等人口大省，难民和苦力人数众多，输送了千万计的劳动力进入东北地区，铁路沿线各站也因铁路而逐渐兴起建城，大大增加了东北地区人口数量和城乡数量。铁路修筑完工后，也为日后华北地区汉人向东北移动提供了便捷的交通，促使更多的汉人通过铁路移民东北，特别是更向北移民到黑龙江地区。

1.3　东北传统村落及民居的类型与特点

1.3.1　东北传统村落的类型及特点

对于传统村落的类型而言，根据分类依据的不同，其所形成的分类结果也会有所不同。在本节中，主要依据传统村落的空间形态所表现出的村落肌理进行分类。村落肌理由地形、气候、风俗等多因素影响，不同形状的村落都与其相应的地理环境条件相适应。大致分为以下五种：

1．散点式村落

散点式，即建筑单体呈点状进行随机分布的一种形态，其呈现的整体形式一般无规律可循。散点式的形态结构是一种常见的村落布局形式，其布局形态体现了与自然和谐共生的特点，自然散点分布于起伏的乡村聚居地。其主要特征为：

（1）这种模式并不试图改造自然，相反与自然相适应，随地形变幻自由布置。建筑在

图1-1
散点式聚落之一

图1-2
散点式聚落之二

规模不大的平整土地上，不强求规整合一致的布局，表面看来缺乏规划，随意性强。

（2）建筑虽散点分布，却又凝聚于某个中心，如晒谷场、池塘等，在稳定统一中体现着开放，也正是这种自由分布造就了点状式村落的多样形态。这种布局形式的村庄与周围自然环境融为一体，有一种不拘一格自然随机的肌理美。

（3）虽然散点式的布局形态在很大程度上尊重了自然，但是由于房屋间距较大所以显得较浪费土地。住户与住户之间联系并不紧密，同样不方便公共设施的排布。

散点式村落在黑龙江省分布广泛，主要在山地等地形不平整的区域内散布。而黑龙江省多山地丘陵等地形，所以就造就了很多散点式的聚落形态。例如东北的大小兴安岭和长白山地区为山地地形，为顺应地势，一些村落呈现出散点式的空间肌理（图1-1、图1-2）。

2．街巷式村落

街巷式，即以聚落中的道路形态对村落进行分割而形成的村落形态，一般其道路形态较为规整，有条理。由于街巷是村落交通的主要承载物，所以街巷式的村落形态的数量也最多。其主要特点是：

（1）街巷式布局的村庄内部空间是较为封闭、内向的，尤其是巷空间，多属于半公共的线性开放空间；街巷在村庄中既承担了交通运输的任务，同时也是组织村民生活的空间场所，在一些年代比较久远的村庄，还常有河路并行的水街水巷，根据河流与道路、建筑与地形的不同组合关系，河街的空间形式又可分为沿河外街、沿河内街、内外街、沿河廊棚、内街外廊等多种类型。

（2）建筑是界定街巷空间的形式、大小、尺度的主要因素。

（3）街巷式布局的村庄一般空间韵律感比较强，能形成一个有规律变化的有序框架。

街巷式肌理的村落在东北地区分布最为广泛，一般分布在平原地区，由于其地势平坦，

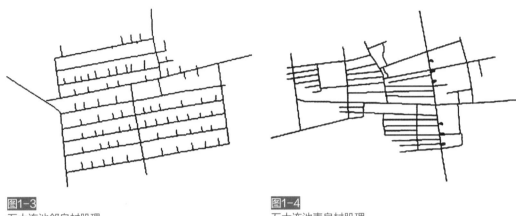

图1-3
五大连池邻泉村肌理

图1-4
五大连池青泉村肌理

易于形成大型的村落。它的村落空间肌理根据街巷和院落空间的不同组合，呈现出横纵交错的树杈状，这样的村落空间肌理更为整齐与规整。街巷式肌理所形成的主街和次巷具有较强的层次感与韵律感，因此，这种空间肌理更易于向外扩展，并且形成很强的向心性与内聚性。由于东北地区大多位于松嫩平原之上，以平原地区为主，所以街巷式肌理的村落较为常见，也最多。例如黑龙江省五大连池的邻泉村与青泉村（图1-3、图1-4）。

3. 组团式村落

组团式，即建筑单体通过某种关系所形成的以块状为单位的整体形态。组团式形态布局多是村落在不同时期发展的过程中，由于地理环境、精神文化、宗族礼制等原因形成的相互之间距离较短的村落组团关系。随着村落的扩张，其内部组团的形式也随之扩大，团块之间的关系更为紧密，但内部都存在其主要的控制核心，相对独立。其主要特点为：

（1）村庄的组团式布局和城市居住区内的组团相似，村庄内的各组团既相对独立又联系密切。

（2）组团式肌理的村落多存在于地形条件比较复杂的大型村落中，它的形成受自然条件与地理环境的因素较大。组团式肌理的村落通常被河流、湖泊等水系空间穿插，所以就形成了多个相对较为独立的组团空间。这些相对独立的组团之间一般由道路、水系、植被等元素连接，各组团之间既相对独立又彼此联系，这是顺应自然环境的方式。

（3）由于组团空间较为适宜寒地的气候特点，所以组团式肌理的村落在东北地区也较为常见。

位于黑龙江省绥化市绥棱县六棵松村（图1-5）就是典型的组团式布局，图中可见该村落规模较大，形成了不同的组块形式，组团和组团之间联系并不紧密，虽然是依就地形地势排布，但不利于公共设施的排布，该村落以中间组团为中心并向外侧延伸。一条较大公路贯穿其中，方便部分组团的出行，同时各组团之间相对独立，有自己的形态中心。

4. 条纹式村落

条纹式，即建筑呈线性排布的形态特征。这一类村庄形态肌理由于受到地形、湖畔、街道、河流等地物的制约，呈现出带状布局形态，村庄沿着轴线双侧或单侧排列。也正是因为这种类型的村庄呈现典型的线状分布，道路形态狭长，并有可能以弯路为主，公共服务较难布置，道路、管线等设施配套成本高。这一类村落形式也有其一定的优点，这种村庄的布局多沿水路运输线延伸，河道走向和道路走向往往成为村庄展开的依据和边界。根据不同的地形，有其不同的布局方式：

图1-5
绥棱县六棵松村

（1）在水网地区，村庄往往依河岸或夹河修建；

（2）在平原地区，村庄往往以一条主要道路为骨架展开；

（3）在丘陵地区，由于村庄没有相对较为平坦的开阔地，山地地形限定了若干的自然空间，村庄依山地地形和走向来建设，村庄周边以山林为主，围合感较强，村庄边界以自然限定，形式比较自由，由于受地形限制，村庄呈带状组织模式发展，一定程度上体现了资源利用的公平性。

条纹式肌理的村落一般存在于地形高差较大的丘陵、山地或水系旁，这种村落肌理对于用地紧张的山地地区来说是一种较为适宜的空间布局形式。村落沿着山地或水系的走势而蜿蜒展开，可以说是顺势而为，自然的造就。黑龙江地区水系丰富，蕴含着黑龙江、乌苏里江、松花江三江流域，还有大兴安岭、小兴安岭等山地地区，故而，条纹式肌理多见于这些地区的村落之中。例如大兴安岭老道口村、漠河北极村（图1-6、图1-7）。

图1-6
大兴安岭老道口村

图1-7
漠河北极村

5．自由式村落

自由式，顾名思义，建筑单体在布局形态上不遵循一定的规律，呈现较为随意的排布。由于其形态的自由性，在传统村落缺乏一定规划意识的前提下，其分布数量也较多。其主要的布局特点为：

（1）自由型聚落在其内部布局中受限较少，民居相互之间的组合关系和朝向都较为自由。

（2）聚落在形态布局上受到文化、礼制、宗族等因素影响性较小，建筑群体布局自由散乱，对整体的布局朝向和形式考虑较少，一般只是共享村落中的公共生产生活场所。

（3）讲究聚落布局与自然相互融合，不讲究整齐统一的规划风格。

这种自由形态布局的村落的形成主要存在以下几点原因：第一，村落内部构成较为复杂，一般宗族之间关系多样或是多民族的聚居形式，加之其建设的时间顺序有所不同，所以其规划形式无法得到统一；第二，村落的形成与发展相对独立，受到外来影响较小，居民生活舒适安逸，村民之间的群体意识较弱，其内部建设也形成了"各自为政，内向性较弱"的形式；第三，与自然环境和谐共生，尊重自然环境，顺应地理环境的形式，从而形成的建筑单体较为自由，村落布局较为散乱。例如黑龙江省齐齐哈尔富裕县的中和村（图1-8）。

图1-8
富裕县中和村

1.3.2　东北传统民居的类型及特点

1．汉族

东北汉族居民多来自历史上不同时期，由中原迁徙至东北地区的，在整个历史中，中原地区的汉族一直成为东北汉族的主要来源和主要流向。因而，汉族建筑既具有中原汉族建筑的共性特征，也具有由汉族自身民族文化和所处地域条件共同形成的地域民族特征。黑龙江省汉族传统聚落民居建筑类型按单体建筑平面类型主要包括两开间、三开间和多开间建筑。两开间建筑的代表是碱土平房与井干式民居，它们主要分布在经济条件并不是很富裕的碱土地带以及林区中林木密集的林场旁或是山沟中。

（1）井干式民居

井干式民居是我国传统居住建筑的一种形式，名称的来源主要是其构造性质，这种由圆木彼此交叉搭接而成的房屋，从平面形式看，好似中国汉字"井"字，所以被形象地称为"井干式"。由于其建筑材料为木材，所以井干式房屋多分布在我国的西南和东北林业资源较丰富的地区。井干式房屋使用圆形或者方形木料层层堆砌而成，在重叠木料的每端各挖出一个能上托另一木料的沟槽，纵横交错堆叠成井框状的空间，故名"井干式"。以"垒木为室"构成的"井干"式民居，其相互交错叠置的圆木壁体，既是房屋的承重结构，也是房屋的围护结构。东北传统井干式民居主要常见于大兴安岭、小兴安岭和长白山地区中树木茂密地带，当地居民常称其为"木楞子房"。

（2）碱土平房

我国东北地区，辽西碱地、吉林省铁西区与黑龙江西部碱地相连形成了长达千余里的碱土平原，横跨辽河平原西北部和辽河三角洲地区。这里分布着广阔的未经开发的荒地，每年都长着厚厚的荒草，在荒草和熟地中有片片相连的碱地，当地人把这些碱土地叫作"碱巴拉"。

碱土民居村落基本属于农耕型村落，因此村落周边分布着成片的耕地。耕地与住宅靠近是碱土民居村落形成的因素之一，每家所耕的面积小，所谓小农经济，所以聚在一起住，住宅和耕地不会距离得太远。碱土民居地处东北的碱土平原上，气候、资源、民族特点和生活方式都与东北其他地区不存在差异。传统的东北民居在建造上将防寒保暖视为首要解决的问题，因此在建筑造型上也会有与之相适应的做法。早期典型的碱土平房有"一明两暗"三开间，也有口袋式的碱土房，这些民居以碱土作为主要材料。随后逐渐出现了砖瓦房代替了碱土房的形式。

（3）瓦房合院式民居

东北的汉族居民多为明、清以来，来自华北和山东的"流官徒民"，在东北主要从事农业、商业和小手工业，与当地少数民族杂居，分散在城镇和乡村。东北汉族传统合院式民居，是过去汉族居住东北时根据生活的需要建造，并反映汉民特色和生活特色的民居。其院落布局形式沿袭了华北地区传统民居的特色，又吸收了当地其他少数民族民居的做法，继而形成东北汉族传统民居自身的居住特色。

2. 满族

满族长期生活在东北松花江和黑龙江下游广阔地域。这里的地域气候条件、生产生活方式以及社会发展水平决定了满族建筑特征，并逐渐形成了民族特点鲜明的寝居习俗。为了抵御冬季风雪和严寒，满族先世肃慎人、挹娄人和勿吉人基本为"穴居"。女真人在形成期，仍然沿袭先世的"穴居"习俗。随着女真社会生产力的不断发展以及中原建筑的影响，女真平民的住宅有了很大的进步。在广泛使用火炕取暖的同时，他们逐渐由"穴居"转向在地面建房。满族民居建筑伴随其社会的发展，逐渐形成了自己独特的格局。

（1）单体建筑平面形态

满族聚落建筑多为矩形，建筑在面阔方向不一定要单数开间，也不强调对称。主房一般是三间到五间，坐北朝南。三间大多是在最东边一间的南侧开门或中间开门，五间在明

图1-9
单向纵深发展的院落关系

间或东次间开门，使卧室空间占两到三个开间，均开口于一端。三间和五间若居中开门，称"对面屋"，这是受到汉族的影响。在辽金以前，满族先民崇尚的是太阳升起的东方，所以门偏东开。满族人讲究长幼尊严的等级差别，遵守着"以西为尊，以右为大"，长者居西屋，和与汉族人的"以东为尊，以左为大"恰好相反。满族建筑室内的布局，最大的特点是环室三面筑火炕，南北炕通过西炕相通，平面呈"凵"字形布局，俗称"万字炕"。

（2）院落组成平面形态

满族建筑院落为一进或二进，只有少数权贵的院落建成三进以上的套院。每组院落仅由一条纵向轴线所控制，呈现为单向纵深发展的空间序列关系而无横向跨院。相互毗邻套院的控制轴线往往呈现为一组平行线，院落之间亦无横向联系。这种院落格局的形成，来源于早期满人"占山为王"的习惯。他们将院落建造在狭窄的山脊上面。建筑随山脊的走向，由前向后延展排列，而向两侧发展的空间受到地势条件的限制。

另外，满族在进入平原之前久居山地，定居平原后，由于心理习惯而仍以人工筑高台以登高瞭望；随着满族逐渐适应平原生活，高台的高度逐渐降低，以致最后彻底丧失其登高瞭望的功能而成为一种等级标志（图1-9）。

3. 朝鲜族

朝鲜族是一个迁徙民族，19世纪中叶后陆续大批迁至我国东北各地。在与汉族及其他民族长期共同生活中，勤劳、智慧的朝鲜族人民在继承本民族优秀文化传统的同时，吸收了汉族及其他民族的先进文化，创造并发展了光辉灿烂的民族文化。他们的饮食、服饰、建筑、雕刻、绘画及文学作品无不带着浓厚的民族特色，无不闪烁着东方文明的光芒。朝鲜族民居是朝鲜族文化的重要组成部分，它集中体现了朝鲜族的民族文化、民族心理、生产方式及社会发展状况，朝鲜族人民结合本民族的生活习俗、行为模式建造出了与东北寒冷的气候条件、地理环境相适应的民间住宅，这些至今仍散落乡间的民居在总体布局、平面与空间构成、立面造型、结构体系、构造做法及建筑材料的选用等方面具有鲜明的民族特色和地方特色。朝鲜族村落大多分布在沿山且有水源的平川地带，如河谷平原、河谷盆地及冲积平原。村庄的距离远近不等，这是根据开垦种植稻田的面积多少而自然形成的。

朝鲜族民居单体建筑平面形态类型有：

（1）咸境道型

咸境道型朝鲜族建筑主要分布在我国延边地区和黑龙江地区，住宅平面多为"田"字形的统间型平面，一般以双通间为基本类型，有六间房和八间房不等。房间通过门相连，适应冬季寒冷气候；内部空间上最大的特点是厨房和炕空间连为一体，形成开放空间——"主间"，并把"主间"作为平面的中心，构成独立的最基本的空间形态。家庭生活、作业、用餐、娱乐活动都是在"主间"进行。"主间"大部分中间没有隔断。

（2）平安道型

平安道型朝鲜族建筑多数分布在黑龙江省和吉林省、辽宁省的部分地区。建筑平面为一字形的分间型平面。相对于统间型平面，分间型平面的厨房和下房在功能上具有明确的分化，中间设有墙体或隔断，各自形成独立的空间（图1-10、图1-11）。

（3）混合型

朝鲜族建筑形态受到汉族、满族等其他民族的较大影响，为了隔绝厨房的炊烟、气味以及提高室内的热效应，局部内部空间发生了分化。寝房采用半炕式，炕的面积较小，仅占寝房面积的三分之一，其余空间都是地面。但生活习俗依旧保留传统的朝鲜族特色，内部空间通过满炕、朝鲜族灶台、橱柜等处理手法突出民族特色（图1-12、图1-13）。

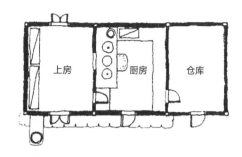

图1-10
分间型平面

图1-11
分间型内部空间

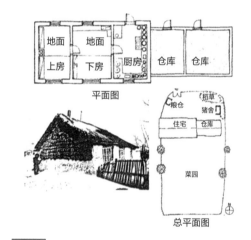

图1-12
哈尔滨星光村民居

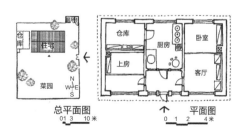

图1-13
尚志市河东乡南兴村

02

东北传统村落及民居文化
地理数据库构建

- 数据库样本的选定与文化因子的提取
- 东北传统民居建造技术因子解析
- 数据库的建立

通过大规模普查，采用大数据的研究范式，结合国家或地方认定的已评级村落数据，综合实地调研、访谈推荐、文献资料搜集、卫星影像数据等方式，对东北地区全域村落进行全面而细致地识别与筛选，甄选出保存较好、价值较高的村落作为数据库的研究样本。引入"建造技术因子"的概念，从影响传统民居构筑特征的关键因子入手，提取出最具代表性的主导因子和辅助因子，建立技术因子的类型系统。在大量村落民居样本精确定位的基础上，根据分类标准对每个村落民居进行数据录入与整理，借助地理信息系统（ArcGIS）平台，建立东北传统村落及民居的地理数据库。

2.1　数据库样本的选定与文化因子的提取

2.1.1　样本的选定

传统村落及民居在文化地理学中一般以"文化景观"（Cultural Landscape）的身份出现。对东北传统村落及民居这一"文化景观"识别的关键在于找寻反映其文化景观特征并相互关联的"文化因子"，并进行深层次的分析。可以说，对于传统村落及民居文化因子的科学选取，是定量地分析传统村落及民居各种文化现象以及进行村落及民居文化地理研究的前提。

"文化因子"即文化特质（Culture traits），是组成文化的最小单位。功能上相互关联的文化特质组成"文化综合体"。传统村落及民居即是一个文化综合体，而文化因子则是识别文化综合体其文化特征的关键要素。

对于东北地区传统村落及民居文化因子的选取，参考了2013年12月住房和城乡建设部颁发的《住房城乡建设部办公厅关于开展传统民居建造技术初步调查的通知》（建办村函〔2013〕740号）中对于传统村落及民居的调查内容。其中村落布局形态文化因子的选取，结合实际情况，确定从建造年代、地形环境、形态特征、组团关系、民族属性这五方面进行文化因子的采集，其中具体包括传统村落的建村年代、地形环境、村落选址、村落规模、村落朝向、村落肌理、组团关系、村落民族属性，将这八个因子作为研究的基本要素。

民居建造技术文化因子依据民族区分开来，满族民居建造特征主要包括民居的平面形制、功能布局、结构与材料等，确定从地形环境、建造年代、建筑形态、建筑材料、构筑技术这五方面进行文化因子的采集，其中包括传统民居的地形环境、建造年代、屋面形式、山墙类型、建筑装饰、屋面系统材料、围护墙体材料、墙体砌筑类型、承重结构类型，将这九个因子作为最终研究的基本要素。而朝鲜族传统民居所研究对象的实际情况，包括地形环境、建造年代、屋面形式、山墙类型、屋面材料、墙体砌筑类型、墙体围护材料、承重结构类型、居住空间形式，将这九个因子作为最终研究的基本要素。根据汉族传统民居的特点与实际调研情况，确定从地形环境及建造年代、建筑形态、建筑材料、构筑技术这五方面进行文化因子的采集，其中包括传统村落的形成年代、地形环境、建筑选址、屋面形式、建筑结构、山墙类型、屋面材料、围护墙体材料、墙体砌筑类型、建筑装饰共十个因子作为研究因子。

2.1.2 村落布局形态文化因子的提取

1. 建村年代

传统村落建村年代显示着东北地区居民的生活迁徙历史，内含社会变迁历程，对研究村落与民居的产生、发展及未来的演变规律有重要作用。

东北地区历史源远流长，作为满族的发祥地，其历史可追溯到先秦时期的肃慎，邑娄、勿吉、女真都是满族的先民。直至清代之前，东北地区开发较少，部分地区荒无人烟，原始居民主要依赖自然屏障获得生存保障，聚落营建顺应自然环境形成，但营建技术相对落后，多数难以保存至今，可研究样本较少且多分散；清代至中华人民共和国成立初期，东北传统村落发展最为鼎盛，期间受历史因素影响，传统村落既继承了本土文化的基因，又融合了外来建筑思想的差异，经过自身的有序发展形成独特体系，并至今保留有大量可供研究数据样本，这一阶段为研究重点。结合东北历史发展沿革与实际调研情况来看，村落建成年代分成四个时间节点：清代以前、清代、民国、中华人民共和国成立后。

2. 地形环境

东北地区地形环境按照地貌可以划分为六个区域，分别是大兴安岭中山、低山和台原区；小兴安岭低山和丘陵区；长白山山脉和丘陵区；辽西低山丘陵区；东北大平原；呼伦贝尔高平原区。因此将东北传统村落选址地形环境分为平原（图2-1）、丘陵（图2-2）、台地（图2-3）和山地（图2-4）四种。

图2-1
平原地形

图2-2
丘陵地形

图2-3
台地地形

图2-4
山地地形

3．村落选址

古人在建村前，首先是选址。村民对附近的山川地形、地势地貌、河流水文等自然条件进行认真仔细地观察比较，最终选取优胜之地。背靠高山、面向水面、向着阳光常被选作上佳的村落选址。东北地区地形地貌环境复杂，建筑选址可能性极多，但综合来看，无论哪种选址都离不开"山""水"两种最受重视的风水条件，因此根据村落选址距离山、水的距离划分成九种：依山傍水、依山近水、依山远水、近山傍水、近山近水、近山远水、远山傍水、远山近水、远山远水。划定依据则在村落布局范围2公里内存在山或水则判定为"依山""傍水"，布局范围2~5公里内存在山或水则判定为"近山""近水"，布局范围5公里以内不存在山或水则判定为"远山""远水"。

4．村落规模

由于受到村落所处的自然环境、地形地貌、生活生产工具、水源、耕地面积以及人口基数等诸多方面的影响，东北地区的传统村落规模大小不一，小则只有几户人家，大则上百户甚至上千户。通过调研发现，相比选址于山地的村落来说，平原地带的村落水源和耕地较为富足，可用于村庄建设的用地也较为宽广，因此平原地区的村落规模相对较大。但村落规模也不会无限制的扩大，随着人口的不断发展，人均耕地面积和人均住房用地面积也不断减少，不能满足村落所有居民的生活生产需要。为了缓解住房和粮食的压力，部分村落则会选择分散人口，建立新村。就目前而言，东北地区的传统村落规模已经确定，因而可以折射出传统村落发展成熟之后的诸多信息，比如村落的最终规模与地形的关系，与水源的关系，与当时的经济中心的关系等，因此将村落规模作为研究东北地区传统村落的因子。一般而言，村落规模可以从人口数量、房屋数量和占地面积三个指标进行测算。但由于能力有限，不能获得足够多的村落人口和房屋数量数据，因而重点以村落的占地面积作为村落规模大小的指标。本章节中的村落规模是指村落中传统民居以及周边重要的环境要素所占据的用地面积，以公顷作为单位。

5. 村落朝向

村落朝向在村落选址时是一个重要参考因素，"形势法"中的"取向"指的便是房屋的具体方位，另外良好的朝向也能更好地改善室内热环境。然而受条件所限，不是每一个传统村落都能有机会选择"风水宝地"，很多村落在选址的时候往往只能选择水源、耕地或是符合宗族观念等更为重要的因素，而忽略掉村落朝向、日照等因素。然而，即便在各种限制条件下，村民也希望能争取更多的阳光，以改善室内环境。

本章节中的村落朝向是指与大部分建筑堂屋正脊垂直并朝向正门的方向，不考虑村内分散的少量的建筑朝向。调研发现，东北传统村落的朝向基本可分为以下几种：坐北向南、坐西北向东南、坐东北向西南以及混合型四种类型；混合型村落特指有两个或两个以上的主要朝向的村落，极少数村落存在坐西向东、坐东向西朝向。因村落朝向类型之间区分度不高，皆可以归类为宏观上的坐北向南，因此村落朝向文化因子不作为后文的研究依据。

6. 村落肌理

一个村落的肌理形式可以窥视出古代封建社会下人们的生态自然观和社会价值观。以往可供参考文献中对于村落肌理多分为自由式、条纹式、网络式、行列式、组团式几种，较为粗略简单。东北地区地势多样，水网密布，因此笔者依据东北地区实际的复杂地形现状，细分出十种村落肌理形式。

（1）规整型行列式

在规整的行列式肌理中，村落边界形态简洁方正，内部道路肌理或纵或横，多为垂直交错，较为规整整齐，呈现出明显的行列形态，主要道路和次要道路十字交叉，村中院落也整齐划一（图2-5、图2-6）。

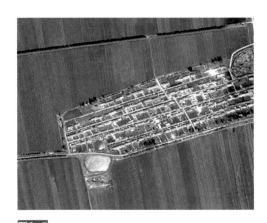

图2-5
惠七前村卫星图

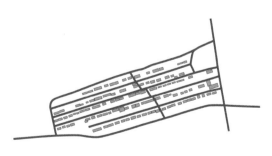

图2-6
惠七前村村落肌理示意图

（2）渗透型行列式

渗透型行列式区别于前者，主要体现在村落边界的自由形式，村落与自然环境接壤的空间通常为自然的山体、水体、丘陵或者自然的林木等，受到客观限制而自发形成不规则边界形态；有时位于开阔地势村落彼此具有较大的空间分隔，也因此无限制形成自由边界。村落内部道路肌理与行列式相同（图2-7、图2-8）。

（3）集中型网络式

集中型网络式的道路形态其形成主要受到常规行列式道路布局的影响，但由于地形、环境等自然原因，其道路形态不得不就势而行，从而形成了道路线条自由弯曲的不规则网型布局。

这种形态类型的道路肌理，其主要特点是有两条或者两条以上的主要道路，其他次要道路以主要道路为依托，与主干道相连接，彼此之间交错相通，从而形成一整套自由完整的道路网。尽端式道路与互通式道路随着村民的使用需求与地形因素而交替出现，道路层次丰富，形态自然曲折，受人为干预较少，能较好地适应自然要素，通常村域面积较大（图2-9、图2-10）。

图2-7
前进村卫星图

图2-8
前进村村落肌理示意图

图2-9
新山村卫星图

图2-10
新山村村落肌理示意图

（4）树枝状网络式

东北地区由于大兴安岭、小兴安岭以及长白山山脉的存在，使得部分传统村落是处于山地地形之中的。受到山地地貌的影响，这些传统村落的道路整体形态多趋近于树枝状：村落中通常存在一条主要道路，形成"树干"，其他的次要道路街巷等沿着主干道呈树枝状朝外扩散伸展，村落的院落空间就布置在树枝状的次要道路之间，整个村落的道路结构清晰分明，主次明确。该种道路形态受到的人为因素的干扰较小，属于自然生长式的道路网，能很好地结合地形，契合自然环境，村落肌理较为灵活（图2-11、图2-12）。

（5）顺应等高线网络式

顺应等高线网络式肌理形态，可以具体分为垂直等高线与平行等高线；垂直与平行是指村落主要道路与等高线之间的关系，这种布局多依附山势，顺应等高线走势，巧妙利用复杂多变的山体地形，平衡建筑与地形地貌、周边建筑以及整个空间环境之间的关系，从远处看，各排建筑就像台阶一样高低有序排列。该类村落布局局部看似较为混乱，总体实则是对整个自然地形的模拟，呈现出一种与自然融为一体的状态。

（6）沿河网络式

沿河网络式是指临水系建造的村落，村落涵盖多条道路脉络，主要道路皆顺应水势生成流线形的网状曲线形态（图2-13、图2-14）。

图2-11
前二十里堡村卫星图

图2-12
前二十里堡村村落肌理示意图

图2-13
南坪村卫星图

图2-14
南坪村村落肌理示意图

（7）顺应等高线条纹式

顺应等高线条纹式肌理形态区别于顺应等高线网络式布局，是依附山势组织村落肌理，但村落往往由于地形受限只形成一条主要道路，民居单体单侧布置或双侧错开布置，整体形态为条状（图2-15～图2-18）。

（8）沿河条纹式

沿河条纹式区别于沿河网络式肌理形态，是顺应河水走向而形成的一条主街，民居建筑单侧或双侧排列的条纹式布局形态（图2-19、图2-20）。

（9）地形分隔组团式

地形分隔组团式肌理形态，是指一个完整的村落因自然或人为因素的影响，而被迫分

图2-15
三合村卫星图

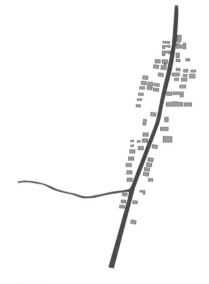

图2-16
三合村村落肌理示意图

图2-17
双联村卫星图

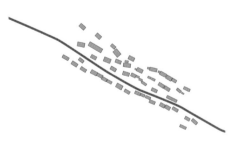

图2-18
双联村平行等高线村落肌理图

图2-19
三道河民俗村卫星图

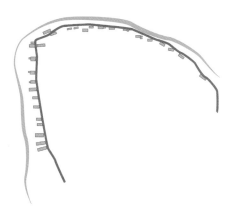

图2-20
三道河民俗村村落肌理示意图

图2-21
白龙村卫星图

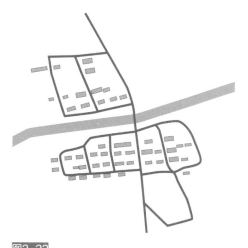

图2-22
白龙村村落肌理示意图

割成若干个独立组团，通常可分为道路分隔、水系分隔、地形分隔三种分隔体系。被分割后的不同组团可以灵活地根据不同地形地貌形成布局形态，彼此之间通过道路、桥梁等进行连接，往往在这种布局方式的村落内，或同时存在几种不同的布局形态组团，布局方式具有高度的灵活性（图2-21、图2-22）。

（10）自由分布式

该种类型的村落几乎没有人为或现代规划的影响，完全顺应地形地势和村域的山水要素，道路形态呈现出自由生长的特征。主要特点是道路随山势而变化，随河岸而蜿蜒，根据地势的高差自然的形成组团的几户院落，组团或者个别院落之间再随着时间和彼此的交流而自然形成连接的道路。所有的道路都没有规整的线性状态，随需要而产生，呈现出完全自由随机的样式，村落尊重自然肌理，与自然的契合和协调程度较高。

7. 组团关系

村落组团关系就是村落和周边村落之间的关系。一般而言，村落所在的地形地貌、河流水系、交通线路、文化背景甚至宗族观念等因素，都与村落组团关系有着一定的联系，影响着村落本身的生长模式以及村落与村落之间的发展模式。将村落组团关系划分为散点式、团块式、串珠式与独立式。

（1）散点式

散点式指村落与村落之间有良好的交通联系且空间距离较为接近，但组团关系缺乏规律性，分布比较随意。这类村庄规模可大可小，彼此之间通过乡道或耕地联系。形成的原因可能有两点：一是平原丘陵地区村落选址往往依山傍水临田，村落分散布置能更好地靠近属于自己的耕地；二是村落组团为单姓聚居，不同姓氏的村落彼此分开，不杂居（图2-23）。

（2）团块式

团块式是指各村落之间的空间距离很小，随着村落的不断扩展发展连成一片。一般是因为原来相距比较近的一个或几个中心村落，随着村落规模的扩大，村落分离出新的村落，而大多新村会围绕中心村落分布，彼此接近（图2-24）。

（3）串珠式

串珠式是指各个传统村落沿主要道路、河流或是山脚分布，像一串珍珠线性布局，常见于山地、河谷平原等地区。村落往往是沿着上述因素限定出来的线性空间发展（图2-25）。

（4）独立式

独立式是指村落分布较为孤立，与其他村落相隔较远。这类型村落一般分布在山地区域，被山体、河流等自然因素分割，散落分布在各个地区，村落与村落之间联系较弱；与外界联系更是不便，发展受限，一般来说规模相对较小（图2-26）。

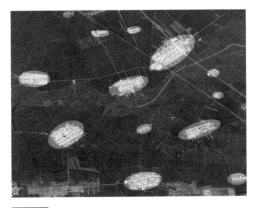

图2-23
散点式

图2-24
团块式

图2-25
串珠式

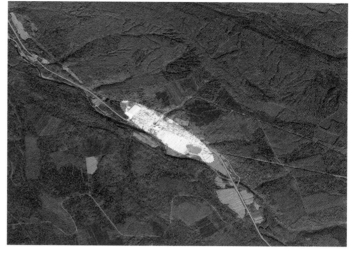

图2-26
独立式

8．村落民族属性

东北地区分布着众多民族，不同民族独特的风俗习惯、文化背景都对他们的村落布局有重要影响，且不同民族之间居住文化的差异彼此碰撞和融合，都会在村落形成的进程中渐渐表露，这将对村落布局、村落选址等产生较大影响。通过调研统计，汉族、满族、朝鲜族的传统村落占比明显多于其他少数民族，因此将这三种民族属性作为文化因子。

2.1.3　民居建造技术文化因子的提取

1．汉族传统民居建造技术因子

（1）传统村落形成年代

传统村落建村年代显示着东北地区汉族的生活迁徙历史，内含社会变迁历程，这些年代信息包含着汉族先民在东北大地上渔猎垦荒的先后顺序，对研究村落与民居的产生、发展及未来的演变规律有重要作用，通过时间线索可以发掘汉族独特的民居建造技术发展历史和演化过程。而在民居的漫长历史发展过程中，在清代至中华人民共和国成立早期这一时期，东北民居发展最为鼎盛并趋于稳定，民居营造最具典型性，其所处阶段也是承上启下的，既继承了清代以前的一些民居基因，经过自身的有序发展形成独特体系，又对现代民居的营造有启示性的意义，并且大量的数据样本也是兴起或建造于这一时期，因此在形成年代的划分上将清代至中华人民共和国成立时期为重点。

清代以前东北地区开发较少，部分地区荒无人烟，社会经济并不发达，民居建造多利用草、土、石等地方材料，部分有钱人家采用青砖青瓦建造，由于年代久远，留存下来的民居也多为青砖青瓦建筑。清代特别是清末时期，东北地区汉族人口大量增长，新建村落数量大量增加，砖瓦开始大量使用，同时草、土、石等材料营造技艺日趋成熟和精湛。由于清代以前的样本较少且多分散，而从清代开始村落大量建成，结合东北历史发展沿革与实际调研情况来看，村落建成年代分成四个时间节点：清代以前、清代、民国、中华人民共和国成立后（表2-1）。

传统村落形成年代分类标准　　　　　　　　　　　表2-1

分段	起止时间	分类标准
清代以前	1644年以前	清代以前世居或迁居东北地区的汉族人，这部分汉族人口分布较为分散，且数量较少
清代	1644—1911年	清代以来民间自发的"闯关东"浪潮和清末清政府实施的"移民实边"政策，都极大加速了东北地区汉族人口的增长，促进了东北地区人口流动性，营造形式也大大丰富
民国	1911—1949年	清末至民国，中东铁路修建下需要大量人力资源，同时关内地区人口爆炸，贫民需要谋求生路而大量移民东北，东北地区的移民运动再次掀起高潮
中华人民共和国成立后	1949—2000年	中华人民共和国成立后东北作为重要的工业基地，新建村落也较多，民居建造中开始使用近现代材料，砖瓦的使用开始大量出现，民居也开始出现新形式，也有村民利用新材料对老宅进行改造

（2）地形环境

根据前文关于东北地形环境六个地貌区域的论述，按照地形分类东北汉族民居村落选址也有平原、丘陵、台地和山地四种类型（图2-27~图2-30）。

图2-27
平原地形

图2-28
丘陵地形

图2-29
台地地形

图2-30
山地地形

（3）建筑选址

传统建筑选址强调顺应自然、因山就势、保土理水、培植养气等原则，常常借以岗、谷、坎、坡等地形条件，善于依山就势或逐水而居，常常依照村落所处地形而择优布局、形成类型多样的民居村落选址。

（4）屋面形式

传统民居建筑的屋顶首先考虑到了对当地环境的适应。东北地区的东部夏季降雨量大，冬季降雪量大，建筑多采用双坡屋顶以应对较大的降水量，双坡屋顶利于积水和积雪的滑落而减少对屋面的侵蚀。其次，双坡屋面起脊高、坡度陡，从外观看建筑显得格外高大，特别是青瓦顶建筑，双坡屋顶可以增加建筑的气势，体现居住者的气派。而在东北地区的西部，该地区盐碱地广泛分布，风沙大，降水量普遍较小，因此多采用碱土囤顶的屋面形式。在辽西地区多为碱土囤顶，在黑西吉西北地区多为碱土平顶，但两者相似度高，所以归为一类。因此，按照屋面的形式划分，传统民居屋顶可以分为双坡屋顶与碱土囤顶两种类型（图2-31、图2-32）。

图2-31
双坡屋顶

图2-32
碱土囤顶

（5）建筑结构

传统民居的承重结构类型主要有三种，最主要的为木构架承重，其次还有墙体承重和墙架混合承重结构。

木构架承重结构是依靠木材制作的柱、柁或梁、瓜柱、檩、枕、椽子等构件构成的受力结构体系，墙体起空间划分与围护的作用并不承重，整体结构体系延续了中原传统民居结构体系。木构架按类型可分为传统的檩枕式木构架以及在此基础上改造而成的变体木构架（图2-33）。传统民居檩枕构架的独特之处主要在于其中的"枕"，枕位于檩的下方，其长度与檩条相同，直径较之稍细，与檩条同样起到联系各榀架并承载和传递其上屋面重量的作用。檩枕在木构架结构中的作用与中原民居中的檩条及其垫板的作用是极为类似的，主要的区别之处在于檩垫板的截面多是方形的，而枕是圆形或椭圆形截面（图2-34～图2-37）。

变体的木构架主要有两种，第一类是"排山柱"，在山墙中心立柱，仅用三根柱子作为山墙面的受力系统；另一种较为独特的柱子做法，叫作"抱门柱"，抱门柱常设置在大柁下进深的三等分位置，它的主要是支撑大柁分散压力，同时建造时也可以作为间隔墙的骨架或与炕沿连接（图2-38、图2-39）。

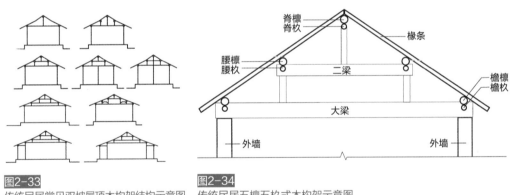

图2-33
传统民居常见双坡屋顶木构架结构示意图

图2-34
传统民居五檩五枕式木构架示意图

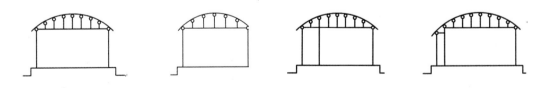

图2-35
碱土平房屋架结构示意图

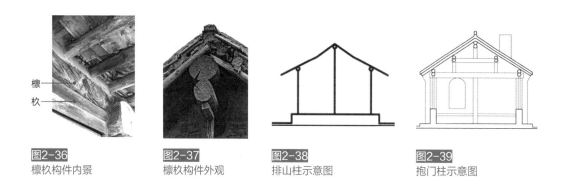

檩
枋

图2-36
檩枋构件内景

图2-37
檩枋构件外观

图2-38
排山柱示意图

图2-39
抱门柱示意图

　　墙架混合承重结构常见于碱土平房中，部分非碱土地带的土坯房中也可见此结构，这种结构俗称"硬搭山"，主要是当地民居为了节省木材，仅保留前后檐墙的结构柱而将檩条两端直接搭建在两山墙上，省去了山墙处的梁架和柱子，这种结构由木构架结构改为前后檐柱与两片山墙共同承载并传力的构架体系，不仅节省了木料的使用，同时也最大限度地利用了取材低廉且防水性好的碱土材料。这种结构也可运用在土房、石砌房和砖石混砌房中，运用在土坯房中时，山墙往往建造的十分厚重，筑墙时多采用夯土结构或土坯结构，山墙下部常常用石块砌筑增加结构抗性。运用在石砌房和砖石混砌房中时，由于砖石本身具有非常好的抗压性能，可以直接利用山墙进行承重而不用过多木材（图2-40）。

　　墙体承重结构是井干式民居独有的结构形式，井干式墙体由整条圆木刻楞后层层搭建而成，四面墙壁为一个整体自下而上统一搭建，东北汉族井干式民居构架普遍的做法是先将地面挖出深沟将横木嵌入后四面相扣做成基础，然后从基础开始层层向上垒砌成木刻楞子墙，然后屋架大柁直接搭在前后檐的墙上，搁置在大柁上的檩条直接搭建在两面山墙上，整体建筑依靠墙壁承重，室内隔墙同样起到一定的辅助承重作用。有些人家采用"三炷香式"结构，可以扩大房屋内部的进深尺度，让房屋面积不再受限于圆木尺寸（图2-41）。

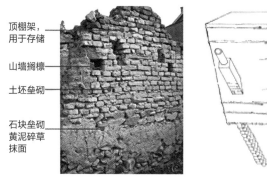

顶棚架，用于存储

山墙搁檩

土坯垒砌

石块垒砌黄泥碎草抹面

图2-40
开原清河某弃宅"硬搭山墙"示意图

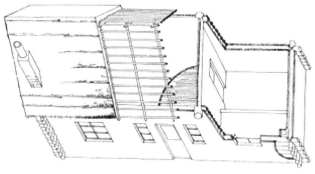

图2-41
"井干式"民居承重结构示意图

（6）山墙类型

传统民居的山墙是指房屋两侧沿建筑物短轴方向布置的外横墙，主要包括下碱、上身和山尖三部分。汉族传统民居山墙类型可分为悬山山墙、硬山山墙和五花山墙。

悬山山墙：悬山山墙的屋顶在两山墙面处均向外挑出，檩桁未被封护在墙体以内，而悬在半空，称之为"悬山"或"挑山"。悬山山墙主要是为了保护山墙免遭雨水侵蚀而将屋面挑出墙外以遮挡墙壁，檩木出梢导致山墙面木构架暴露在外，从而影响木构架端头的保护和建筑山墙面的美观，比较讲究的做法是在挑出的檩木外端钉一道与屋面曲度一致的人字形厚木板，这种结构叫作博风板，起到遮掩檩木的作用，而普通的乡间民居则多用草顶尽量遮盖而不做博风板（图2-42）。

硬山山墙：硬山山墙外观呈人字形，两侧山墙平于或高于屋面结构，左右两侧山墙与屋面边缘直接相交，并将山墙处的檩木梁架外侧全部封砌在山墙内。汉族的大户人家常做青砖青瓦建筑，山墙采用硬山做法，山墙两际砌以方砖或博风板，近屋角处迭砌墀头花饰，山墙的山尖处多雕饰腰花或在近脊处雕饰砖制山坠，丰富了建筑的整体装饰，同时使建筑整体显得刚硬气派（图2-43）。

五花山墙：五花山墙多以砖石混砌方式砌筑，用石材砌筑墙心，砖材砌筑组合不同的花纹图案，一来这种结构可以节省砖材，用较易采得的石材来替代一部分，二来这种墙体耐久度也大大增加，三是这种简单的装饰打破了墙面的单调感，是最为经济的装饰手段（图2-44）。

（7）屋面材料

通过调研和查阅资料可以总结出东北传统汉族民居的屋面材料主要采用青瓦、板瓦、木板瓦、土、草，极少数采用外来材料铁皮。

草类作为传统民居最为常用的建筑材料，由于其质优价廉且便于取材，因此广泛使用在民居屋面构造中。各地域民众取用草类材料多是就地取材，沼泽水塘地区多采用芦苇，山地盛产荒草，平原地区种植麦田的地区多用麦草，种植稻谷地区多用稻草。汉族民居中常用的纤维类材料有高粱秆（秫秸秆）、羊草、谷草、乌拉草、芦苇等。纤维类材料韧性强，防水防潮，因此多被用于屋面层铺设，如将秫秸秆捆成小捆直接搁置在屋面檩条上可以节省木材制作屋面板，而这种做法的防寒保暖效果也较好；在水边和沼泽附近的民居多采取沼泽中的野生草类羊草铺设屋面，羊草纤细柔软且纤维缤密，防水效果好；东北盛产的乌拉草也被广泛地用于民居

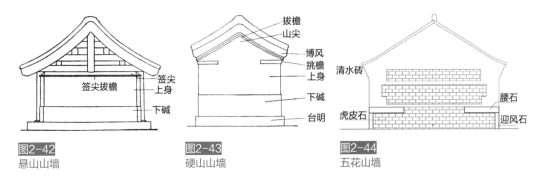

图2-42
悬山山墙

图2-43
硬山山墙

图2-44
五花山墙

中苫顶的材料。草苫屋面的做法一般是从下往上逐层铺设，俗语所说的"檐薄脊厚气死龙王漏"，便是指苫草时越靠近屋脊草苫的越厚，靠屋檐处则苫的薄一些，这样可以较好地排掉雨水，另外在屋脊的交缝处为了防止雨水渗漏常常需要加做盖帘（图2-45、图2-46）。

青瓦主要是以黏土为原料经过泥料的处理、成型、干燥和焙烧最终烧制而成，颜色多为暗蓝色、灰蓝色，青瓦从西周开始便应用于屋顶，是中国房屋最为典型的屋面材料。东北汉族民居的青瓦屋顶一般采用仰铺，坡面缓并略有曲线（图2-47、图2-48）。

土屋面主要运用在碱土地区的碱土平房或囤顶房屋上，一般采用平顶或是略呈弧形拱起的囤顶形式。土屋面主要有两种构造形式，一种为砸灰平顶，另一种为碱土平顶。砸灰平顶又称为"海青房"，首先将檩条架在梁上，然后铺挂椽子，再在椽子上铺两层苇巴，每层厚约4厘米，然后再将碱土混合羊草搅拌均匀后抹至屋面，厚约10厘米，垫上苇席再踩平使屋面粘在一起，在苇席上抹两层碱土泥，每层厚约2厘米，最后在碱土泥上垫上混合白灰的炉灰块，用木棒捣固。碱土平顶与砸灰平顶做法类似，只是不做砸灰顶的炉渣白灰顶层，每年在墙壁和屋顶上加抹2厘米碱土（图2-49、图2-50）。

木板瓦又称为"木房瓦"，是将木板劈成方片状可直接当瓦铺设，或直接将木材加工成条状木板，直接铺设屋面。在长白山一带常常采用木板瓦，由于木板瓦受到风吹雨淋和太阳照射非常容易变形，且木质粗糙容易积水，所以木板瓦需要由斧子劈出，劈出的木板瓦板面光滑，铺设后雨水、雪水能够顺畅滑落不至淤积，屋面使用年限才能久远。木瓦材料

图2-45
草苫顶

图2-46
草苫顶细部

图2-47
青瓦顶

图2-48
青瓦顶细部

图2-49
碱土囤顶

图2-50
碱土囤顶细部

图2-51
木板瓦顶细部

图2-52
铁皮顶

采自山林，既经济又实惠，但是木瓦质轻怕风，所以人们常常在铺设木瓦后再在上面压上石头，同时尽量将建筑修建在背风的地方，可以减少风对木板瓦的损害（图2-51）。

铁皮顶原是俄式民居的独有屋顶形式，该屋顶采用深红色或黑褐色铁皮直接铺设在椽子上，而后随着中东铁路的修建，沿线市县均涌入大量俄国人修建了大批俄式木屋住宅，受到俄罗斯建筑风格与文化的影响，部分沿线的汉族人民仿照俄式木屋的形制修建房屋，或直接运用俄国人带来的新材料——铁皮直接覆顶，而建筑形式还是采用传统的汉族民居形式如土坯房、井干式房等（图2-52）。

（8）围护墙体材料

在房屋建造中，建筑围护墙体的用材占据了最大的比例，因此围护墙体材料的选择多是就地取材。汉族传统民居自中原地区起便采用砖瓦等人工材料，随着关内人不断涌入关东地区，随之也将中原汉族文化带入关东，生活在东北地区的汉族人仍然保持着采用砖瓦建房的传统。但是由于砖瓦材料价格昂贵且烧制难度大，大部分穷人建不起砖瓦房，因此他们采用更为原始的土坯房或就地取材用石材或木材直接建房。通过调研总结得出，汉族传统民居的围护墙体材料主要有：青砖、石、红砖、木、土。

青砖材料是汉族使用悠久的传统的建筑材料，其做法是用黏土加入沙土和好后，压入模子做成坯子，经过日照晒干后放入砖窑中煅烧，在烧制过程中加水冷却，黏土中的铁不完全氧化则呈青色，最终便制成青砖。青砖的烧制难度较大，且操作比较麻烦，但是抗氧

图2-53
青砖

图2-54
石材

化性、抗水化和抗风侵蚀的性能非常优秀，常用在官邸建筑和大户人家，普通百姓则难以用得起昂贵的青砖材料（图2-53）。

　　石材主要产自山区或丘陵地带，天然石材具有很高的抗压强度和良好的耐磨性与耐久性，便于就地取材且生产成本低，逐渐被东北汉族人民接受而逐步运用到营造技艺中（图2-54）。

　　红砖在汉族民居中的使用已经有六七十年的历史，红砖真正的大规模使用还是在中华人民共和国成立后，这是由于中华人民共和国成立后东北地区开始大量建设，红砖的烧制成本也开始降低，汉族人民开始大量采用红砖砌筑墙体。红砖的强度和耐久性都很高，烧制过程中生成的孔洞又赋予其保温隔热、隔声降噪等优良特性，加之其成本低，可塑性强，可用于砌筑柱、拱、烟囱、墙体、地面、基础等房屋的各个构件，因此被东北地区大部分农村地区广泛采用来砌筑房屋（图2-55）。

　　木材作为墙体的围护材料主要应用在井干式民居和板夹泥民居中。井干式民居常用稍加修正的圆木直接刻楞垒砌，木材的主要品种有红松、樟子松、杨树、白桦树、柳树、榆树等，尤其以红松木的材质最为坚硬，民居中常用来做木构架的大构件，如梁、柱等。板夹泥民居中则大量运用木板或木棍用作墙体材料，制成两侧是木板中间是土与草和成的泥的"夹心墙"或制成中间是夯土外侧固定木棍框架的夯土墙（图2-56）。

　　土在制作墙体材料时通常有两种方式，一种是制成土坯后再砌墙，另一种是直接夯筑

图2-55
红砖

图2-56
木材

建成夯土墙，同时也可作为胶结材料用于嵌缝和粘合。一般选择黏土用作墙体材料，另外还会在土中添加部分加筋材料，如杉木的木纤维、稻草、秸秆、狗尾草等当地易取的材料，可以大大提高黏土的性能。而土材料有非常好的保温隔热效果，比较适合东北的严寒气候。东北地区的土按土质可以分为黄土、沙土、碱土、黑土、黏土五种。黄土质地极细且黏腻，可以用做土坯或抹墙泥抹面，也可用作胶结材料，如砌体的胶泥，砌土坯、砖坯、石材时均可使用。沙土地区的土质含沙质较多且沙粒粗细不均，与黄泥混合可以提升土的品质，增加土的黏性，可以用作土打墙材料，沙质土也十分适合做砖，该砖材坚固耐久，十分实用。碱土盛产于松嫩平原和辽河平原的碱土地带，碱土本身容易沥水，越经过雨水冲刷越加光滑不易浸水，非常适合作为屋面材料和墙体抹面材料，同时也可用来制作土坯和夯土墙。黑土适合农耕，不适宜做建筑材料，但是将黑土和黄土混合后，再掺入石灰制成三合土，捣固之后用做基础，这种土打出的地基非常牢固，坚实可靠（图2-57）。

图2-57
土

（9）墙体砌筑类型

东北汉族民居墙体构筑具有强烈的地域特点和汉民族文化特色。汉族人民在有限的材料下，传承汉族传统营造技艺的同时，因地制宜地采用当地本土材料，充分发挥材料本身特质，并且向其他民族学习创造，不断创新和发展了一系列适应自然环境的营造技术。参照《东北民居》中对汉族民居建造类型的划分，并结合调研中了解到的民居建造情况，将墙体砌筑类型分为：金包银、石材砌筑、砖石混砌、砖砌筑、井干式、拉哈墙、板夹泥、土坯墙、土打墙九种类型。

"金包银墙"是在建筑工程上的一个俗称，即三分之一厚的外皮墙体，用砖或石砌，三分之二厚的内墙体，用土坯或夯土垒筑的砌法俗称"金包银"砌法。通常在东北汉族民居中，外侧常用青砖砌筑，内侧则多用土坯砌筑。金包银墙外侧的青砖通常选择质量上乘的黏土精心烧制而成，内侧的土坯选用田间湿泥添加草类纤维经过反复搅拌，填入木框打制的模子里刮平整后形成土坯，晒干后变得坚硬，用来砌筑内墙（图2-58、图2-59）。

石砌墙通常是用天然石料直接砌筑，中间填充草泥粘合嵌缝形成的石墙。砌筑时首先挖好地基，选用规整的石块砌好地基后，在拐角处放入方正的石块以确定位置，然后按照轴线逐层砌筑，有条件的人家整墙均用石材砌筑，较穷的人家则选择内外两侧砌筑整石材，内部填充土坯或碎石。石材砌筑方式一般分为料石砌体和毛石砌体，料石砌体是将石材开采后进行切割加工，切割成统一规格后进行砌筑，毛石砌体是直接将山上开采的毛石简单加工便用于砌筑，在砌筑时通常用草泥粘合嵌缝（图2-60、图2-61）。

砖石混砌墙是采用石材和砖材混合砌筑的一种方式。这类复合型的墙体砌筑方式比较多样，但通常用于山墙或窗下槛墙。这类墙体通常用石材作基础，第一层铺石材，起到稳

图2-58
金包银墙

图2-59
金包银墙细部

图2-60
石砌墙

图2-61
石砌墙细部

图2-62
砖石混砌墙

图2-63
砖石混砌墙细部

固墙体基座的作用，往上砌筑时每砌筑两层石材需要隔两皮砖，可以起到稳固墙体的作用（图2-62、图2-63）。

砖砌墙通常采用青砖或是红砖单独砌筑，青砖由于取材不易价格高昂，因此极少单独用来砌筑墙体，通常用红砖来整面砌筑，砖材之间用黄泥粘合嵌缝，可使砖砌体十分牢固，随着社会的发展渐渐将黄泥替换为水泥砂浆嵌缝。在东北地区，红砖砌筑在农村地区十分普遍，随着新农村的改革发展，农村普遍改成了砖瓦房，采用红砖红瓦砌筑，但已失去了传统民居独特的构筑技术而变得千篇一律（图2-64、图2-65）。

井干式民居俗称"木刻楞"，是一种用圆形、矩形或者六边形的木料，平行向上层层

图2-64
青砖砌墙

图2-65
红砖砌墙

叠置建成墙壁的一种民居形式，相互交叉的圆形或矩形的木料在房屋的转角处交叉咬合，使整个建筑构成一个整体，既起到围合的作用又起到承重的作用。井干式建筑横墙和纵墙的砌筑方式不同，横墙的构造是在圆木两端开榫卯结构然后层层相叠，墙体既是承重墙又是围护墙，墙体一般不长，而纵墙则可作为围护墙体不承重；也有横墙和纵墙构造相同的，这种井干式民居通常可以做出三角阁楼（图2-66、图2-67）。

图2-66
井干式墙

拉哈墙也叫草辫墙，但是两者构造形式则略有不同。拉哈墙也叫木骨架墙，是先在地面立木柱为骨架，再在木骨架上拉接草泥，木柱间的间距约70～100厘米不等，在木柱中间钉上多条横木板，将草辫挂于横木板上，厚度约30厘米，草辫间再填充草泥，这样的墙体既坚固又保温。草辫墙则是在地面立木柱后，以柱为骨架直接在木柱上缠绕草与泥和好的草辫而不再钉挂横木板（图2-68、图2-69）。

图2-67
井干式墙细部

板夹泥墙体是采用木和土混合砌筑的一种独特营造技艺。板夹泥墙体分为两类，一类是板夹泥，采用木板和黄泥砌筑，另一类是杆夹泥，采用木棍或木杆和黄泥或

图2-68
拉哈墙

土坯砌筑。板夹泥墙体首先在地基上立木柱，然后在木柱上钉成排的木板，根据构造的不同有的地区木板无缝钉排，有的地区木板隔缝钉排，钉排几层木板就要往里填泥夯实，再继续钉木板填泥，最终形成板夹泥墙体，最终木板是固定在墙体里，起到一定的支撑作用，最后在墙体表面抹黄泥，外表看起来和土坯房无异，但构造却远不相同；杆夹泥是板夹泥墙体的简化版本，主要分布在

图2-69
拉哈墙细部

一些丘陵地区，这些地区木材并不丰富，因此不能出产品质量较好的木板，所以人们用木杆代替，木杆本身较细且刚性弱，往往与木柱钉成简单框架便往里填泥，主屋的木杆钉得较密集，仓房等辅助用房的木杆则钉得稀疏（图2-70、图2-71）。

土坯墙是用土坯块垒成的，土坯块的做法是用黏土或碱土混合羊草或谷草搅和在一起，将混合物倒入用模板钉成的格子模具中填实抹平表面，放到院子里晾晒几天，晒干后便形成一块一块的土砖，这种砖不用烧制大大节约能源和成本，晒好后的土坯用黄泥浆为胶粘剂砌筑成墙，这是东北民居使用最广泛的一种筑墙材料。土坯尺寸各地不尽相同，通常是40厘米×17厘米×7厘米，土坯用日光暴晒三五天即可干燥成型，做法简单又经济，是最易获取的建筑材料，并且能够就地取材，耗时短，制作方便，而且用土坯砌筑的房屋不至于受到材料的限制而过于窄小，因此东北汉族民居广泛的使用土坯墙作为墙体营造形式（图2-72）。

土打墙也叫夯土墙，是民居中常用的一种构造形式，通常做法是先根据墙体尺寸定制木模板，再将土填入模板中反复捶打夯实，夯土墙一般面积较大，长度和高度较高，通常模板无法做到整面墙一体夯筑，因此常采用分段夯筑的形式，每段夯实2米长左右，再夯筑下一段直至夯筑整面墙体。为了延长墙的使用年限，土打墙面表面要用黄黏土抹面，常用的材料是由细羊草混合黏土制成，墙面需要一年抹一次。土打墙通常采用砂土和黄泥混合夯制，这样的材料综合了黏土的黏性又结合了砂土的易渗水性，是比较好的制夯土墙材料（图2-73）。

图2-70
板夹泥墙

图2-71
板夹泥墙细部

图2-72
土坯墙

图2-73
土打墙

（10）建筑装饰

装饰是在满足使用功能基础上对民居进行的升华处理，是技术与文化的结合，使结构、材料、功能、艺术之间达到和谐统一，装饰手法与装饰材质的不同也映射了文化间的交流与社会的经济发展水平。汉族民居装饰无论在建筑外观还是室内布置上均有体现。装饰色彩虽不华丽，但石雕、砖雕、木雕数量众多，其中不乏工艺精美者。

山墙伸出横墙的一短截墙体称为"腿子墙"，墙体上部逐层出挑至檐口部分并与檐口连接，这部分结构称为盘头，盘头常常是建筑装饰的重点部分，其主要由两个部分构成：枕头花和挑脑砖。"枕头花"是雕有装饰花纹的方形砖，实际上就是地方俗语对于戗檐砖的叫法。位于枕头花下面的层层长条砖在东北统称为"挑脑砖"，主要起到承托挑出作用（图2-74~图2-77）。迎风石设在转角处立砌于墙内砥垫石之上（图2-79、图2-80），正面露出

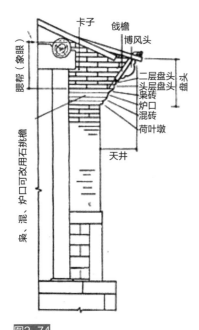
图2-74
山墙墀头

图2-75
山墙盘头示意图

图2-76
山墙盘头

图2-77
山墙盘头
细部

图2-78
压梁石

图2-79
迎风石

图2-80
砥垫石

的部分多雕有花饰，其上部横向砌置的长条石称压梁石（图2-78），为的是能够拉住迎风石而不使其向外侧倾倒。在悬山式屋顶的建筑中，山墙的檩条两端部挑出山墙面于其上钉木博风（图2-82、图2-83）。在硬山式屋顶的建筑中，山墙的山尖处多雕饰腰花或在近脊处雕饰砖制山坠（图2-81）。

槛墙是前横墙木装修的风槛或槛窗下的墙体，汉族民居柱子多外露在槛墙外，也有少部分民居柱子包在槛墙内。槛墙部分多由石或砖砌筑，大户人家槛墙上常雕刻精美花纹，或用砖石拼成繁复花纹（图2-84、图2-85）。

看面墙即廊心墙，是在廊的两端内侧砌筑的两垛砖墙。富裕人家的廊心墙常雕刻砖雕饰案，普通人家则仅用青砖简单砌筑（图2-86）。多进住宅在廊心墙处设置拱券式门洞，称为廊洞，便于出入行走（图2-87）。

图2-81
山坠与腰花

图2-82
红色博风板

图2-83
博风穿头花

图2-84
张学良故居槛墙砖雕细部之一

图2-85
张学良故居槛墙砖雕细部之二

图2-86
廊心墙

图2-87
廊洞

　　依照东北汉族民居中装饰雕刻及彩绘图案的种类、数量和精细程度作为对民居装饰程度的综合评价指标，分为精美、一般、较少、无装饰四类（表2-2）。

传统民居装饰程度分类标准　　　　　　　　　　　　　　　　　　表2-2

装饰程度	分类标准
精美	彩绘、装饰及雕刻种类多、题材丰富、雕刻精美细腻
一般	民居局部雕工精细，装饰性强，或彩绘较精美
较少	雕饰种类少，装饰简单，工艺较简陋
无装饰	没有任何雕饰以及装饰细节

2. 满族传统民居建造技术因子

（1）传统民居地形环境

东北地区的地表结构自东向西可分为三带，最东是黑龙江、乌苏里江、兴凯湖、图们江和鸭绿江等流域低地，紧接着为大兴安岭北部、小兴安岭和长白山地丘陵，最西为东北中部平原及其周围的冲击台地。因此，东北满族民居选址地形可分为山地、丘陵、台地、平原四种。

（2）传统民居建造年代

传统民居建造年代显示着社会发展变迁的历程，各个历史阶段都有其相对独特的民居建造技术。

清代以前东北地区社会经济并不发达，民居建造多利用草、土、石等地方材料。清代之后才逐渐使用砖瓦，房屋保存年代得以延长，这致使东北遗存下来的满族民居最远仅可追溯到清代。而在东北不可移动文物保护单位名录中对现存的满族民居建造年代的界定只限定于朝代，如清代，并没有进行更详细的年代划分。因此，结合东北历史发展沿革与实际调研情况，将民居建造年代分成三个节点：清代、民国、中华人民共和国成立后（表2-3）。

东北满族传统民居建造年代分类标准 表2-3

分段	起止时间	分类标准
清代	1644—1911年	清代以来所形成巨大的"闯关东"移民浪潮，极大加速了东北地区人口的流动性，民居建造活动较多
民国	1911—1949年	清末至民国，自然经济的政策下，东北地区的移民运动在清末的基础上再次掀起高潮
中华人民共和国成立后	1949—2000年	近现代材料开始用于民居建造中，也有村民利用新材料对老宅进行改造

（3）传统民居屋面形式

传统民居建筑的屋顶对建筑立面起着特别重要的作用，同时作为建筑的维护构件，不同的屋面形式也反映了民居对所处地域气候的适应性。东北满族传统民居屋顶在形式上可以分为双坡屋面与囤顶两种类型（图2-88）。

由于东北地区冬季降雪量非常大，为了让积雪在快速滑落以减小给屋面结构带来的荷载，民居多采用坡度较大的双坡屋面形式。其房子的梁架是由梁、檩、椽组成的木构架，这种人字形起脊屋顶在东北满族民居中被广泛使用。而东北西部地处风口地带，常年遭受风沙之患。使得这一带的满族民居屋顶多为囤顶形式，这种中间高两头低的漫圆弧形屋顶可以有效地减小风的阻力，并在屋顶上用碱土或黄土内掺拌碱水或盐水的方式防雨，体现了传统民居在适应气候环境时的智慧所在。

双坡屋面

囤顶

图2-88

东北满族传统民居屋面形式示意图

（4）传统民居山墙类型

传统民居的山墙即房屋两侧的外横墙，主要包括下碱、上身和山尖三部分。东北满族传统民居山墙类型可分为硬山山墙、悬山山墙、五花山墙（图2-89）。

硬山山墙："硬山"是满族民居山墙的主要形式，其主要特点为左右两侧山墙与屋面齐平，或略高于屋面，并将檩木梁全部封砌在山墙内，使房屋具有较好的抗风与防火能力。东北满族大户人家民居多在山尖处做重点装饰。

悬山山墙：悬山山墙的屋顶在左右两山处均向外挑出称为"悬山"，这是区别于硬山的主要特征。东北满族传统民居的悬山山墙有的将檩木梁露出在山墙外，也有将檩木梁像硬山式一样全部封砌在山墙内。一般在檩条两端部挑出山墙面的上面钉木博风，在博风近脊处配木制悬鱼。

五花山墙：五花山墙是满族民居的特色做法之一。最初是为了在砌筑房屋时节省砖的用量，降低房屋造价，而结合取材方便的石材进行山墙的组合砌筑。这种砌筑类型一般用石材在山墙中心部位砌筑五层，且砌筑时由下至上逐渐收束，砖材则负责在角部组砌成不同形式的图案。

硬山山墙

悬山山墙

五花山墙

图2-89

东北满族传统民居山墙形式示意图

（5）传统民居装饰程度

装饰在满足使用功能基础上对民居进行的升华处理，是技术与文化的壁合，使结构、材料、功能、艺术之间达到和谐统一。为民居建筑进行装饰反映了人们对美化生活的憧憬与期盼，同时装饰手法与装饰材质的不同也映射了文化间的交流与社会的经济发展水平。满族民居装饰无论在建筑外观还是室内布置上均有体现。装饰色彩虽不华丽，但石雕、砖雕、木雕数量众多，其中不乏工艺精美者。

满族民居的石雕主要集中在抱鼓石、柱础、门枕处和墩腿石等部位。雕刻精细程度和石材的档次反映了主人的社会地位，从中也可以看到汉文化对满族的影响。辽宁岫岩满族自治县因地处山区而盛产花岗岩，此处房屋的石雕以此为材料，在其上刻制动物纹样、植物纹样、吉祥符纹样、几何纹样等（图2-90）。

砖雕在"三雕"（石雕、砖雕、木雕）中数量最多，形式纷繁，题材与石雕类似。满族民居的砖雕主要集中在山墙的山尖、墀头、博风端、屋顶部分的瓦当、屋脊以及院落中的影壁等处。装饰图案均表达求富贵、盼吉祥的美好愿景（图2-91）。

图2-90
东北满族传统民居石雕装饰示意图

图2-91
东北满族传统民居砖雕装饰示意图

图2-92
东北满族传统民居木雕装饰示意图

满族民居木雕类型丰富，在梁枋、雀替、室内家具、隔扇、栏板、户牖上亮部位均有体现。木雕的深浅与形式取决于其在建筑中的位置，一般梁枋处为了不影响结构的支撑作用，此处的木雕形式简单，雕刻较浅；而用于空间划分的隔扇、栏板采用浮雕、透雕；在户牖上亮处的木雕因采光通风需求而使用透雕或大面积镂空（图2-92）。

除此之外，东北地区的满族民居用石材与砖材在山墙或窗下槛墙组合砌筑精美的图案，对民居也起到了很好的装饰作用。

依循东北满族民居中雕饰的种类、数量、精细程度作为对民居装饰程度的评价指标，分为精美、一般、较少、无装饰四个类别（表2-4）。

东北满族传统民居装饰程度分类标准   表2-4

装饰程度	分类标准
精美	雕饰种类多、题材丰富、雕刻精美细腻
一般	民居局部雕工精细，装饰性强
较少	雕饰种类少，工艺较简陋
无装饰	没有任何雕饰以及装饰细节

（6）传统民居屋面系统材料

通过对东北满族传统民居的大量实地调研，发现满族民居的屋面系统材料主要分为青瓦、木板瓦、草、土四种（图2-93）。

青瓦：满族民居的青瓦屋面一般作仰铺，在端部用两三垅合瓦收尾，对屋面边界形态进行强调。房檐处一般用两层滴水瓦压边，在加速屋面排水的同时起到了很好的装饰效果。瓦房的保暖效果虽不如草房，但是耐久性较好。

木板瓦：又叫"木房瓦"，是将木板劈成方片当瓦用。制作时多用斧子进行劈制，劈出来的木瓦片表面光滑，不易滞留雨雪，在风吹雨淋下也不易变形。木板在铺设时采用从下至上层层叠加的方式，再将片石压在脊瓦上，使木瓦牢固。这种木板瓦在吉林长白山区使

青瓦屋面　　　　　　　　　　　　　木板瓦屋面

草屋面　　　　　　　　　　　　　　土屋面

图2-93
东北满族传统民居屋面材料示意图

用较为普遍，是井干式民居的主要屋顶材料。

草：草顶是东北满族传统民居中较为常见的屋面形式。所用的草因地而异，有莎草、章茅、黄茅等野草和谷草、稻草等，以草茎长、枝杈少、不易腐烂和经济易得为选用原则。满族民居的草屋面在椽上盖以苇芭或秫秸，铺望泥两层，其上平整的铺置稗草，久经风雨，草作黑褐色给人以整洁朴素之感。

土：东北满族传统民居的土屋面主要应用于略呈弧形拱起的囤顶房屋中，屋面做法主要采用碱土顶。建造时在椽子上铺两层打捆的秫秸，再以碱土混合羊草（碱草）抹至屋顶上，垫以苇席一层，最后铺设碱土泥两层。碱土顶的房屋每年都需要再用碱土进行涂抹维护。

（7）传统民居围护墙体材料

民居围护墙体的用材在整个建筑中的比例最大。明清代以前，满族传统民居在进行墙体砌筑时多选用土、木、石等取材方便的地方材料进行建造，而随着以采集渔猎经济为主的满族与以平原集约农耕经济为主的汉族不断地交融，房屋构筑材料逐渐转向了青砖青瓦等汉族建筑中常用的人工建筑材料。现存东北地区满族传统民居的围护墙体材料主要有：青砖、石、红砖、木、土（图2-94）。

青砖：青砖制作工艺较为复杂，价格相对较高，一般是在砖块烧制时进行缺氧处理，这样一来使之具有耐碱性能好、耐久性强的优点。满族对青砖的使用是从汉族建房中学习而来的，后来在满族民居中广泛使用。

| 青砖 | 石 | 红砖 | 木 | 土 |

图2-94
东北满族传统民居围护墙体材料示意图

石：石材具有耐压、耐磨、防潮、防渗的优点，在满族民居中的用量较大。尤其对于依山而居的满族聚落，石材成为主要的筑房材料。像辽宁西部与东部的山区，虽然自然环境差异较大，但都擅长用石材砌筑墙体。

红砖：红砖在东北满族民居的使用已有50年左右的历史。起初用红砖建房对于普通百姓来说造价太高，人们仅在土房的前脸贴上一层红砖。这种被红砖装修后的土房叫"一面青"，至今在东北地区的满族民居中仍较为常见。

木：木材作为墙体的围护材料主要应用于长白山地区的井干式民居中，这里的满族建房多选用当地的红松，具有耐拉、耐弯、耐潮、耐腐的优点，可经百年风雪而不朽。

土：土在使用时一般制成土坯或直接夯筑，也可作为胶结材料结合其他建材完成墙体砌筑。用土建造的墙体具有良好的保温隔热效果。相较于其他墙体围护材料，在满族民居中的使用最为常见。

（8）传统民居墙体砌筑类型

东北满族民居墙体构筑具有强烈的地域特点。满族在有限的材料选择下，充分发挥材料本身特质，创造出一系列适应自然环境的构筑技术。参照《东北民居》中对满族民居建造类型的划分，并结合调研中与村民访谈了解到的房屋建造情况，将墙体砌筑类型分为：金包银、石材砌筑、砖石混砌、井干式、拉哈墙、土坯墙、叉泥墙七种类型（图2-95）。

金包银：指在用青砖砌筑墙体时，仅在墙体的内外两侧砌砖，内侧填充土坯或碎石。这样既能节省砖的用量，也不影响墙体的保温效果。青砖的摆砌一般采用全顺式的卧砖形式，也有采用一顺一丁的立砖形式，墙体外表面仅做勾缝，不做抹面处理。

石材砌筑：在砌筑首层先挑选比较方正的石块放在拐角处，然后按照放线砌筑里外皮石，并在中间用碎石或土坯填充，以后逐层错缝砌筑。普通百姓家多直接利用山上开采的毛石经简单加工砌筑墙体，有条件的对石材进行切割，使得外表面平整。满族民居石材砌法主要包括行列式堆法、人字形砌法等。

砖石混砌：这种复合型砖石用材体系一般在满族民居山墙和窗下槛墙用得比较多。最

金包银 石材砌筑

砖石混砌 井干式

拉核辫 拉哈墙

土坯墙 叉泥墙

图2-95
东北满族传统民居墙体砌筑类型示意图

初是为了节省砖材的使用，后来发展成具有装饰效果的构筑技艺。在砌筑时为了达到墙体的稳固，在两层石砌墙的中间需要隔以两皮砖。

井干式：又名"木克楞"。是用圆木或方木平行叠置成房屋四壁，原木端头用斧削使其在拐角处交叉咬合，如此逐次向上，至门窗洞口，洞口处的原木用一种名为"木蛤蟆"的连接构件进行稳固。同时在上下层原木之间施以暗榫将墙体拉结成整体使其具有良好抗震性。承重骨架做好后在其内外涂抹黄泥，在保护木材的同时又达到很好的保温效果。

拉哈墙：也称挂泥墙，草辫墙。建墙方法是先在地基处埋数根木柱，将植物杆秸和泥而成的拉核辫，拧成麻花劲儿，一层层地紧紧编在木架上。待其干透后，表面涂上泥巴。这样墙身便可自成一体，坚固耐久，保暖防寒，表现出特别的材料质感。

土坯墙：将碎草和土搅合在一起，土要选用具有一定黏性的，草则以细长柔软者为好。之后放置模里经晾晒制成墙体构筑材料土坯，将其分层垒砌并用同样土质的泥浆作为粘结材料，最后在砌筑好的墙表面抹一层细泥就筑成土坯墙。

叉泥墙：也称土挂墙，类似于传统的夯土墙，但建造方式更为简单。先将木模板在墙身处按一定间距定位好，将土和草和好的羊角泥，用铁叉一块一块地往木模板里填充，期间不断用木桩压实，待墙体稍干，卸掉木板。最后在叉好的墙体表面抹一层细泥就筑成了叉泥墙。

而在使用青砖或石材时，往往在墙体内壁一侧砌筑一层土坯或在砌筑好的两墙壁间填充碎砖并灌以白灰使其紧密结合，形成外生内熟、金包银式的墙体构造，这与现代建筑中的复合墙体有着类似之处，在节省砖石用量时，墙体保温性能可大大提高。

（9）传统民居承重结构类型

东北满族传统民居的承重结构类型主要有木构架承重结构和墙体承重结构两种（图2-96）。

木构架承重结构：依靠柱子、梁、檩、枋、椽等构件组成受力体系，墙体起空间划分与围护的作用并不承重。木构架按类型可分为传统的檩枋式木构架以及在此基础上改造而成的变体木构架。檩枋式木构架体系是在保持清式抬梁式做法的基础上，把传统做法中檩下横截面为矩形的枋替换成横截面为圆形的枋。变体的木构架主要有三种：第一种是为了省去大梁与二梁的建造而在山墙中心位置设置"排山柱"的构造；第二种是为了减小梁的跨度而在室内的灶间和卧室的隔墙处设"通天柱"的构造；第三种是位于辽西囤顶民居中的木构架体系，由于受到屋面高度和曲度限制，梁上只用驼墩支撑檩条，而不设置瓜柱、梁枋等构件。

墙体承重结构：东北满族民居中的墙体承重结构以长白山地区的井干式民居为主，主要特征表现为墙体既是承重体系也是围护体系。在建造时将横木嵌入事先挖好的深沟中做基础，圆木交错垒搭成木楞墙体，并将屋架大梁直接固定在前后檐墙上，而屋架的搭设可以按照传统抬梁式的方式，也可直接用叉手置檩子的方法建造。有的民居为了增大房间进深，在山墙中心设置"排山柱"支撑脊檩。从中可以看到满族人们不拘泥于法式，善于创造的伟大智慧。

木构架承重结构　　　　　　　　　　墙体承重结构

图2-96
东北满族传统民居承重结构示意图

3. 朝鲜族传统民居建造技术因子

（1）传统民居地形环境

我国东北三省地形环境丰富多样，拥有我国最大的东北平原，包括松嫩平原、三江平原、辽河平原；平原东侧的长白山山脉、北侧的小兴安岭和西侧的大兴安岭以及辽西山地作为天然屏障，形成了东北地区大面积的山地地区；当然丘陵和台地作为东北地区山地和平原之间的过渡地带也是不可或缺的一部分，与山地和平原一同构成东北地区的地形环境。所以，东北朝鲜族传统民居的选址地形环境可以分为平原、台地、丘陵、山地四种类型。

（2）传统民居建筑年代

社会历史的变迁对建筑有很大的影响，当然不同的民居建造技术也能反映出对应历史时间的社会环境。东北地区受气候环境的影响，人口稀少，经济相对落后，再加上朝鲜族人民大部分是迫于生计才迁入我国东北，生活情况更是拮据，因此，朝鲜族传统民居基本上选用的是土、草、石材等这些取材方便、价格低廉、便于施工的材料。清代以后尤其是中华人民共和国成立以后，随着经济及建筑技术的快速发展，传统民居的才逐渐选用瓦片和砖，以达到延长房屋使用年限的目的。但是由于朝鲜族传统民居的建筑材料多以木柱和土为主，受建筑材料的影响，建筑使用年限在很大程度上受到限制，故东北地区遗留下来的朝鲜族传统民居最早可追溯到清朝。因此，将朝鲜族传统民居的建造年代划为清代、民国、中华人民共和国成立后三个时间段（表2-5）。

东北朝鲜族传统民居建造年代分类影响因素　　　　　　　　　　表2-5

时间节点	起止时间	影响因素
清代	17世纪初—1911年	清政府实行的禁封政策松弛，朝鲜封建统治的压迫剥削以及恶劣的经济状况和自然灾害，加速了朝鲜族人的迁徙速度，朝鲜族民居在东北地区快速修建
民国	1911—1949年	日本帝国主义为了巩固东北地区的统治势力，设立"鲜满拓殖株式会社"和"鲜满拓殖有限株式会社"。实施强制移民，大量朝鲜族人进入东北境内，民居建造急剧增加
中华人民共和国成立后	1949—2000年	现代材料大量使用之前，依旧采用朝鲜族传统建造工艺，并保留有朝鲜族传统特色的民居建筑

（3）传统民居屋顶形式

传统民居屋面形式反映了当地自然气候和地域文化对民居建筑的影响。作为建筑的"第五立面"，屋顶形式不仅作为建筑的围护和承重荷载构件，还是决定建筑造型最重要的要素之一，因此屋顶形式的选择显得尤为重要。朝鲜族民居作为中国民居类型中的一个独特部分，依旧保留着自己的屋顶形式：四坡屋顶和歇山屋顶。但是由于受到汉族和满族人民生活方式的影响，朝鲜族传统民居也出现了其他的屋顶形式：双坡屋顶和囤顶两种类型（图2-97）。

四坡屋顶：四坡屋顶广泛应用于朝鲜本土民居，作为迁徙民族，我国朝鲜族传统民居

四坡顶

歇山顶

双坡屋顶

囤顶

图2-97
东北朝鲜族传统民居屋顶形式分类示意图

屋顶在很大程度上保留原始的四坡屋顶。四坡屋顶有一条正脊和四条斜脊组成，使建筑屋顶呈现四个斜面，四坡屋顶较二坡面积增大，有利于屋顶排水。

歇山屋顶：歇山屋顶是在四坡屋顶的基础上改进形成的，将四坡屋顶的斜脊折断，出现垂脊和戗脊，从而屋顶有正脊、垂脊、戗脊共九条脊，由于垂脊的出现，山墙上产生山花。因为直线和斜线相结合，故在视觉上歇山屋顶给人结构明朗、棱角分明的感觉。

双坡屋顶：双坡屋面是有前后两个具有一定坡度的屋面组成，屋面相交处产生屋脊。坡度大小由屋架决定，由梁、檩、柱组成屋架。在严寒的东北地区，为了防止大量雨雪在屋顶上堆积产生超大负荷而破坏屋顶，所以双坡屋顶在东北地区的应用还是相当广泛。

囤顶：囤顶分布于我国辽宁西部地区，屋顶形式为中间拱起而呈弧形。构造特点是在水平横梁上放置短柱和短木将檩条跐起，故从外观来看为中间高，两侧稍低。囤顶不仅较平屋顶排水效果好，而且还能起到防御风沙的效果。

（4）传统民居屋面材料

屋面材料的选取体现了各地区经济发展状况和营造技艺的变化。在大量的民居调研中发现，东北地区朝鲜族传统民居的屋面材料选取大多为灰瓦、红瓦、草、土四种（图2-98）。

灰瓦：雅致淳朴是朝鲜族人一贯的生活观念，白墙灰瓦整体的色彩搭配便是其在民居建筑

图2-98
东北朝鲜族传统民居屋面材料分类示意图

中的反映。灰瓦作为朝鲜族人的建筑材料已经被沿用上百年，瓦房屋面较伸展，略有曲度，檐脊、屋脊两端通过叠瓦均向上翘起。有筒瓦和仰瓦两种，仰瓦较筒瓦宽，高粱花瓣依旧为勾头瓦当的花纹。构造做法：椽子上铺设望板，在其上抹大概15厘米厚的望泥，然后铺盖瓦片。

红瓦：随着人民生活质量的不断提高，城乡一体化快速发展。土房草屋成为改造的重点，取而代之的是红砖红瓦。红瓦造型为波浪瓦，铺设时一般为咬合平铺，构造做法基本与灰瓦相似。红瓦的筒瓦用在屋脊处，将筒瓦盖在两坡的交界处，防止雨水渗入。瓦的防水及耐久性较草、土有了很大的改进。

草：草作为屋面材料不仅容易获得，更重要的是其低廉的成本能够被广大群众所接受，尤其是经济困难地区。这种建筑材料也普遍应用于东北朝鲜族传统民居。不同地区选用不同的草来作为屋面材料，因为东北很多地区依靠稻田耕种，所以以稻草为多，还有芦苇、章茅、谷草等不易腐烂的草体材料。朝鲜族人们一般在椽上铺用草绳编好的秸秆或望板，上面均匀覆盖7～10厘米厚的草泥，然后将编织好的草平铺在草泥上，草的厚度一般为30～50厘米。为了防止屋顶上的草被风吹走，故用草绳横竖交织做成网将其固定。草作为建筑屋面材料优点是就地取材以及成本低廉容易施工，缺点是草的更换频率比较快，有的草体甚至每年都要更换一遍。

土：土作为建筑屋面材料还是很少用的，大量调研发现，土作为屋面材料大多用在囤顶民居建筑中。构造做法为：在椽子上铺两层苇巴，在苇巴上抹大概10厘米厚的混有羊草的碱土，最后上面抹碱土泥，大约3~4厘米厚，以后每年要在顶上抹2厘米厚的碱土。部分地区在碱土顶上覆盖油毡或油布，在其上铺碎石子或者压石头、砖，防止雨水冲刷碱土顶。

木：木材料作为屋面材料一般指的是木板瓦或者是树皮瓦，在东北地区主要分布在长白山一带植被山林茂盛的山区。木板瓦是用圆木加工而成，由斧子劈出的木瓦片外表面相对光滑，雨水不易停滞，而树皮瓦则通常是由桦树皮切割而成，规格较木板瓦大，耐久性也比木板瓦好，施工时将木板瓦或树皮瓦一层一层叠加铺设。木板瓦视觉效果很别致，施工完毕后，一般呈金黄色或者灰白色，随着时间的消逝，木板瓦则慢慢变为黑色。木材作为屋面材料最大的优点就是经济实惠，就地取材，缺点是由于干木板瓦重量较轻，很容易被风吹落，因此这种建筑也多出现在向阳背风地带，或者是在木瓦上压置砖石。

（5）传统民居山墙类型

传统民居最外侧的横墙称之为山墙，东北朝鲜族传统民居的山墙类型分为悬山山墙和合字山墙两种类型（图2-99）。

悬山山墙：悬山指的是屋面两端悬挑于山墙或山面梁架之间的建筑，称之为悬山式建筑，一般将檩木挑出山墙之外，在挑出的山墙面上装钉木博风。由于朝鲜族传统民居的墙体围护材料大多数选择土，所以双坡屋顶和囤顶都是采用悬山式，以防止雨水冲刷，保护墙体。

合字山墙：合字山墙与悬山山墙相似，不同于悬山山墙的檩木挑出山墙，合字山墙是木椽悬挑于山墙之外，目的与悬山山墙作用一致，起到保护墙体，防止雨水冲刷的作用。合字山墙是朝鲜族传统民居四坡顶和歇山顶建筑的山墙形式，名称来源于建筑的山墙面像中国汉字中的"合"字，寓意为合家欢乐，幸福美满之意，因此称之为合字山墙。

（6）传统民居墙体围护材料

建筑墙体作为建筑中比重最大的部分，占据了建筑五个立面中的四个，所以建筑墙体围护材料的选取基本决定了建筑材料的选择。在建筑墙体围护材料选取中，不同地区本着"就地取材、构造经济、节省资源"相同的原则选取建筑墙体围护材料。传统朝鲜族民居的特点

悬山山墙

合字山墙

图2-99
东北朝鲜族传统民居山墙形式分类示意图

土   木   石材

图2-100
东北朝鲜族传统民居围护墙体材料分类示意图

是白墙灰瓦，其中白墙是利用土和草以及秸秆等材料，以木柱为骨架做成建筑外墙。改革开放以来，随着社会不断发展经济富足，与汉族文化更多地交融，也为了更好地适应东北严寒的气候条件，朝鲜族传统民居的建筑墙体围护材料土、木逐渐被红砖和石头等现代建筑材料所替换。根据调研结果分析现存朝鲜族墙体维护材料有：土、木、石材（图2-100）。

土：土作为围护材料一般呈现为土坯砖或者夯土，延边及附近地区土则作为一种胶结和抹面材料与其他材料结合使用。相较于红砖和石头，土具有较差的导热性，所以土房的保温性能最好，从而达到冬暖夏凉。

木：长白山地区广泛应用木材作为围护材料，就近取材，构造方便。木材具有很强的韧性，将木材和土结合使用。木材一般选用红松和樟子松等，这些木材主体顺直、桠子少。

石材：辽东地区拥有丰富的石材资源，因此石材成为该地区的主要建筑材料。石材作为建筑材料具有明显的优缺点，石材具有抗压、防潮、耐磨等优点，因此用石材作为建筑的基础材料，再在石制基础上用导热系数较低的土坯块作为建筑上层的围护材料，增加建筑的保温性能。但是经济贫困地区，很多建筑围护材料则全部选用石材，保温性极差。

（7）传统民居墙体砌筑类型

墙体砌筑类型有：夹心墙、土坯墙、拉哈墙、石材墙、井干式五种类型（图2-101）。

夹心墙：夹心墙是朝鲜族传统民居最常用的一种墙体砌筑形式，墙体以结构木柱为主要的骨架，在结构柱之间设立柱，在立柱之间按照一定的高度安装横梁（也成为壁带），编织柳条或者秸秆放置在横梁的两侧，中间填入沙土，两侧用草泥抹平后再用砂浆找平，最后外表面用白灰抹面，墙体内侧糊白纸。

土坯墙：土坯作为墙体砌筑材料出现在吉林省中西部和黑龙江省西部，这些地区有大量的碱土。将黄土和草混杂在一起放置在模具中砌块，大小一般为400毫米×170毫米×70毫米左右，然后将其风干形成土坯块。用黏土加草搅和形成胶结材料，在胶结材料的粘合下分层砌筑土坯块。用土坯块砌筑的墙体优缺点相对突出。隔热、隔寒保温性能好，经济且取材方便，构造简单成为其最大的优点。缺点同样突出，墙体不能长时间受到雨水的冲刷，需要每年至少一次在建筑外表面进行黄土抹面，从而减少对墙体的破坏。

夹心墙　　　　　　　　土坯墙　　　　　　　　拉哈墙

石材墙　　　　　　　　　　　　　　井干式

图2-101
东北朝鲜族传统民居墙体砌筑类型分类示意图

　　拉哈墙：拉哈墙的构造方法清人方式济在《龙沙纪略·屋宇》中记载颇详："拉哈墙，核犹言骨也。木为骨而拉泥以成，故名。立木为柱，五尺为间，层施横木，相去尺许，以硪草络泥，挂而排之，岁加涂焉。厚尺许者，坚甚于"。顾名思义就是以柱为骨架，在横向上架设横木，用络满黏泥的草辫绳子紧紧地编在横木上，待其完全风干后，墙体两侧用泥抹平。拉哈墙坚固耐久且具有韧性，非常适合东北严寒地区。

　　石材墙：石砌体是良好的受压构件，一般用作民用房屋的承重墙和基础。石材砌筑宜分层铺浆卧砌，上下错缝，石材砌筑底层拐角处放置比较方正的石块，然后按照放线砌筑里外皮石，并将碎石或者土填入中间，然后逐层错缝砌筑。一般家庭多采用未加工的毛石进行砌筑，有条件的家庭对石材进行切割，使得外表平整。石材砌筑主要是行列式堆法、人字形砌法等。

　　井干式：又称"木刻楞"。将圆木或者半圆木的两端开凹槽，组合成矩形木框，层层相叠形成建筑外围护墙体。门窗洞口处的圆木用一种"木蛤蚂"的链接构件进行稳固。同时在上下层圆木之间施以暗榫将墙体拉结成整体使其具有良好的抗震性。为了适应东北地区严寒的气候环境，在建筑的外围护墙体的内外抹黄泥，从而达到更好的保温效果。井干式建筑最大的特点就是取材方便，价格低廉，但是耗材量极大，建筑的面阔和进深又受到木材长度的限制，所以只在长白山一带的朝鲜族传统民居中出现。

　　（8）传统民居承重结构类型
　　建筑的承重结构类型主要有：墙体承重、木构架承重、混合结构承重三种类型

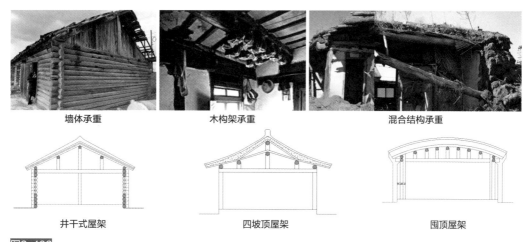

墙体承重　　　　　　　　　　木构架承重　　　　　　　　　混合结构承重

井干式屋架　　　　　　　　　四坡顶屋架　　　　　　　　　囤顶屋架

图2-102
东北朝鲜族传统民居承重结构类型分类示意图

（图2-102）。

　　墙体承重：长白山一带的井干式民居建筑便是墙体承重，层层相叠的圆木或者半圆木，既作为建筑的外围护结构又作为建筑的承重结构。中间屋架横梁直接搭在建筑的前后纵墙之上，梁上立短柱，短柱直接与檩条相连接，或者按照传统的台梁式构造做法。进深较大的建筑，在脊檩处设置通高的木柱，称为"排山柱"。两侧山墙最上层的圆木上直接立柱，将屋顶的荷载通过立柱传至墙体。

　　木构架承重：朝鲜族传统民居依靠柱子、梁、檩、枋、椽等构件组成受力体系，将中瓜柱、檩木和椽条等屋架构建组合在一起，形成平缓的屋面。具体构造做法为：在沿进深方向的横梁上设置三根瓜柱，中间稍高的为脊柱，用于支撑脊檩，两侧的较低，大约为脊柱的三分之一，用于支撑两条平檩，其顶端垂直方向设置两条檩木，与平檩共同围合成矩形，然后在相邻的两根檩木上垂直放置椽条，椽条的材料有剥去皮的小松木杆和经过加工的松木方子，共同构成朝鲜族传统民居承重屋架。

　　混合结构承重：东北朝鲜族传统民居中的混合结构承重以土坯墙民居为主。土坯墙建筑的墙体特征是墙体敦厚、结实，但是为了满足建筑的采光、通风的要求，一般在建筑的前后纵墙上尤其是在南侧的墙上开窗和设置门洞，这样便大大减弱了墙体的负载能力，所以在建筑中间的开间的墙后墙体内设置立柱，立柱上搭梁，通过梁承受檩的荷载，属于木构架承重。而在建筑两侧的山墙上，檩直接搭在厚重的山墙之上，通过墙体传递屋顶的荷载，属于墙体承重。因此，土坯墙民居中既有木结构承重又有墙体承重，故称之为混合结构承重。

　　（9）传统民居居住空间形式

　　东北地区朝鲜族传统民居居住空间形式大致有以下几种，鼎厨间位于一侧的单列双间型、单列三间型、复列双间型、复列三间型等朝鲜族传统民居居住空间形式，以及鼎厨间位于中间三开间等被外来文化同化的民居居住空间演变形式（图2-103）。

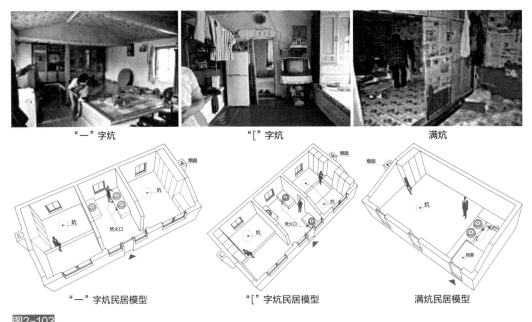

"一"字炕　　　　　　　　　"["字炕　　　　　　　　　　满炕

"一"字炕民居模型　　　　　"["字炕民居模型　　　　　满炕民居模型

图2-103
朝鲜族传统民居居住空间形式分类示意图

朝鲜族传统居住空间形式主要是保留朝鲜半岛传统的生活方式，生活方式上沿袭在室内脱鞋的风俗习惯，平面形式同样保留传统特征，鼎厨间在建筑的一侧，有"通间型"和"分间型"两种形式。室内采用的是满炕形式，中间用推拉门作为房间区域的划分，有单列的双间型和三间型等，这种形式主要是由朝鲜半岛的平安道发展过来的；复列双间型和三间型等典型的平面形式主要沿袭朝鲜半岛咸境道地区的平面形式，划分出"田"字形和"日"字形平面形式，居住房间也体现出朝鲜族传统的尊卑等级观念。

外来文化影响下的民居居住空间形式较传统形式有所改变，所谓外来文化主要指的是东北地区的汉族和满族文化对朝鲜族居住空间形式的影响，在以满族"["字炕和汉族"一"字炕为代表的居住空间影响下，东北地区朝鲜族传统民居出现了北侧"一"字炕，或者将满炕的南侧做成地室作为起居空间，以及东屋做成"["字炕或满炕西屋做成"一"字炕的混合型平面形式。建筑布局上受满汉文化最大的是将鼎厨间由建筑的一侧改到建筑中间，形成以堂屋为中心的平面布局形式。

2.2　东北传统民居建造技术因子解析

2.2.1　主导和辅助因子构成

1.传统村落布局形态文化因子构成

通过对于若干文化因子分布状况的分析，可以明显地发现即使是不同类型的文化因子，批次之间也具有一定程度的分布相似性，例如地形环境与村落民族属性之间，村落选址与组团关系之间。而通过对每一种文化因子分布特征图的统计与生成，可以发现呈现出的结果中，传统村落形成年代、地形环境、村落选址、村落肌理、组团关系和村落民族属性这几类文化因子，本身的类型差异度较高且在空间分布中呈现出明显的变化，说明这些文化因子对于文化区划的划定控制作用会相对明显。

对于以上六个文化因子，地形环境、村落选址、村落肌理、组团关系这四类因子主要受自然地理环境因素影响；而形成年代、村落选址、村落肌理、村落民族属性这四类文化因子，在一定程度上受到了地域文化、民风民俗的制约；在这其中，村落选址、村落肌理，同时受到地理环境和社会文化的影响，是二者共同作用的结果。

基于所有文化因子的分析，村落肌理是所有文化因子中分类型最多，且类型间差异最明显的一个，也是对于东北传统村落布局形态文化区的划分具有决定性作用的依据，因此选取村落肌理作为主导因子，而在其余文化因子中，村落规模本身分布差异度较低，不予作为辅助因子的参考，所以最终选取形成年代、地形环境、村落选址、组团关系、村落民族属性这五类文化因子作为辅助性因子。

2．汉族民居建造技术文化因子构成

在上一部分借助于"文化基因"的概念，在对提取的文化因子的统计分析和分布特征分析后，可以发现传统民居的营造技艺是综合的、复杂的，其各类文化基因并不是完全独立的，而是彼此相互影响、相互制约、相互促进的，并且与传统民居所处的自然地理环境和社会人文环境都有很大的联系。如在选取的十个文化因子中，传统村落的形成年代、地形环境、建筑结构、山墙类型、屋面材料、围护墙体材料、墙体砌筑类型和建筑装饰程度这八类文化因子本身差异度较高且在空间中有明显的区域性分布，说明这几类文化因子对文化区的划定有比较明显的限定作用，而建筑选址因子在空间分布中差异性较低，而屋面形式因子在分类和分布上都较少，对于文化区的限定也不明显，因此不予作为分析因子。

在上面八类因子中，可以看到地形环境、建筑结构这两类因子受民居所处自然地理环境影响较大，受到社会文化环境影响较小；村落形成年代和建筑装饰程度这两类因子受自然地理环境影响较小，受到社会文化环境影响较大；山墙类型、屋面材料、围护墙体材料和墙体砌筑类型这四类因子是既受到自然地理环境又受到社会文化环境影响。

通过对各因子的空间分布情况进行分析可以发现，墙体砌筑类型是所有文化因子中差异度最高，且受自然地理环境和社会文化环境作用最为明显，最能够体现传统民居营造技艺的分布差异，因此选择墙体砌筑类型为主导因子。在剩余因子中，围护墙体材料与主导文化因子具有高度关联性，而建筑装饰程度因子本身分类和分布上差异度低且分布区域性不清晰，因此都不作为辅助因子参考。因此选定传统村落的形成年代、地形环境、建筑结构、山墙类型和屋面材料五类因子作为辅助因子。

3．满族文化因子构成

上文对若干文化因子的分析过程中，可以看到相互关联的文化因子之间的空间分布特征具有相似性，如山墙类型与屋面形式之间，围护墙体材料与墙体砌筑类型之间。而通过对各文化因子分布特征图的分析，可以发现地形环境、建造年代、山墙类型、装饰程度、屋面系统材料、围护墙体材料、墙体砌筑类型这几类文化因子本身分异度较高且在空间分布中变化明显，说明这些因子对文化区划的划定控制作用较明显。

而对于以上的九个文化因子，地形环境、山墙类型、屋面系统材料、围护墙体材料、墙体砌筑类型这五类因子受区域地理环境影响较强，相对来说受文化环境影响较小，而建造年代、山墙类型、装饰程度、屋面系统材料、围护墙体材料、墙体砌筑类型这六类因子是受地域文化、民俗文化制约的，这其中的四类因子：山墙类型、屋面系统材料、围护墙体材料、墙体砌筑类型，既受到地理环境的影响同时也受到区域文化的影响。

此外，墙体砌筑类型是所有因子中分异度最高，且受地理环境以及文化作用最明显的一个，最能代表并决定东北满族建造技术文化区的划分，因此选其作为主导文化因子。而在剩下的因子中，围护墙体材料与墙体砌筑类型具有相似的分布，屋面形式与承重结构类型本身分异度较低，都不予作辅助因子的参考。故选取地形环境、建造年代、山墙类型、装饰程度和屋面系统材料五类因子作为辅助性因子。

4．朝鲜族文化因子构成

上文借助"文化因子"的概念分析并讨论了传统民居建造技术的文化因子以及它们的地理分布特征。正如文化因子所具备特性一样，各类文化因子之间并不完全独立，它们之间可以互相组合、互相选择，同时具有显隐特征。因此，在某些特定的研究范围之内，部分文化因子相对比与其他的文化因子呈现显性作用，而这部分文化因子在村落的建造技术与形态表现的分布上也凸显其主导作用。所以在区域研究范围内会出现影响传统民居建造技术空间分布的主导性文化因子与辅助性文化因子。它们之间互相作用、互相影响，并长期受地理环境和地域文化的影响。

选取的九类文化因子，民居地形环境、建造年代、屋顶形式、山墙类型、屋面材料、墙体围护材料、砌筑类型、承重结构、居住空间形式。这九类文化因子中有的受地理环境的影响，有的受到地域文化的影响，而有的文化因子即受到地理环境的影响又受到地域文化的影响。其中，墙体砌筑类型、承重结构、屋顶形式这三类文化因子可以说在传统民居建造技术形成过程中与民居所处的地理环境和区域文化背景是紧密相关的，但是这三类文化因子中分异度最高且最能凸显地区传统民居建造技术的文化因子为墙体砌筑类型，最能代表东北地区朝鲜族传统民居建造技术文化区的区划因子，故选择墙体砌筑类型作为主导文化因子。剩下的七类文化因子中，由于墙体承重结构跟由墙体砌筑类型直接决定，而墙体围护材料又影响墙体的砌筑类型，三者有紧密的联系且具有分布相似性，故墙体围护材料和墙体承重结构在叠合分析中不做考虑。所以选取民居地形环境、建造年代、屋顶形式、山墙类型、屋面材料这五类文化因子作为辅助文化因子。

2.3 数据库的建立

2.3.1 数据库的技术路线

1. 数据库样本的选定

传统村落及民居不仅包括建筑本身，还应考虑其空间和形式，地区村落及民居不仅反映区域内物质文明还代表着其精神文明。因此，研究范围内的传统民居要能够代表地区人民的生产生活方式、建造技术、历史文化习俗等区域特征，所以数据库样本内的传统民居标准为：

（1）主体保存相对完整、不影响其艺术和历史价值。

（2）具有一定的历史，建造技术、建筑材料、建筑形式能够反映出地域和民系的双重特征。

（3）与传统生产生活息息相关。

数据库信息来源：实地拍照调研、会议资料、数据遥感以及其他资料信息。首先，实地拍照调研是通过对东北地区传统朝鲜族、满族、汉族民居聚居区进行现场拍照调研，从而获取的一手资料，也是研究的基础资料，也是比重最大的资料来源。数据遥感的应用主要是通过Google Earth软件获取并确认研究区域范围内村落的地形环境，运用百度地图拾取坐标系统寻找研究村落的经纬度。其他资料数据主要是包括网上相关研究内容的学术论文资料和研究范围内村落照片的补充以及研究所已有的资料。

最终经过筛选确定314个传统汉族村落、237个传统朝鲜族村落、301个传统满族村落为数据样本。

2. 文化因子数据录入

将调研的照片转化为数据。按照各文化因子的类别分别录入对应的村落中，然后借助百度地图拾取坐标系统查询研究村落的经纬度坐标，为建立下一章的地理图册做准备。最终将数据信息汇总在Excel表格当中（图2-104）。

3. ArcGIS分析

将研究村落的地理坐标换成WGS1984坐标值，把Excel表格内的数据添加到ArcGIS软件中进行数据处理，根据选择的文化因子类型生成对应的文化地理图册，把传统朝鲜族民居的研究要素完全展现在地图上，从而构建形成东北地区朝鲜族传统民居建造技术的文化地理信息数据库（图2-105、图2-106）。

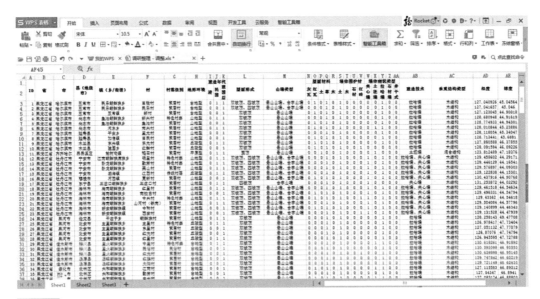

图2-104

Excel数据表格

图2-105

东北传统村落布局形态ArcGIS分析截图

2.3.2 数据库的组成

1. 传统村落布局形态数据库的组成

数据库中包含822条传统村落样本信息，其中涵盖了传统村落建成年代、地形环境、形态特征、周边关系、村落属性五个方面，具体包括了传统村落的形成年代、地形环境、村

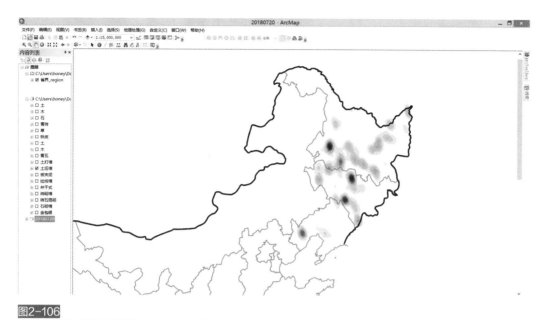

图2-106
东北汉族传统民居营造技艺ArcGIS分析截图

落选址、村落规模、村落肌理、组团关系、村落民族属性七大文化因子。这其中还有村落序号和名称以及村落所在的省、市、县（地级市）、镇（乡）、经纬度坐标值。

2．传统民居建造技术数据库的组成

（1）汉族

数据库包含了314条村落样本信息。其中数据信息主要涵盖传统村落建村年代、传统民居地形环境、建筑形态、建筑材料、营造技术这五方面，其中具体包括传统村落的形成年代、地形环境、建筑选址、屋面形式、建筑结构、山墙类型、屋面材料、围护墙体材料、墙体砌筑类型、建筑装饰十个文化因子。外加村落序号、村落所在市县名称、村落名称以及经纬度坐标。

（2）满族

数据库包含了301条村落样本信息。其中数据信息主要涵盖传统民居地形环境与建造年代、建筑形态、建筑材料、构筑技术这五方面，其中具体包括民居地形环境、建造年代、屋面形式、山墙类型、民居装饰、屋面系统材料、围护墙体材料、墙体砌筑类型、承重结构类型九个文化因子。外加村落名称、村落所在市县名称、经纬度坐标。

（3）朝鲜族

朝鲜族数据库中包含237条村落样本信息，其中涵盖了民居地形环境、建筑年代、建筑材料、建筑形态、构筑技术五个方面，具体包括了地形环境、建造年代、屋顶形式、屋面材料、墙体砌筑类型、墙体外围护材料、山墙类型、承重结构类型、居住空间形式九大文化因子。这其中还有村落序号和名称以及村落所在的省、市、县（地级市）、镇（乡）、经纬度坐标值。

03

东北传统村落布局形态文化地理景观特征

3.1 东北传统村落布局形态文化地理特征

3.1.1 传统村落的地域分布特征

通过调查样本数据整理可以看出传统村落在辽宁省和吉林省分布比较密集、平均，与内蒙古边界处沿线村落分布明显减少，呈现带状空白；黑龙江省传统村落分布集中于西南部地区，北部数量较少且位置分散。结合气候环境与地理现状分析后发现，传统村落多分布在东北主要水系区域，如松花江流域、牡丹江河流域、辽河流域等，但选址一般不会选在主要河道附近，较常见的选择于水系支流水速和缓处。黑龙江流域和乌苏里江流域虽然也是主要大型水系，但由于所处地理位置纬度高、气候严寒、位置偏远，村落分布并不集中。

由松嫩平原、辽河平原和三江平原构成的东北平原，土质肥沃，气候宜人，可以看出分布于松嫩平原和辽河平原地区的村落呈

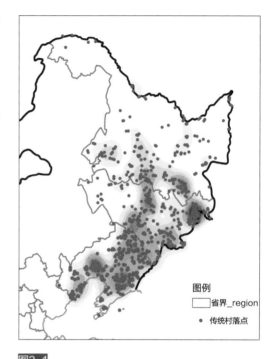

图3-1
传统村落分布特征图

现出面状分布，且分布均匀，三江平原分布数量少，呈现点状组团分布。

东北传统村落也有依山而居的特点，分布在东北地区的长白山脉地区明显呈现出大型组团的面状分布状态，大兴安岭山脉和小兴安岭山脉等则呈现小型组团的点状分布状态（图3-1）。

3.1.2 传统村落的形成年代分布特征

东北传统村落建造年代分为清代之前、清代、民国、中华人民共和国成立后四个时间段。根据图3-2可以看出，中华人民共和国成立后建成的村落数量最多。占比50%，其次是清代和民国时期，清代占比21%，民国时期占比26%，建于清代之前的数量明显较少，仅为3%。产生这种数值上的明显差异，一方面是清代之前的部分村落遗址面对时代变迁，痕迹早已消失殆尽，难以寻找；另一方面也说明东北地区自清代起，社会进入快速扩张发展阶段，产生了大量的人流涌入，基础人口的急速增加也导致了居住空间扩大的需求；民国起形成的村落大部分沿袭了清代村落的选址，中华人民共和国成立后的传统村落数量明显增多，从侧

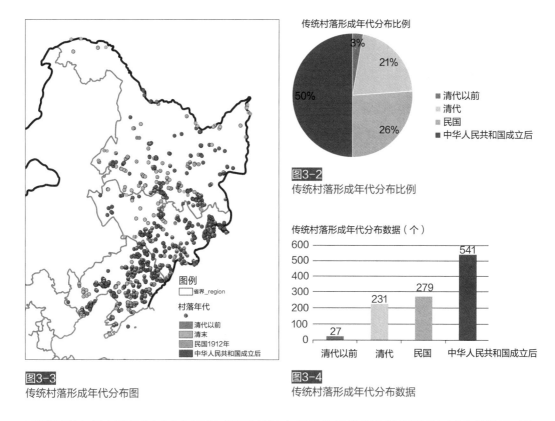

图3-2
传统村落形成年代分布比例

图3-3
传统村落形成年代分布图

图3-4
传统村落形成年代分布数据

面说明了中华人民共和国成立后相对平稳的社会背景给村落建造提供了更加平稳的发展环境
（图3-2）。

　　通过传统村落形成年代分布图可以看出（图3-3），清代之前的村落多形成于辽宁地区
吉林南部地区，辽宁南部沿海地区偏多；清代至清末形成的村落普遍分布于辽宁、吉林以
及黑龙江南部地区，黑龙江和边境地区少量分布，民国后分布范围向北部明显扩散，南部
相对增加较少；中华人民共和国成立后东北地区全面分散发展。

　　结合历史发展背景分析这种分布现象，清代之前形成的村落主要位于古道要塞或历史
重镇之处；清朝时期，一次大型的人口迁移运动"闯关东"使得东北地区人口骤增，加之
"流人"政策的实施，黑龙江省内蛮荒之地在这一时期得到开发，同时大量村镇形成于此
时；中华人民共和国成立后，国家大力发展东北老工业基地，人口数量再一次上升，但村
落建设多基于已有基础之上进行改建，中华人民共和国成立时期新建村落民居也多沿袭当
地传统村落与民居的做法（图3-4）。

3.1.3　地形环境的分布特征

　　根据调查数据分析，分布在山地地区的传统村落最多，占比45%，分布在平原地区和
丘陵地区的村落数量相同，均占比21%，分布于台地地区的传统村落数量最少，占比13%

（图3-5、图3-7）。

　　通过图3-6可以看出，山地型的村落，主要分布在辽宁省和吉林省内长白山脉地区，小兴安岭区域仅有少量分布，且位于中俄边境位置。这可能是源于早期当地居民就是居住在山地地区，方便获取资源，也可以借助丛林形成天然屏障，随着生活习惯的进化，逐步从山林走向平原。平原型的村落主要分布于辽宁中部的辽河平原和黑龙江西南地区和吉林西北部的松嫩平原，黑龙江省内三江平原分布数量相对较少；丘陵型和台地型均分布于东北版块的中部地区，位处于长白山脉和东北平原的过渡地带。

　　从在山地选址的村落分布来看，主要集中在辽宁省的鞍山、丹东、大连、营口等市的低山区，吉林省的白山、延边以及黑龙江省牡丹江市的长白山中山区，以及黑龙江省黑河市和尚志市的小兴安岭西部低山区；其次在丘陵选址的村落主要集中在辽宁的本溪、抚顺、铁岭，吉林省的吉林、长春市、蛟河市、辽源市、梅河口市，黑龙江省的鸡西市、绥化市以及北安市的部分地区；地形环境为台地的民居主要集中在辽宁省的锦州、葫芦岛，黑龙江的哈尔滨、绥化、齐齐哈尔市部分地区；位于平原地区的村落，大量分布在黑龙江的齐齐哈尔市、大庆市、绥化市、哈尔滨市和牡丹江市等西南部、南部地区，吉林省的四平市、长春市、吉林市、辽源市、通化市和白山市等中部地区，辽宁省的铁岭市、沈阳市、锦州市、辽阳市、鞍山市、盘锦市、葫芦岛市等辽中地区及部分沿海地区。

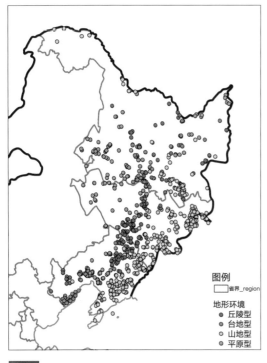

图3-6
传统村落地形环境分布图

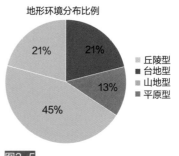

图3-5
传统村落地形环境分布比例

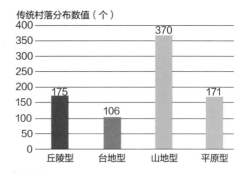

图3-7
传统村落地形环境分布数据

总而言之，东北传统村落的选址由南向北整体呈现的特征为：山地–丘陵–台地–平原。

3.1.4 村落选址的分布特征

古人比较重视村落的营建选址，通常山和水是着重考虑的两点因素，同时村落选址与山水之间的关系也对生活品质有直接的影响，在古代居民还不能主要依赖人为改造环境时，借助自然是一个事半功倍的选择。因此根据调研的传统聚落选址的类型，在此分出了9个选址类型，分别为依山傍水、依山近水、依山远水、近山傍水、近山近水、近山远水、远山傍水、远山近水、远山远水。根据距离的远近，将山、水地理位置分为三个等级，第一等级"依"和"傍"，表示该村落选址半径2公里范围内存在山脉或水系；第二等级"近"，表示该村落选址半径2~10公里范围内存在山脉或水系；第三等级"远"，表示该村落选址半径10公里内不存在山脉或水系。

通过图3-8~图3-10可以看出，选址为依山傍水的村落最多，占比33%，其次是依山远水、近山傍水、远山傍水、远山近水、远山远水的地区。山和水两个地理因素对村落选址影响很明显，营建在山地地区的村落，对水资源的需求多是放在首位，但在面对山林资源更加丰富的地区，水资源的需求被相对弱化。远山分布的村落多位于平原地区，可以看出水系对于选址平原地区的村落不再是决定性因素，平原地区居民以农耕为主，依靠雨水灌溉。

3.1.5 村落规模的分布特征

从图3-10和图3-11可以清晰看出，东北

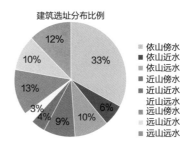

图3-8
传统村落选址分布比例

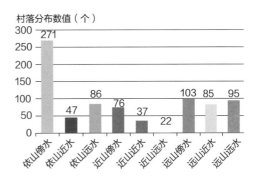

图3-9
传统村落选址分数据

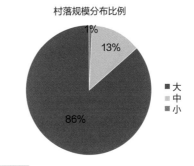

图3-10
传统村落规模分布比例

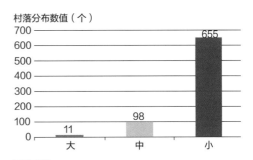

图3-11
传统村落规模分布数据

地区传统村落规模普遍较小，大规模和中规模占比极少，从传统村落规模分布图可以得出，大、中规模传统村落多出现于平原地区或沿水系分布，一方面地形环境直接决定村落是否具备扩大规模的先天条件，平原地区地形条件得天独厚；另一方面，水系流域资源丰富，也是村落衍生的绝佳位置，但滨水村落一定会受到水系两岸可营建面积的限制，村落沿水流方向依次衍生成片，多形成中型规模。

3.1.6 村落肌理的分布特征

通过对传统村落肌理脉络的梳理，同时结合村落所处大环境的重要制约因素，将传统村落布局分为10种，如图3-12和图3-14所示，传统村落肌理形式以行列式和网络式最为普遍，具体细分，集中型网络式布局数量最多，占比18%；渗透型行列式次之，占比17%；其次是树枝状网络式与规整性行列式，分别占比14%和12%；自由分布式数量最少，占比3%。

从图3-13可以分析得出，分布较多的集中型网络式与渗透型行列式分布地区范围广泛，并不仅仅局限于地势优越的平原地区，这也取决于这两种肌理形式的适应性较强，充分回应地势环境；其次是地形分隔组团式肌理形态，分布范围较广，且几乎不受地形限

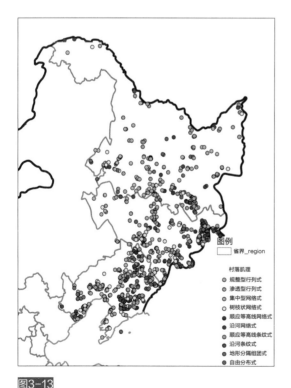

图3-13
传统村落肌理分布图

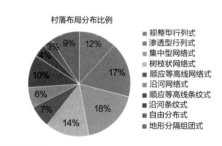

图3-12
传统村落肌理分布比例

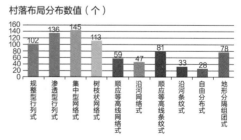

图3-14
传统村落肌理分布数据

制，因地形分隔组团式肌理自身即为多种肌理形态组团的模式存在，对不同地貌地形灵活调整，但村落整体缺乏统一性。规整型行列式要求村内路径规整、整齐，对地势要求相对较高，多出现于平原地区；树枝状网络式肌理则是为回应复杂地势而生，村落脉络顺应地势走向，自然形成错综复杂的村落路网，因此多为山地、丘陵地区主要布局形式；东北地区多山林与水系分布，山地地区村落布局顺应等高线呈现网络式或条纹式，水系支流分布的村落则顺应水势呈现网络式或条纹式，具体规模形态根据村落建设用地的限制条件而有所不同。自由分布式相对分布较少，多为早期原住居民使用，随着社会文明的发展逐渐被取缔。

3.1.7 组团关系的分布特征

通过图3-15、图3-17可以看出，传统村落的组团关系中团块式数量最多，占比53%，散点式、独立式、串珠式组团关系依次递减。团块式组团关系多出现于村镇的中心，以最早的独立村子向周边呈放射性发展扩张，最终形成多村连成片的形态，通过图3-16可以看出，位于丘陵地区和台地地区的团块式组团村落多，山地地区因为地形限制，团块式组团的村落也只分布在地势稍微平缓的位置；散点式则大量分布于各种地势地区，分布于平

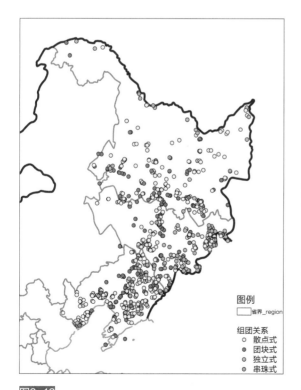

图3-16
传统村落组团关系分布图

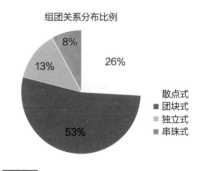

图3-15
传统村落组团关系分布比例

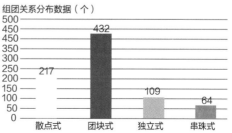

图3-17
传统村落组团关系分布数据

原地区的比例略高于其他地区，因为平原地区以农耕为主，村落彼此之间保留一定耕地面积；独立式组团关系主要分布于长白山脉地区，少量分布在黑龙江省边境黑龙江流域与小兴安岭山体之间，独立式村落位处地势隐蔽之处，但山林资源与水系资源丰富，且营建年代多数比较久远，推测为先民起源之处或在此躲避灾祸；山林间串珠式组团关系多发生于水系和山地区域，主要受水系形态和山体走势的影响，村落之间的连接只能形成线性联系。

3.1.8 村落民族属性的分布特征

通过图3-18和图3-20可以看出，东北地区汉族与满族传统村落数量较多，占比分别为37%和36%，比例相近，朝鲜族数量略少，但整体来说三个民族的传统村落是构成东北地区传统村落的主要部分。

从图3-19来看，可以很直观地发现汉族传统村落分布比较均匀，是黑龙江地区的主要构成民族，分布于东三省内平原地带的密度最大，其次多沿松花江流域、牡丹江流域、嫩江流域、辽河流域分布，长白山脉的分布密度次之，其余地区呈散点式分布。

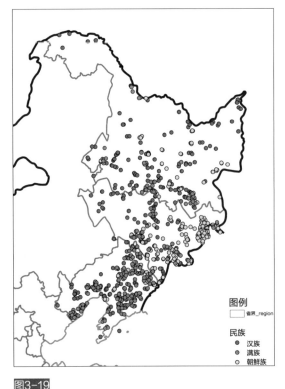

图3-19
传统村落民族属性分布图

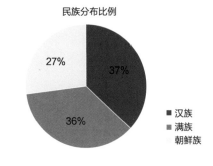

图3-18
传统村落民族属性分布比例

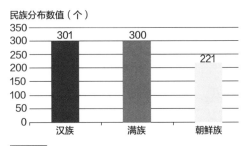

图3-20
传统村落民族属性分布数据

　　满族传统村落大量集中分布在辽宁省，其中东部的鞍山、丹东、本溪、抚顺传统村落密度较大，形成了辽宁省最主要的满族传统村落分布片区；西部以北镇市和葫芦岛市为核心形成了另外两个高密度区域，其他地区主要以小型片区和散点式布局为主；吉林省位居第二，主要分布在吉林市、四平市以及东部长白山地区的白山市周围；黑龙江省数量最少但接近吉林省，主要分布在松花江流域下游。

　　吉林省是东北地区朝鲜族村落分布最多的省份，东北部紧邻朝鲜本土，以此为核心呈发散式分布，分布密度最大的是延边朝鲜族自治州，其次是以东南部的通化市和梅河口市为中心组成另一个朝鲜族高密度聚居区，中部呈现散点式分布，集中在较偏远的山区。辽宁省的分布在东北部的丹东市和本溪市相对集中，其余零散分布。黑龙江省相对吉林省村落的集中分布来说较分散，村落布置基本呈散点布置，分布密度由东南向西北逐渐降低。

3.2　东北传统村落布局形态文化因子地理特征的叠合分析

　　在深入研究东北传统村落的布局形态形成过程、发展规律和内在机制的过程中，可以发现仅仅依靠某一个单一的文化因子来分析是不全面、不严谨的，村落的布局形态是受到多因素制约形成的，虽然村落布局对其有主导性的影响，但是其他辅助因子也具有矫正作用，因此，在选取出主导因子之后，进一步将主导因子与辅助因子进行叠合分析，才可以全面地深入挖掘传统村落布局形态在东北地区的文化地理特征，并探索其发生、演变、延续的内在影响因素与变化规律。

3.2.1　村落肌理与传统村落形成年代的叠合分析

　　通过表3-1、图3-21显示的数据统计可以看出，清代之前形成的村落布局主要是规整型行列式、渗透型行列式、集中型网络式、树枝状网络式四种，清代开始，村落布局种类开始丰富起来，同时村落数量也明显呈现一个骤增的态势，这与东北地区历史发展过程具有了相似性，根据年代分布图分析已知，清代之前的村落多分布于辽宁地区与吉林南部，主要从事游牧生活的当地居民主要生活区域在辽河平原、松嫩平原一带；少部分渔猎民族则选择生活在山林之中和沿海一带，借助自然环境形成天然屏障。清代以来，关外人口的迁移与中原人士的流放，加速了东北地区蛮荒之地的开发，地理环境相对严酷之处也逐渐有居民繁衍生息。民国时村落肌理形式没有较大的变化，中华人民共和国成立后国家振兴东北，经历了又一次东北传统村落建设的小高潮，每一种村落肌理数量变化状况与清代类似，属于基于已有根基稳步发展。

村落肌理与传统村落建村年代的叠合统计表 表3-1

建村年代	规整型行列式		渗透型行列式		集中型网络式		树枝状网络式		顺应等高线网络式		沿河网络式		顺应等高线条纹式		沿河条纹式		自由分布式		地形分隔组团式	
	数量	比例	数量	比例	数量	比例	数量	比例	数量	比例	数量	比例	数量	比例	数量	比例	数量	比例	数量	比例
清代以前	5	18.5%	3	11.1%	11	40.7%	4	14.8%	0	0	0	0	1	0.4%	0	0	1	0.4%	2	0.7%
清代	32	13.9%	30	13.0%	44	19%	25	10.8%	14	6%	17	7.4%	22	9.5%	11	4.8%	11	4.8%	25	10.8%
民国	22	7.9%	46	16.5%	46	16.5%	44	15.8%	26	9.3%	16	5.7%	28	10%	9	3.2%	7	2.5%	35	12.5%
中华人民共和国成立后	56	10.3%	90	16.6%	81	15%	86	16%	47	8.7%	34	6.3%	60	11%	23	4.3%	17	7.9%	47	8.7%

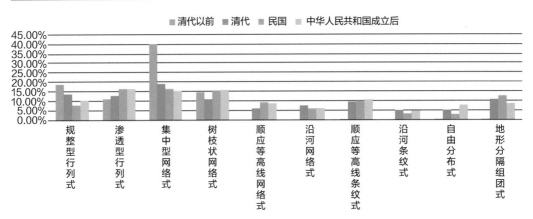

图3-21
村落肌理与传统村落建村年代的叠合统计图

3.2.2 村落肌理与传统村落地形环境的叠合分析

通过表3-2、图3-22的叠合分析可以看出,规整型行列式、渗透型行列式、集中型网络式三种肌理形式主要分布于平原地区,平原地区地势平坦、广阔,村落于此建造几乎不受范围与地形的限制,多采取统一朝向、道路规整的行列式,但村落边界形态没有固定要求;集中型网络式往往受到区域内邻近水系等地理因素影响,村落肌理产生一定角度的变形,但仍具有完整性。

村落肌理与传统村落地形环境的叠合统计表 表3-2

地形环境	规整型行列式		渗透型行列式		集中型网络式		树枝状网络式		顺应等高线网络式		沿河网络式		顺应等高线条纹式		沿河条纹式		自由分布式		地形分隔组团式	
	数量	比例	数量	比例	数量	比例	数量	比例	数量	比例	数量	比例	数量	比例	数量	比例	数量	比例	数量	比例
山地	13	3.5%	44	11.9%	42	11.4%	64	17.3%	38	10.3%	28	7.5%	60	16.2%	26	7%	18	4.8%	37	10%
丘陵	9	5.1%	32	18.3%	38	21.7%	23	13.1%	15	8.6%	10	5.7%	16	9.1%	4	2.3%	6	3.4%	22	12.6%
台地	23	21.7%	19	18%	29	27.3%	11	10.3%	6	5.7%	3	2.8%	5	4.7%	1	1%	1	1%	8	7.5%
平原	57	33.3%	41	24%	36	21%	15	8.8%	0	0	6	3.5%	0	0	2	1.2%	3	1.8%	11	6.4%

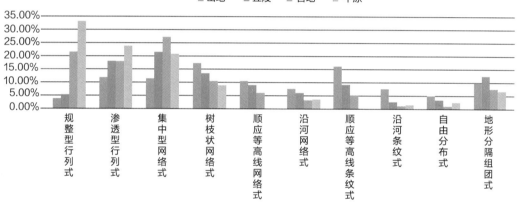

图3-22
村落肌理与传统村落地形环境的叠合统计图

　　台地地区地势相比平原起伏略明显，但择取其地势平坦处仍可满足平原村落的建造需求，建造于平原地区的肌理形式也多产生于台地地区，但数量明显较少。丘陵地区地势已相对复杂，难以满足规整型行列式的布局要求，但建于此地形的村落为适应地形走势，或放弃规整边界，如渗透型行列式，或顺应地形生成新的村落肌理，如集中型行列式。

　　树枝状网络式、顺应等高线网络式、顺应等高线条纹式、自由分布式都主要分布于山地地区和丘陵地区，这些村落布局类型适应复杂地形的能力更强。地形分隔组团式布局针对不同地形分布差异较小，这要得益于这种肌理形式村落自身往往即存在多种肌理构成方式，因地形制约被迫又独立成单个个体，每个个体的肌理形式又不尽相同，是一种混合形式的存在，可适用于各种地形。

3.2.3 村落肌理与传统村落选址的叠合分析

从分析表3-3、图3-23中可以看出，依山傍水是传统村落选址的最佳选项，除规整型行列式分布较少外，其他村落布局类型均匀分布于依山傍水位置；依山近水的位置，与其相似，但除沿河位置的村落布局分布数量相比前者有所增加；依山远水选址，村落布局要顺应山体走势，多为树枝状网络式、顺应等高线条纹式；

近山近水、近山远水多为台地、丘陵地区，渗透型行列式、集中型网络式、树枝状网络式居多。远山傍水、远山近水和远山远水三种选址，规整型行列式、渗透型行列式、集中型网络式三种布局均为主要肌理构成，但其中远山远水的位置多为平原地区，规整型行列式比例远高于其他。

3.2.4 村落肌理与传统村落组团关系的叠合分析

如表3-4、图3-24所示，散点式组团关系一方面是由于所处地区平坦、地域广阔，村与村之间由耕地分隔，所以多出现规整型行列式、渗透型行列式、集中型网络式三种布局方式；另一方面是地形受限，没办法满足村落互连成区，虽村落独立成点但村与村距离相近，则散点式组团也包括树枝状网络式和地形分隔组团式。

团块式组团关系要求地域面积足够满足多村建设，同时如是交通要塞、古城重镇等也会因经济发展而逐渐扩大村落面积，形成多村并置的现象，这种组团关系中村落多以规整型行列式、渗透型行列式、集中型网络式、树枝状网络式四种布局出现。

串珠式组团关系主要出现顺应等高线条纹式、沿河条纹式两种肌理形式。独立式组团多位于隐蔽的山林中，且村落规模较小，以渗透型行列式、树枝状网络式、顺应等高线条纹式常见。

3.2.5 村落肌理与传统村落民族属性的叠合分析

通过表3-5、图3-25可以看出，汉族传统村落以规整型行列式、渗透型行列式、集中型网络式肌理较多，东北地区汉族人主要从关外迁入关内，因此东北地区的汉族人仍保留了大量的中原文化的思想与生活方式，农耕是汉族人民的主要生产方式，因此汉族人更多选择生活于平原地区，拥有广阔肥沃的耕地资源，汉族传统村落布局也以行列式和网络式为主。

满族先民最初起源于山地地区，后逐渐从山林走向草原，满族的宗教信仰与汉族有所

村落肌理与传统村落选址的叠合统计表

表3-3

村落选址	规整型行列式		渗透型行列式		集中型网络式		树枝状网络式		顺应等高线网络式		沿河网络式		顺应等高线条纹式		沿河条纹式		自由分布式		地形分隔组团式	
	数量	比例	数量	比例	数量	比例	数量	比例	数量	比例	数量	比例	数量	比例	数量	比例	数量	比例	数量	比例
依山傍水	4	1.4%	22	8.1%	31	11.4%	32	11.8%	39	14.4%	28	10.3%	43	15.9%	24	8.9%	11	4%	37	13.7%
依山近水	0	0	7	14.9%	9	19.1%	11	23.4%	4	8.5%	0	0	9	19.4%	0	0	4	8.5%	3	6.4%
依山远水	2	2.3%	7	8.1%	11	12.8%	23	26.7%	8	9.3%	0	0	23	26.7%	0	0	4	4.7%	8	9.3%
近山傍水	8	10.5%	14	18.4%	12	15.8%	8	10.5%	2	2.6%	8	10.5%	4	5.3%	6	6.9%	5	6.5%	9	11.8%
近山近水	2	5.4%	12	32.4%	10	27%	3	8.1%	5	13.5%	0	0	1	2.7%	0	0	0	0	4	10.8%
近山远水	4	18.2%	5	22.7%	6	27.3%	6	27.3%	0	0	0	0	1	4.5%	0	0	0	0	0	0
远山傍水	17	16.5%	24	23.3%	23	22.3%	19	18.4%	1	1%	9	8.7%	0	0	2	2%	0	0	8	7.8%
远山近水	25	29.4%	21	24.7%	22	25.9%	7	8.2%	0	0	2	2.4%	0	0	1	1.2%	2	2.3%	5	5.9%
远山远水	40	42.1%	24	25.3%	21	22.1%	4	4.2%	0	0	0	0	0	0	0	0	2	2.1%	4	4.2%

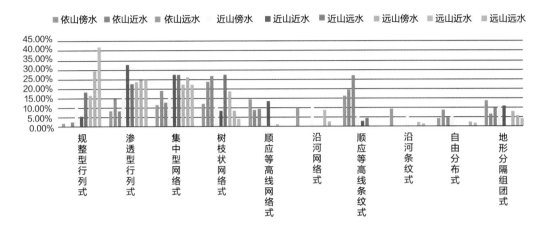

图3-23
村落肌理与传统村落选址的叠合统计图

村落肌理与传统村落组团关系的叠合统计表   表3-4

组团关系	规整型行列式		渗透型行列式		集中型网络式		树枝状网络式		顺应等高线网络式		沿河网络式		顺应等高线条纹式		沿河条纹式		自由分布式		地形分隔组团式	
	数量	比例	数量	比例	数量	比例	数量	比例	数量	比例	数量	比例	数量	比例	数量	比例	数量	比例	数量	比例
散点式	62	14.4%	74	17.1%	81	18.8%	47	10.9%	31	7.2%	24	5.5%	28	6.5%	8	2%	21	4.9%	56	13%
团块式	37	17%	41	18.9%	55	25.3%	38	17.5%	10	5%	16	7.4%	3	2%	9	4.1%	3	1.3%	8	3.7%
串珠式	2	3.1%	5	7.8%	2	3.1%	6	9.4%	7	10.9%	3	4.7%	25	39%	9	14%	1	1%	4	6%
独立式	1	1%	16	14.7%	7	6.4%	22	20.2%	11	10.1%	7	6.4%	25	23%	7	6.4%	3	2.8%	10	9.1%

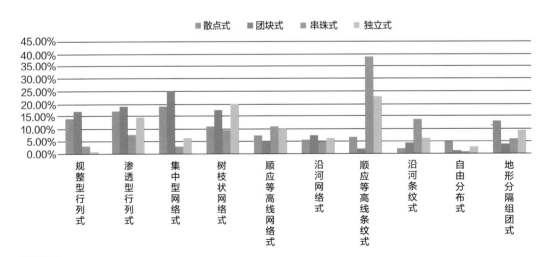

图3-24
村落肌理与传统村落组团关系的叠合统计图

村落肌理与传统村落民族属性的叠合统计表 表3-5

村落民族属性	规整型行列式		渗透型行列式		集中型网络式		树枝状网络式		顺应等高线网络式		沿河网络式		顺应等高线条纹式		沿河条纹式		自由分布式		地形分隔组团式	
	数量	比例	数量	比例	数量	比例	数量	比例	数量	比例	数量	比例	数量	比例	数量	比例	数量	比例	数量	比例
汉族	61	20.2%	61	20.2%	69	23%	25	8.3%	9	3%	12	4%	17	5.6%	7	2.3%	9	3%	31	10.3%
满族	19	6.3%	27	9%	59	20%	50	16.7%	31	10.3%	17	5.7%	40	13.3%	15	5%	8	2.7%	34	11.3%
朝鲜族	22	10%	48	21.7%	17	7.7%	38	17.2%	19	8.6%	18	8.1%	24	10.8%	11	5%	11	5%	13	5.9%

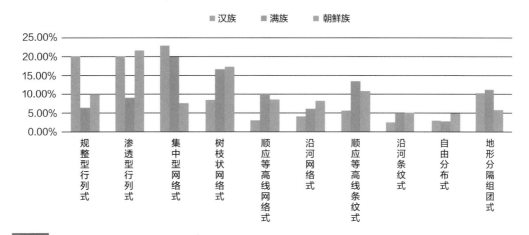

图3-25
村落肌理与传统村落民族属性的叠合统计图

不同，不似汉族崇尚对称、规整，讲究规律性，满族更向往自然，随意性很强，这一点体现在村落肌理上，即更多为集中型网络式、树枝状网络式、顺应等高线网络式这种与环境融为一体的肌理形式。

东北地区的朝鲜族居民多是出于政治、军事、灾难等被迫移民至此，早期出现于长白山一带，后逐渐迁徙过程走向东北腹地平原。朝鲜族人的村落选址一般都在山坡之阳、交通方便的地方，或者在河流的旁边，地势高爽，没有水灾的危险，这种民族传统的建村文化也体现在村落布局上，朝鲜族以渗透型行列式、树枝状网络式布局较常见，沿河条纹式、沿河网络式、自由分布式等肌理统计中可以看出，朝鲜族村落的占比也明显高于其他民族。

3.2.6 叠合分析总结

规整型行列式肌理形式村落在清代开始出现数量增加的明显趋势，民国时期稳定发展，中华人民共和国成立后再一次成倍增长。绝大多数分布于平原地区，台地地区次之；多选址于远山区域；组团关系主要为散点式，团块式次之。规整型行列式肌理主要出现于汉族传统村落。

渗透型行列式肌理形式村落也是清代开始大量形成，随时代发展逐期增加，趋势稳定。在山地、丘陵、平原地区均有大量分布，且数量接近。村落选址以依山傍水、远山傍水、远山近水、远山远水为主。组团关系以散点式为主，团块式次之。渗透型行列式肌理形式汉族村落最多采用，朝鲜族次之。

集中型网络式肌理形式是清代以前村落采用最多的布局形式，不同时期都有较多分布，中华人民共和国成立后再次翻倍增长。分布状况对地形环境没有明显要求，山地、丘陵、平原地区分布数量几乎持平，台地地区相对较少。村落选址以依山傍水、远山傍水、远山近水、远山远水为主。主要组团关系为散点式与团块式。集中型网络式肌理主要出现在汉族和满族传统村落。

树枝状网络式肌理形式村落在清代之前也相对分布较多，清代至民国时期小幅度增多，中华人民共和国成立后分布更加广泛。主要分布于山地地区，丘陵地区次之，平原和台地地区分布较少，两者数量接近。村落选址多为依山傍水、依山远水。组团关系散点式与团块式为主，独立式次之。树枝状网络式肌理形式的民族属性主要是满族分布最多，其次是朝鲜族，两者相差微小。

顺应等高线网络式在清代开始才出现于村落肌理形式中，民国时期分布数量增多，中华人民共和国成立后小幅度增加。超过半数分布于山地地区，丘陵地区次之，喜好依山傍水。组团关系主要为散点式。顺应等高线网络式肌理形式主要出现于满族传统村落。

沿河网络式肌理形式在清代开始出现，但数量基本维持稳定不变，中华人民共和国成立后分布增加。主要分布于山地地区。以依山傍水环境为主要分布。组团关系以散点式与团块式为主。沿河网络式肌理形式在民族属性方面无明显侧重。

顺应等高线条纹式肌理形式在清代和民国时期存在数量接近，中华人民共和国成立后出现明显成倍增加现象。主要分布于山地地区。村落选址大量选择依山傍水。组团关系主要为散点式、串珠式和独立式，三者比例平均，无明显侧重点。顺应等高线条纹式肌理形式主要出现于满族传统村落。

沿河条纹式肌理形式在清代出现，民国时期有所减少，中华人民共和国成立后数量回弹但整体仍占比较少。主要分布于山地地区。依山傍水为主要村落选址。散点式、团块式、串珠式、独立式四种组团关系均质存在。沿河条纹式肌理形式民族属性方面三大民族均匀分布。

　　自由分布式肌理形式整体随年代更替出现增加–较少–增加趋势，中华人民共和国成立后分布数量与清代形成数量接近，无明显增加。主要分布于山地地区，丘陵地区也有较多分布，多为依山傍水选址。主要组团关系为散点式。自由分布式肌理形式分布于朝鲜族传统村落数量最多。

　　地形分隔组团式肌理形式在清代出现明显增加趋势，随后数量分布逐年小幅度增加，基本保持稳定。在山地地区和丘陵地区分布数量接近，以山地地区为主。大量选址于依山傍水环境。散点式组团关系为主要形式。地形分隔组团式肌理形式的主要民族属性为汉族和满族。

04

东北传统民居文化
地理景观特征

- 传统民居建造技术的空间分布解析
- 传统民居建造技术文化因子地理特征的叠合分析

4.1 传统民居建造技术的空间分布解析

4.1.1 汉族传统民居建造技术文化地理特征

1. 传统村落的地域分布情况

从图4-1可以看出，东北地区汉族传统村落分布差异主要受到地理因素的影响。其分布特征如下：

（1）逐水而居。传统村落多分布在东北主要水系流域，如黑龙江与吉林地区的松花江流域、松花江支流牡丹江流域、嫩江流域及辽河流域等。尤其是松花江流域可以明显看出传统村落呈现沿江分布的带状分布形态。但是在黑龙江流域，由于地理位置偏远且温度高寒，人烟稀少，因此传统村落呈现出小型组团的点状分布形态。

（2）平原地区分布广泛。东北平原有松嫩平原、辽河平原和三江平原构成，土质肥沃，气候适宜，十分适宜人居生活。可以看出面积较大的松嫩平原地区村落分布呈现出面状分布形态，且分布比较均匀，在面积次之的辽河平原地区村落分布呈现出环辽东湾的带状分布形态，在面积较小

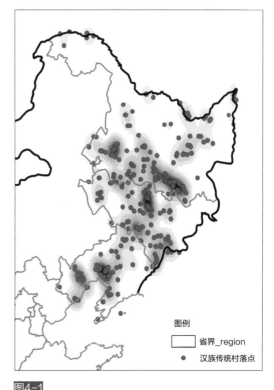

图4-1
传统村落分布特征图

的三江平原地区村落分布呈现出延展的带状分布形态。

（3）依山而居。汉族传统村落同样也呈现出依山而居的特点。东北地区分布的主要山脉有长白山脉、小兴安岭山脉和部分大兴安岭山脉。图中可以明显看出在长白山脉的牡丹江市、白山市、通化市、本溪市和丹东市区域呈现出大型组团的面状分布形态。在大小兴安岭地区则呈现出小型组团的点状分布形态。

2. 传统村落的形成年代的分布特征

东北汉族传统村落形成年代划分为清代以前、清代、民国、中华人民共和国成立后四个时间段，如图4-2、图4-3可以看出，形成于清代的村落占比最高，达到43%，其次是民国时期和中华人民共和国成立后时期，占比均为24%，建村于清代以前的村落占比最少，占比为9%。通过调研的309个村落的形成时间的分布情况可以看出东北地区汉民族受自然环境和历史变迁的影响较大。

从数据分布来看，东北汉族的建村趋势依年代发展逐渐由南到北迁徙，清代以前的村落多形成在辽宁南部沿海地区，少量分布在辽宁北部和吉林南部，清代及清代末时期村落广泛在辽宁和吉林形成，少量分布到黑龙江省南部和黑龙江边境地区，民国后汉族人逐步向更北方迁徙，在黑龙江中部至北部多有分布，中华人民共和国成立后各村屯则是全面分散发展。

从历史发展变迁来看，汉族是东北地区最早的土著居民，但由于时间久远，大多村屯未能保留，大多只留下了一些古城遗址，现存的清代以前的汉族村落多处于古道要塞或历史重镇之处。清朝初期对东北实施军府制，1668年开始对关东实行禁封政策，封禁汉人移民，导致东北地区汉族人稀少。19世纪，黄河下游洪水泛滥，农民耕地连年遭灾，清朝政府无力解决

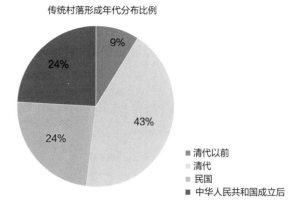

图4-2
传统村落形成年代分布比例

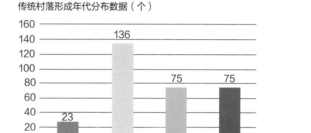

图4-3
传统村落形成年代分布数据

遭灾农民温饱问题，但东北地区仍旧实施禁关政策，大量破产农民为求生存不顾禁令"闯"入关东。晚清时期边境动荡、危机四伏，清政府被迫采取"移民实边"政策开放封禁，闯关东人数骤增，大量汉族人民在关东建村建屯进行生产生活，多数村屯于清末大批闯关东时期建成。民国时期，时局动荡，闯关东风险增加，闯关东人数减少，新建屯数量减少但广泛分布。中华人民共和国成立后，大力发展东北地区，东北地区人数增加，但是新建屯数量较少，由于之前已形成大量村落，大多在已形成村落上进一步发展，新建村的民居也大多延续传统民居做法沿袭下来。

3. 地形环境的分布特征

根据图4-4分布比例可以看出，传统民居的地形环境主要分布在平原和山地，丘陵地区次之，台地地区最少。

从数量分布特征图4-4、图4-6来看，分布在平原地区的传统民居数量最多，占比为46%，分布在山地地区的数量次之，占比为27%，分布在丘陵地区的数量再次，占比为19%，分布在台地的数量最少，仅有8%。这主要是因为汉族人大多从关内外迁来到关内，

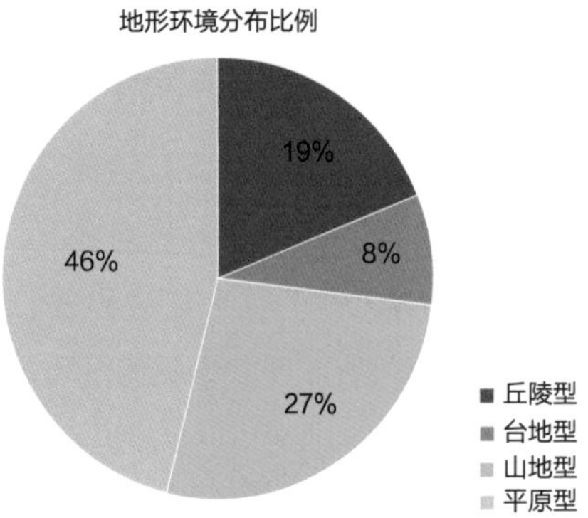

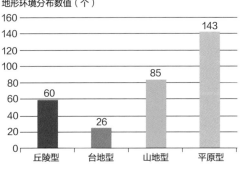

图4-4
传统民居地形环境分布比例

图4-5
传统民居地形环境分布图

图4-6
传统民居地形环境分布数据

大量保留了中原地区的生活习惯——尚农务本，汉族人大多从事农耕生活，因此汉族人更愿意到广大的平原地区，而平原地区的荒地也更易开垦。山地分布的传统民居也较多，主要是因为东北的山林里资源丰富，在当时生活资源匮乏的时代，大量关内人逃荒来到关东，主要是迫于生存压力，而山区可以很好地提供大量生活资源，同时山林地区交通闭塞，也可以避免被捕和躲避战乱。

从图4-5分布情况可以看出，汉族人主要选址在东北的平原地带，尤其在黑龙江西南地区、吉林西北部地区的嫩江平原和辽宁中部的辽河平原分布最多，其次在吉林的东南部长白山脉一带山区和丘陵地区分布也较多。从在平原选址的民居分布来看，民居大量分布在黑龙江的齐齐哈尔市、大庆市、绥化市、哈尔滨市和牡丹江市等西南部南部地区，部分分布在佳木斯市等黑龙江东北部地区，少量分布在黑龙江省其他地区；在吉林省的分布则多数分布在四平市、长春市、吉林市辽源市、通化市和白山市等吉林中部地区，少量分布在白城市、松原市等地；在辽宁省的分布主要在铁岭市、沈阳市、锦州市、辽阳市、鞍山市、盘锦市、葫芦岛市等辽中地区及部分沿海地区，少量分布在朝阳市、抚顺市等其他地区。

4．建筑选址的分布特征

汉族人比较重视聚落的选址营建，通常山、水构成的山水关系往往是建筑选址看中的重要地理因素。因此根据调研的传统民居建筑选址的类型，在此分出了九个选址类型，分别为依山傍水、依山近水、依山远水、近山傍水、近山近水、近山远水、远山傍水、远山近水、远山远水。根据距离的远近，将山、水地理位置分为三个等级，第一等级"依"和"傍"，表示该村落选址半径2公里范围内存在山脉或水系，第二等级"近"，表示该村落选址半径2～10公里范围内存在山脉或水系，第三等级"远"，表示该村落选址半径10公里内不存在山脉或水系。

从数据分布比例图4-7、图4-8可以看出，汉族传统村落多分布在依山傍水、远山傍水、远山近水和远山远水地区，其次分布在依山远水、近山傍水地区，少量分布在依山近水、近山近水和近山远水的地区。可以看出，山和水两种影响村落选址的地理因素对汉族民居选址比较重要。传统民居营建在山地地区的情况下，水资源同时也比较重要，大多分布在依山傍水的环境下，但也有一部分分布在依山远水的地区，主要是因为这部分地区山林资源更加丰富、让村民可以舍弃傍水的条件。传统民居营建在平原地区，可以看出图4-9中远山的三项数据分布非常平均，因此水系的分布对于平原地区选址没有那么重要，主要是由于在平原地区，大多汉族人以农耕为生，更加看重土地的质量，而除了水田需要大面积灌溉之外，其余

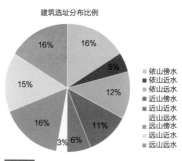

图4-7
传统民居建筑选址分布比例

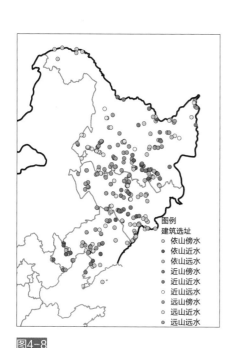

图4-8
传统民居建筑选址分布图

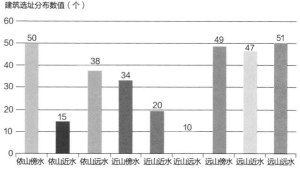

图4-9
传统民居建筑选址分布数据

农耕多为"看天吃饭",等待雨水浇灌,因此反而对水系资源并不十分需求。

5.屋面形式的分布特征

汉族传统民居的屋面形式主要是受到东北各地区气候环境的影响,同时也受到当地建筑材料资源的限制,形成了以双坡屋顶和囤顶为主的屋面形式,还有极少数村落内有一两栋四坡屋顶,但因数量过少而不纳入统计。

双坡屋顶是东北地区汉族民居屋顶的主要形式。从图4-10、图4-11分布比例可以看出,双坡屋顶的占比最大,为71%,其中同时存在双坡屋顶和囤顶的部分还占有6%,双坡屋顶的占比远远大于其他类型形式。主要是东北地区冬季时间长,降雪量大,积雪对屋面的压力较大,东北地区的双坡屋顶往往坡度较陡,坡度近45°,这样的屋顶形式可以让大部分积雪滑落而不会积压在屋面上对屋架造成损害。双坡屋顶集中出现在东北的东部和东南部,这主要是东北地区气候决定的,东部和东南部地区年降水量多为1000毫米,夏季温热多雨,双坡屋顶在夏季也可顺畅排掉雨水避免雨水囤积屋面腐蚀屋面材料。

囤顶是黑龙江西南地区,吉林西北地区以及辽西地区主要的民居屋面形式。囤顶主要分布在松嫩平原及辽河平原,同时也有少量双坡屋顶穿插分布其中。这主要是受到这部分地区环境气候和建筑资源的影响。其一,这部分地区为风沙多发地带,特别是在辽西沿海地区,常年经受海风侵袭,如果屋面起脊则会严重受到风的侵袭,屋面易被掀翻。囤顶在辽西地区均做成漫圆拱形,这样带有弧度的平顶可以很好地减小风的阻力,而在黑龙江西南和吉林西北地区,则是平顶、漫圆拱形和圆拱形并存,主要是因为松嫩平原地域面积广大,环境不尽相同,为了适应各种环境而演变出不同的形态变化。而平顶做法与圆拱形做法也比较简易粗犷,不如漫圆拱形精致,也体现了东北汉族民风越往北越脱离中原文化的影响。其二,松嫩平原是东北地区最大的盐碱地带,分布了大量的湖泊、沼泽和盐碱地,碱土资源丰富。碱土本身细腻且没有黏性,不易吸收水分,是一种非常好的建筑材料。而同时,这部分地区木材资源匮乏,碱土囤顶由于不起屋架而非常节省木材,相较于瓦顶价格也更加低廉,相较于草顶更能抵抗大风的侵袭,不易被吹落。

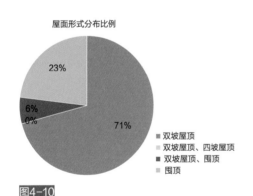

屋面形式分布比例

- 双坡屋顶 71%
- 囤顶 23%
- 双坡屋顶、囤顶 6%
- 双坡屋顶、四坡屋顶 0%

■ 双坡屋顶
▨ 双坡屋顶、四坡屋顶
■ 双坡屋顶、囤顶
▨ 囤顶

图4-10
传统民居屋面形式分布比例

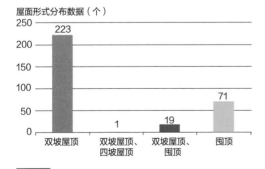

屋面形式分布数据(个)

双坡屋顶	双坡屋顶、四坡屋顶	双坡屋顶、囤顶	囤顶
223	1	19	71

图4-11
传统民居屋面形式分布数据

6．建筑结构类型的分布特征

通过调研各类传统民居，对民居建筑结构类型做了三种分类，分别为木构架承重、墙架混合承重和墙体承重。

从图4-12来看，传统民居建筑结构类型主要采用木构架形式，该占比为59%，其次采用墙架混合承重，该占比为24%，其次为墙体承重，占比为6%，还有部分木构架与墙体承重、木构架与墙架混合承重共存的村落。从图4-13传统民居建筑结构类型分布来看，木构架广泛分布在东北各地区，其中以黑龙江中部、东部和南部、吉林中部及南部、辽宁东北部及东南部分地区为最多。墙架混合承重主要分布在黑龙江西南部、辽宁省西部地区，墙体承重主要分布在吉林东部地区。

从图4-14来看，木构架承重为汉族传统民居最普遍的构造形式，自古以来有之，汉族人从关内迁入关东地区后，同时也将中原民居构筑形式带入东北，同时因地制宜将其进行简化、改良以适应东北的环境。墙架混合承重主要用在砖石混砌民居和石材砌筑民居上为多，这类建筑山墙多用砖石混砌或石砌，结构稳定，不宜损坏，因此民居梁架结构多直接搭建在山墙上，而内部空间则多用木柱的木构架结构，形成墙架混合结构的做法。墙体承重则多分布在长白山地区井干式建筑的建造方式上。因为井干式建筑的独特构筑方式，直接以原木经过粗加工嵌接而成，直接依靠墙体承重，无论是外墙还是内墙均用此方法，这

图4-13
传统民居建筑结构类型分布图

图例
承重结构类型
○ 墙体承重
● 墙架混合承重
○ 木构架
○ 木构架、墙体承重
○ 木构架、墙架混合承重

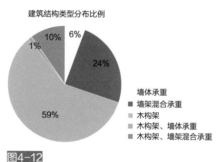

建筑结构类型分布比例

墙体承重
■ 墙架混合承重
■ 木构架
■ 木构架、墙体承重
■ 木构架、墙架混合承重

图4-12
传统民居建筑结构类型分布比例

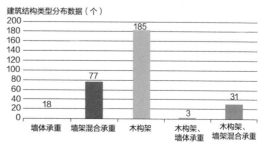

建筑结构类型分布数据（个）

图4-14
传统民居建筑结构类型分布数据

种构筑形式对木材需求量极大，因此仅能分布在长白山林区资源丰富的地区，在大小兴安岭地区也有少量分布。

7. 山墙类型的分布特征

山墙类型的差异一定程度上受制于当地的地域气候的影响，反映了民居所在的自然地理环境的情况和自然资源的分布，同时也能一定程度上反映建造技术的水平。

从图4-15、图4-17山墙的分布比例来看，悬山山墙分布比例最广，占比为64%，为传统民居广泛运用的山墙形式，其次为硬山山墙，占比为28%，五花山墙比例仅占8%。悬山山墙比例高主要是因为悬山山墙的构造相对简易，不需要对屋顶和山墙交界处做过多处理，只需将屋面挑出山墙即可，同时这样做也能避免墙体被雨雪淋湿，从而达到保护墙面、增加墙体使用年限的作用。而五花山墙分布较少，主要是因为五花山墙构造复杂，所需材料多样，因此在汉族民居中较少应用。

从图4-16可以看出，山墙分布具有明显的区域特征。悬山山墙分布更加广泛，主要分布于吉林的南部、中部和北部、黑龙江的大部分地区；硬山山墙主要分布在辽宁省大部分和吉林西部黑龙江西南少部分地区；五花山墙主要分布在辽宁西部、东南部和吉林南部小部分地区。可以明显看出山墙形式在松辽平原与长白山脉过渡处有明显分区界限，主要是

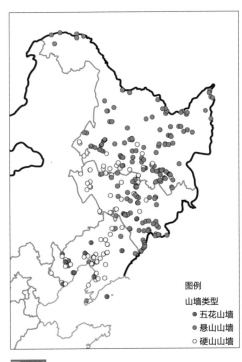

图4-16
传统民居山墙类型分布图

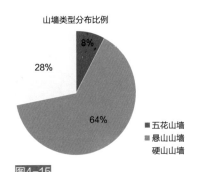

图4-15
传统民居山墙类型分布比例

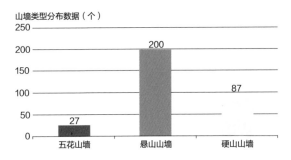

图4-17
传统民居山墙类型分布数据

因为在松辽平原地区，风沙大，对山墙和屋面交界处侵害较重，因此民居山墙采用硬山做法，加高山墙墙面高于屋面或使山墙与屋面抹平，可以让山墙为屋面抵挡部分风的侵害，增加屋面使用率。而在其他地区，相对风速较低，降水丰富，将屋面挑出可以有效排除雨水且抵挡雨水对墙面的冲刷以保护墙面。五花山墙主要分布在辽宁西部和东南部地区，主要是因为这些地区石材丰富，种类多样，为山墙砌筑提供了多种多样的原材料，同时这些地区发展较早，经济发展程度较高，汉族人较为富裕，可以建造更加复杂多样的造型形式。

8. 屋面材料的分布特征

根据调研发现，现存的汉族传统民居屋面材料共分为七种，其中红瓦和石棉瓦为该村落传统民居屋面，均被现代手法进行修缮，无法查证原始屋面形式而进行的分类，但在最终分析时不采纳数据，仅作为分布特征的参考。

从图4-18材料分布比例来看，草为汉族传统民居最主要的屋面材料，该占比为29%，土的占比次之，比例为20%，青瓦的占比为11%，木的占比为8%，薄钢板的占比最少，为4%。

从图4-19材料分布图和图4-20来看，草屋面分布更加广泛，主要分布在黑龙江大部分地区、吉林北部、中部、南部地区和辽宁的北部、中部地区，这主要是因为这些地区土壤肥

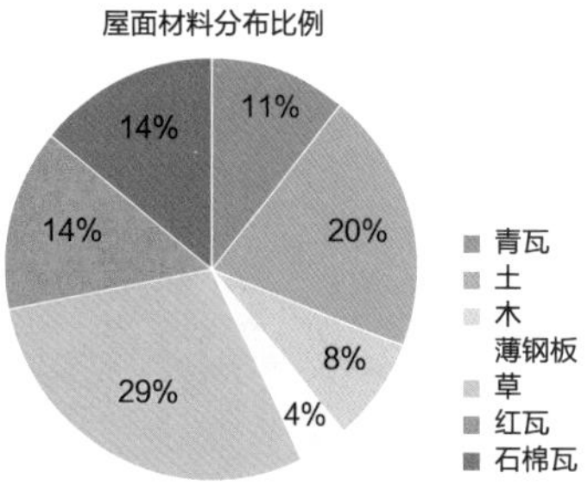

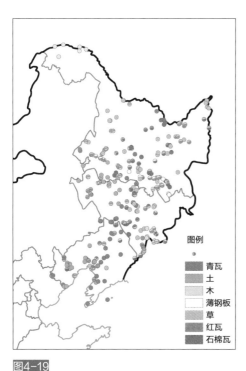

图4-19
传统民居屋面材料分布图

图例
- 青瓦
- 土
- 木
- 薄钢板
- 草
- 红瓦
- 石棉瓦

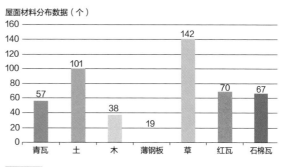

图4-18
传统民居屋面材料分布比例

图4-20
传统民居屋面材料分布数据

沃，气候适宜，非常适合草类生长，因此东北多数民居采用草苫房，草苫房也有比较明显的好处是取材便利、价格低廉，同时草的耐性较好，通过处理可以多年不坏，且易于修缮等。使用土材料主要是松辽平原的囤顶民居采用。这种土多为碱土，具有良好的不透水性，经过雨水冲刷会越来越光滑细腻，囤顶民居中，每年都要将屋顶用碱土抹一遍，可以使屋面更加耐用。青瓦材料也是东北地区常见的屋面材料，青瓦主要分布在辽宁东部、东南部及中部地区、吉林南部及中部和黑龙江部分村镇。青瓦主要分布在地主豪宅、村屯大户的民居中，主要是青瓦价格较高，构造技术较难，修缮难度大，因此多出现在辽宁东部及东南部富庶地区。木材料做屋面主要有木板顶和木瓦顶两种形式，木板顶多分布在大小兴安岭地区、木瓦顶多分布在长白山地区。这些地区采用木屋面都是因为木材资源丰富而充分利用木材的结果。而薄钢板顶多分布在中东铁路沿线和对俄口岸地区，主要受到了沙俄建筑文化的影响，同时沙俄建筑多采用红色薄钢板做屋面，附近汉族人也纷纷效仿，将自家屋面覆薄钢板顶。

9. 围护墙体材料的分布特征

根据调研总结出传统民居围护墙体材料为青砖、石、红砖、木和土五种材料。

从图4-21分布比例可以看出，东北民居最常用的墙体材料为土，其占比达到了44%，其次为红砖，占比为22%，其余材料中青砖占比为14%，石占比为12%，木占比为8%。从图4-22、图4-23的分布来看，土广泛分布于东北各个地区，红砖同样广泛分布于东北各个

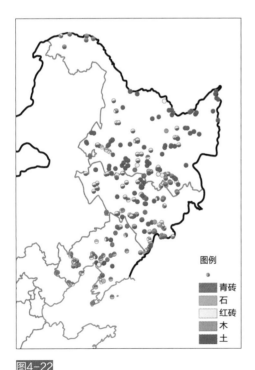

图4-22
传统民居围护墙体材料分布图

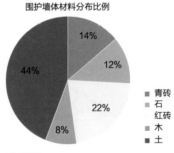

图4-21
传统民居维护墙体材料分布比例

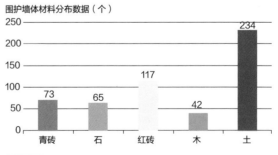

图4-23
传统民居维护墙体材料分布数据

地区且差异不大，青砖多分布于辽东辽南辽北地区、吉林西南和黑龙江南部地区，主要分布在经济发展较高的城市和乡镇。石主要分布在辽南辽东及吉林南部，主要这些地区为山区且石材易取，种类丰富。木在林区分布较多，主要分布在大小兴安岭、长白山脉一带，多为井干式和板夹泥式墙作为主要建筑材料使用。

总的来看，民居主要采用土主要是东北地区土地资源丰富且土壤类型多样，是非常容易取材的建筑材料，同时土的各项性能也非常好，易于成型、结构稳定、保温性好，因此在东北地区运用广泛。红砖多是由于近现代烧制技术的发展，促使红砖烧制成本低，且易于取材、价格低廉、性能良好，成为近现代民居中广泛运用的材料。

10. 墙体砌筑类型的分布特征

汉族传统民居墙体砌筑类型多与其地域环境、气候特点、材料种类等息息相关。

从图4-24类型分布比例来看，土坯墙砌筑类型为东北地区汉族民居最常用的砌筑类型之一，占比为31%，砖砌筑次之，占比为22%，砖石混砌、板夹泥墙、土打墙和井干式比例也较高，分别为12%、9%、8%和7%，石材砌筑和拉哈墙占比较少，分别为4%和3%。

从图4-25、图4-26可以看出，土坯墙区域分布面积最广，尤其在黑龙江西部、南部、中部和东北部、吉林北部、西北部、南部和辽宁南部分布最多，主要是土坯墙所用的土材

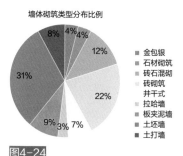
图4-24
传统民居墙体砌筑类型分布比例

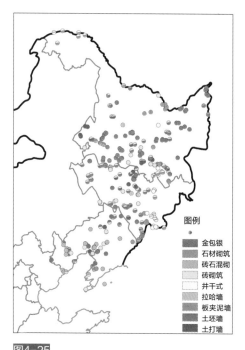
图4-25
传统民居墙体砌筑类型分布图

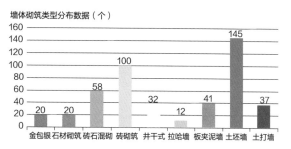
图4-26
传统民居墙体砌筑类型分布数据

料价廉易取，加工简单，同时土中混合其他材料如草、石灰等能大大增加土坯的性能，土坯墙也易于砌筑，民居规模也较少受到材料的限制可以砌筑各类民居。砖砌墙主要是由于红砖的运用广泛的分布在东北各个地区，尤其是在辽宁省和吉林市分布最为广泛，主要是因为这两个省份较黑龙江发展较早，红砖材料运用较早，大部分民居已将土坯房更换为砖瓦房。其次砖石混砌墙主要分布在辽宁省和吉林市部分地区，主要是因为这部分地区石材较多。板夹泥和井干式均集中分布在大小兴安岭和长白山地区。土打墙民居主要分布在黑龙江西南、吉林北部及南部地区，主要这些地方多为黄土，黏性较好且含沙质较多，这种土易于成型，便于夯筑。石材砌筑主要受制于石材的取材，多分布在山区或丘陵地带石材丰富且易取的地区。拉哈墙分布较少，主要分布在黑龙江西部、吉林北部及中部地区，这些地区主要受到了满族建造技术的影响。

11. 建筑装饰的分布特征

传统民居的装饰主要受到传统中原汉族文化的影响，并在民居发展中受到少数民族粗犷风格的影响，进行了很大程度的简化，只有少部分仍保留了精致的建筑装饰。

从图4-27、图4-28来看，大部分汉族民居为无装饰，占比为84%，少量装饰占比为9%，一般装饰和精美装饰占比最少，分别为3%和4%。因此可以看出东北绝大部分汉族民居已经抛弃了中原汉族繁复的建筑装饰文化，仅仅保留了建筑的实用性，这也是因为进入东北地区的汉族人大多为穷苦的汉人，多数为了生存逃荒而来，必然没有更多财力和精力来完善民居装饰。

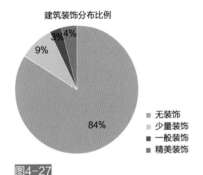

图4-27
传统民居建筑装饰分布比例

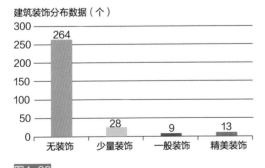

图4-28
传统民居建筑装饰分布数据

从汉族传统民居装饰精美程度的分布形式来看，呈现出点面结合的特点，无装饰的民居呈现出广泛的面状分布，覆盖东北大部分地区，而装饰一般的民居和装饰精美的民居多分布在辽宁南部、东南部、吉林中部和黑龙江南部地区，呈现出集中式的点状分布。主要是由于这些点状分布的区域多为历史重镇、商业重镇或土豪大户，这些地区财富聚集程度高，文化和经济发展迅速，更加重视建筑的用料和精致程度。

4.1.2 满族传统民居建造技术文化地理特征

1．传统村落的地域分布情况

从图4-29可以看出，东北地区整体传统村落分布差异较明显。在辽宁省的东南部地区形成了满族传统村落分布最为集中的一个片区，而其他地区主要以小型片区和散点式布局为主。

从东北三省各自的分布来看，辽宁传统村落数量最多。其中东部的鞍山、丹东、本溪、抚顺传统村落密度较大，形成了辽宁省最主要的满族传统村落分布片区；西部以北镇市和葫芦岛市为核心形成了另外两个高密度区域；南部的密度较低，主要以大连市和营口市构成两个小型组团。

吉林省的传统村落数量位居第二。主要分布在吉林市、四平市以及东部长白山地区的白山市周围，构成了吉林省最主要的三个片区。省内其他地区的传统村落以散点式分布。

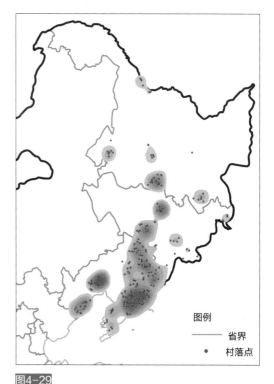

图4-29
传统村落分布特征图

黑龙江省传统村落数量最少但仅次吉林省。主要分布在松花江流域的下游。哈尔滨市形成了省内最主要的传统村落片区，其次齐齐哈尔市、黑河市、绥化市、牡丹江市构成四个小型的分布组团。

2．传统民居地形环境的分布特征

参照《中国地形图》和《中国自然地理图集》中对东北地区三级地貌的划分，得出东北满族传统民居的地形环境主要是在山地、丘陵和台地，而在平原地区分布很少（图4-30、图4-31）。

数量特征：在山地选址的传统民居最多。从图4-31上图可以看到在山地选址的传统民居数量最多，占总数的47%。其次在丘陵与台地选址的数量相当，皆在20%左右，而位于平原的民居数量最少，仅有6%。这可能是源于满族先民最初就是居住在山地地区，即使在历史发展中满族人逐渐从山林走向平原，但许多仍秉袭先人"依山做寨，聚其所亲居之"的传统。

分布特征：民居选址由南向北呈山地—丘陵—台地—平原的变化过程，从东向西呈山地—丘陵—台地/平原的变化过程。从在山地选址的民居分布来看，辽宁省的鞍山、丹东、

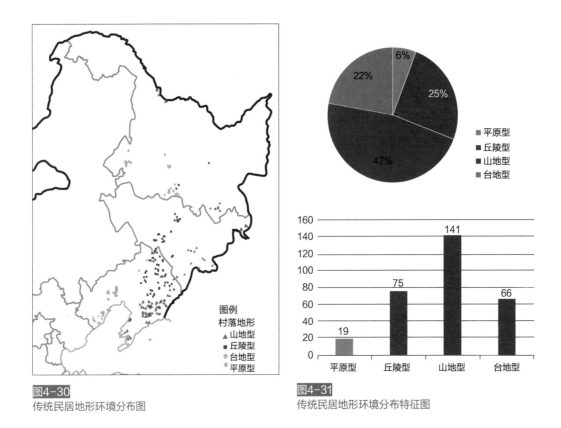

图4-30
传统民居地形环境分布图

图4-31
传统民居地形环境分布特征图

大连、营口等市的民居主要集中在辽东的低山区，吉林省的白山、延边州以及黑龙江省的牡丹江市的民居主要分布在长白山中山区，黑龙江省黑河市的民居分布在小兴安岭西部低山区；其次在丘陵选址的民居主要集中在辽宁的本溪、抚顺、铁岭以及吉林省的吉林、长春市，这些满族民居基本均分布在长白山以西的丘陵地带；地形环境为台地的民居主要集中在辽宁省的锦州、葫芦岛以及黑龙江的哈尔滨、绥化；而位于平原地区的民居仅在黑龙江省的齐齐哈尔、沈阳市以及锦州市的个别地区有分布。

3. 传统民居建造年代的分布特征

东北满族传统民居建造年代分为清代、民国、中华人民共和国成立后三个时间段，其建造时间的分布情况反映着自然环境的影响与社会文化的变迁（图4-32、图4-33）。

数量特征：现存传统民居以中华人民共和国成立后的为主。从图中可以看出，中华人民共和国成立后的民居数量最多，民国时期的传统民居数量与清代民居数量相当。大部分满族村落内的传统民居建造年代都为两个时期并存，东北地区的满族村落中很少有大片区的清代民居遗存。而中华人民共和国成立后的传统民居数量最多也从侧面说明了中华人民共和国成立后相对平稳的社会背景给民居建造提供了平稳的发展环境。

分布特征：各年代民居的分布较均匀。清代民居多分布在辽东山林地带，以鞍山市和

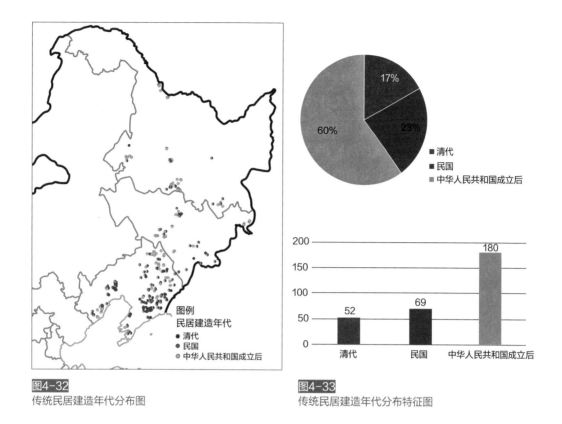

图4-32
传统民居建造年代分布图

图4-33
传统民居建造年代分布特征图

丹东市附近最为密集，这可能源于此处山地交通不便，村落发展不如平原地区迅速，相对更容易保留年代较早的民居。而在其他地区则是零星分布，但可以看到清代满族民居基本遍布了东北所有的满族聚居区，说明了满族聚落在清代已经发展成型。值得一提的是，在调研大量满族村镇中，发现吉林市乌拉街镇清代满族民居遗存最多，但保护状况一般，很多传统民居因无人居住年久失修而残败不堪；此外，民国时期的传统民居数量仅比清代少量增多，整体分布均匀，基本在满族各县镇均有分布，这体现了从清代至民国，东北满族居民发展日益稳定的过程；中华人民共和国成立后的传统民居在各地均有广泛分布，在调研中发现，这些民居多有五六十年的历史，建造做法延续了东北民居的传统方式。

从民居建造年代的分布特征上来看，辽宁东南部地区的传统民居历史最为久远。清代和民国时期的民居在辽东鞍山的岫岩满族自治县以及凤城市地区出现了集中式的分布，从侧面也反应出这些地区悠久的历史积淀与文化内涵；辽宁北部的抚顺市和本溪市出现了各个年代民居交叉分布的区域且民居数量相当，而一过此区域再往北，民居建造历史则渐渐降低。仅在历史上著名的商业集散地和军事重镇点缀着若干年代久远的民居，如乌拉（今吉林省乌拉街镇）、宁古塔（今黑龙江省宁安市）、卜奎（今黑龙江省齐齐哈尔市）等。

4. 传统民居建筑形态的分布特征

（1）传统民居屋面形式的分布特征

屋顶形式可以直接反映所在地域气候对民居的作用结果，同时也是民居建筑外部形态的重要因素之一（图4-34）。

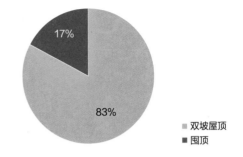

双坡屋顶是东北地区满族民居屋顶的主要形式。除了辽西的葫芦岛和北镇的大部分地区，辽南的营口以及开原附近的个别村落外，东北其他地区的满族民居皆使用人字形的屋顶，坡度较大，在高度上与墙体的比例接近1∶1，有助于冬季的积雪能够快速滑落不致使将屋顶压垮。

囤顶是辽西民居的典型特征。这主要因为辽西地区为风沙多发地带，若屋顶起脊，则有被掀翻的危险。而将屋顶做成漫圆拱形的囤顶，能够很好地减小风的阻力。除了气候的影响因素外，囤顶在辽西大量存在的另一个原因为出于经济方面的考虑。辽河在清

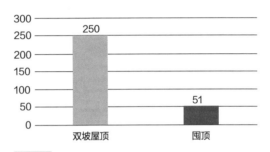

图4-34
传统民居屋面形式分布特征图

代中期以前是满汉民族的贫富分界线，辽西地区人民生活水平普遍比较贫寒，往往负担不起较高价格的草瓦建材，一般只用唾手可得的土来建造房屋。囤顶由于坡度较低可节省屋架木材的用量而被广泛使用，同时麦秸泥顶较瓦顶造价更低，因此除了寺庙、官衙等公建外，几乎都选用囤顶式建房。而北镇的东南部的新立、柳家、吴家等乡镇则是人字形屋顶，主要源于这些地区地势较低，土质松软，暴雨季节会有水灾发生的隐患，选用人字形的草屋面，可以减轻房体自重，防止房屋因地势低洼下陷。

（2）传统民居山墙类型的分布特征

山墙类型受到地域气候的影响，反映了民居所在地的自然地理环境，同时也在一定程度上说明了地区建造技术的水平（图4-35、图4-36）。

数量特征：悬山山墙是东北满族传统民居山墙的主要形式。通过上图的分类统计可以看到，悬山山墙达到总数的50%，其广泛分布的主要原因为屋檐挑出山墙可以有效地避免雨雪淋湿墙体，进而达到保护墙体增加房屋的使用年限。其次五花山墙的比例也很高，占总数的32%，硬山式相对较少，仅有18%。

分布特征：东北满族山墙类型与地理位置有明显的关系。悬山山墙的分布最广且数量最多，是黑龙江、吉林以及辽宁省东北部的主要山墙类型，除此之外在辽西北镇东南部也有分布。这主要由于这些地区的满族民居墙体多为土作，悬山山墙的作用如上所述；而五

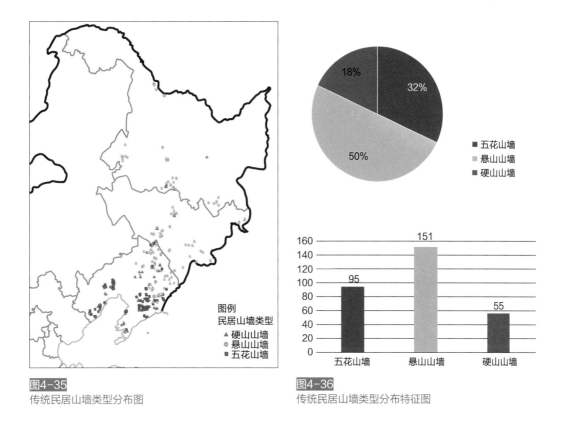

图4-35
传统民居山墙类型分布图

图4-36
传统民居山墙类型分布特征图

花山墙主要分布在辽宁的东南部以及辽宁的西部地区，这源于这些地区石材丰富、种类多样，为五花山墙的建造提供了有利的资源，同时从分布特征来看，在辽宁的东南部出现了明显的集聚。而在调研中发现，黑龙江省和吉林省的五花山墙极少，仅在某些靠近山区的村落有少量分布；硬山山墙的分布相对均匀，在各省均有出现，可以看到其分布区域主要围绕历史上较为发达的满族聚居镇区，而在管辖村落中分布较少。

总体来看，辽宁东北部的山墙类型最为丰富。从图4-35中可以看到，在辽宁的抚顺和铁岭地区的满族民居地区同时出现了三种类型的山墙形式，形成了三种类型的过渡区，而过了这一地区，五花山墙在往北便很少出现。

（3）传统民居装饰程度的分布特征

满族民居的装饰受汉族文化影响较大，但在逐步发展中形成了自身完善的艺术特色，能够充分体现满族人民的精神文化追求。此外，不同地区内装饰程度的不同以及材质选用的差异也能折射出来区域文化的细微差别（图4-37）。

数量特征：满族民居中无装饰和较少装饰的比例很高。从图4-38中的分布情况可以看到，二者的分布比例占总数的68%，装饰程度一般的民居比例为22%，而装饰精美者仅有10%。

分布特征：装饰精美程度出现由南向北逐渐递减的趋势。从图4-37中可以看到，辽宁省整体装饰水平较高，以辽宁东南地区的民居最为精美，辽西民居的装饰程度虽有所降低

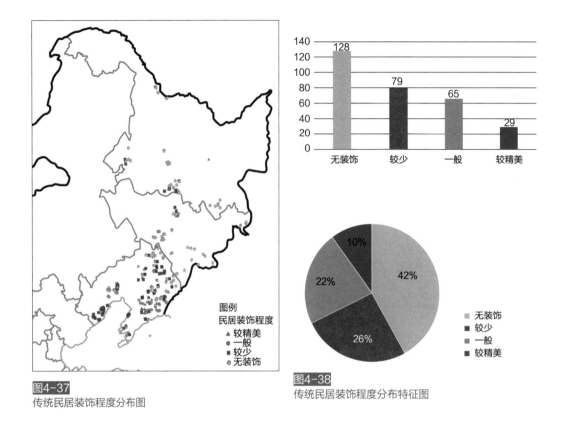

图4-37
传统民居装饰程度分布图

图4-38
传统民居装饰程度分布特征图

但仍较丰富。而从辽东开始由南至北的广大区域内，装饰精美程度逐渐降低，吉林和黑龙江省除了个别村镇有装饰精美的民居外，其余大部分地区都没有装饰。

　　总体来讲，东北满族民居整体装饰较为质朴。建筑形象的艺术处理较平实，都是直白地表现出建筑元素的实用信息。普通百姓建造房屋的原则都本着够用就好，并不注重对自己住宅的精致打造，而装饰程度高的民居也大多是上级阶层或经济状况较好的人家，注重建筑形体的气派、材料的高档和装饰的精致。

5. 传统民居建筑材料的分布特征

（1）屋面系统材料的分布特征

　　满族民居建造房屋多就地取材，发挥材料自身潜力给予最大化利用。不同地区建筑材料的分布，反映了区域间自然环境和社会经济发展水平的差异（图4-39、图4-40）。

　　数量特征：草为满族民居最主要的屋面材料。东北有57%的满族村落中有草屋面的出现，此特征的出现与东北地区的自然环境有直接关系，地势平缓，土壤肥沃的平原丘陵以及山林茂密的环境给植被生长创造了良好的条件，也促使了东北茅屋聚落景观的形成。青瓦的使用达到了21%，是除了茅草之外，最常见的屋面材料，其次是使用土做屋顶材料，而采用木板瓦覆顶的民居较少，仅占总数的5%。

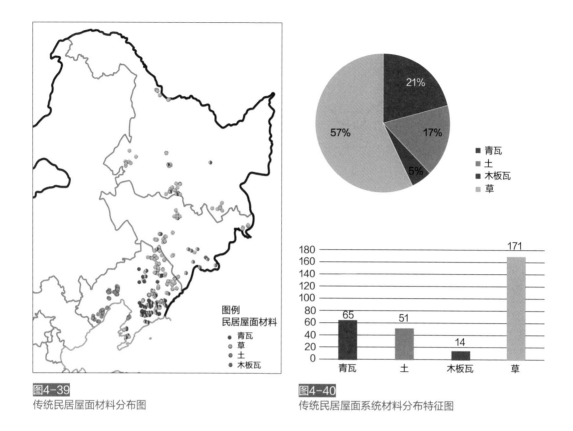

图4-39
传统民居屋面材料分布图

图4-40
传统民居屋面系统材料分布特征图

　　分布特征：不同屋面材料主要分布区域不同。使用草做屋面的民居分布最广泛，是除了辽西以及辽南以外的地区最常用的屋顶材料；青瓦主要分布在辽宁东部以及黑龙江和吉林省的个别村镇，以辽东南的鞍山、丹东一带最为密集；土作为屋顶材料仅在辽西以及营口的囤顶民居中使用；而使用最少的木板瓦仅在长白山地区出现。

　　（2）围护墙体材料的分布特征

　　如图4-41、图4-42所示，土和石是满族民居中使用最多的两种墙体材料。通过对民居材料的分类统计可以发现，两种材料所占比例相当，皆在30%左右。民居墙体主要采用土与石的主要原因一是受地域环境所限，二是这两种材料取之自然，价格低廉，更适合东北满族村落的经济水平；青砖的使用比例在19%，是继土与石材之外，满族民居围护墙体最常见的材料；红砖占总数的13%，东北地区的满族传统民居在使用红砖时，大多与石材组合砌筑，没有单独用其筑墙的；木材的使用率最低，仅占3%。

　　分布特征：墙体材料的分布受地理环境影响较大。从图4-42中可以看到，土的分布范围最广，无论在平原、台地丘陵还是山地均被使用；用石筑墙主要集中在辽宁省以及吉林省南端的丘陵地带，这些地区都是多山地带，石材唾手可得，因此应用得较多；青砖的使用在辽南最多，这与当地历史发展水平密不可分，而在其他地区呈零散分布；红砖是近现代才产生的材料，受地理因素影响不大，在三省均有分布；而用木材筑墙则仅出现在林木

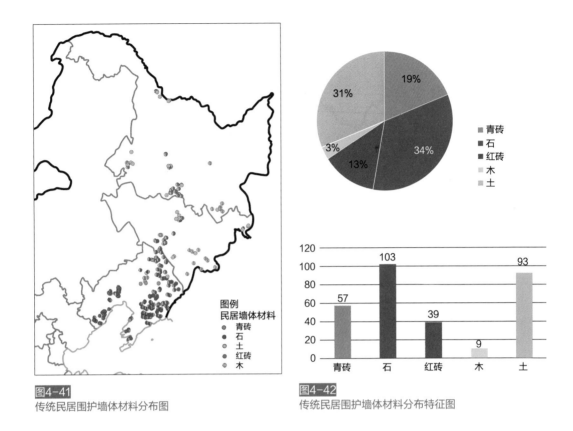

图4-41
传统民居围护墙体材料分布图

图4-42
传统民居围护墙体材料分布特征图

茂盛的长白山地区，此地区用松木搭建的井干式是长白山满族民居独特的建造技艺。

整体来看，各地区材料使用特点不同。外墙是建筑中展露面积最多的一个部分，是民居景观的重要特征之一。从图4-41中可以看到，辽东北靠近吉林省的区域材料使用类型最多样，同时出现了青砖、红砖、石、土，民居景观较为丰富。同时也作为辽宁和黑龙江、吉林的过渡区，此区域以南主要为砖石民居景观，以北为土墙民居景观。

6. 传统民居构筑技术的分布特征

（1）传统民居墙体砌筑类型的分布特征

数量特征：砖石混砌和土坯墙是满族民居中使用最多的两种墙体砌筑类型。通过统计可以发现，两种材料所占比例分别为33%和21%。其次使用石材砌筑和拉哈墙技术的比例也很高，分别在17%和11%。金包银和叉泥墙数量较为相近，皆在10%以下。而井干式砌筑类型数量最少，仅占总数的3%（图4-43、图4-44）。

分布特征：墙体砌筑类型的地域性表征明显。墙体砌筑方式是民居建造技术中重要的构成要素，受到地理因素与文化传统的双重作用。从图中的分布情况可以看到砖石混砌技术分布范围相对独立，主要集中在辽南以及辽西的大部分地区，而不同的在于辽南大多为青砖与石材混砌的清代民居，而辽西民居多是用红砖与石混砌的中华人民共和国成立后民居；石

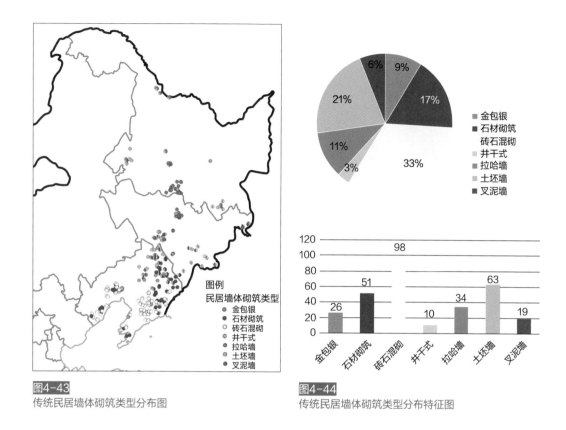

图4-43
传统民居墙体砌筑类型分布图

图4-44
传统民居墙体砌筑类型分布特征图

材砌筑主要分布在辽东以及辽西的部分地区；金包银式民居分布均匀，主要围绕在东北历史上一些著名的商业集散地和军事重镇分布；井干式民居主要分布在长白山地区；拉哈墙作为满族民居中一项独特的建造技术，主要分布在黑龙江省以及吉林省的北部地区，其他地区很少出现；土坯墙和叉泥墙民居的分布区域呈相互交叉的趋势，在辽北、吉林南以及长白山地区，两者具有相似的分布范围，所不同的是土坯墙整体范围更广，在黑龙江的黑河、齐齐哈尔、牡丹江、绥化以及锦州的部分地区均有使用，而叉泥墙民居在这些地区却很少出现。

整体来看，满族传统民居墙体建造技术类型丰富多样。砖石混砌、石材砌筑、井干式、拉哈墙这几项建造技术都呈现较为清晰的分布区域，形成较为明确的分布规律，而土坯墙与叉泥墙的使用则出现了明显的交叉，辽北以及吉林南的很多村落都同时出现这两种建造方式。金包银式民居的分布则主要出现在历史上发展水平较高的地区。

（2）传统民居承重结构类型的分布特征

如图4-45所示，木构架承重体系是东北满族传统民居最主要的承重结构类型。区域内94%的传统民居均采用此类结构体系。从中可以看到东北满族传统民居对中原汉族传统民居建造模式的延续，同时又受经济因素、材料因素等多方面的影响，在满足居住环境适居、安全的基础上，通过对木构架体系进行不同的简化处理而产生了多种木构架变体形式，这也不仅节约了筑房材料、节省劳动力与时间，同时使得满族民居建造更加具有地域特色。

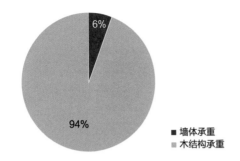

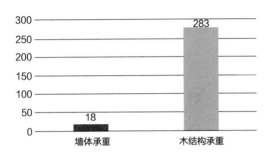

图4-45
传统民居承重结构分布特征图

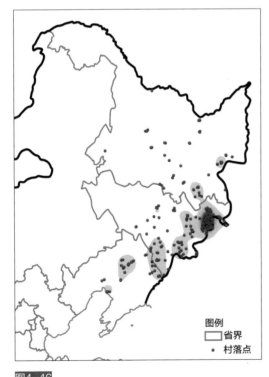

图4-46
朝鲜族传统村落分布特征图

满族民居中对房屋构架建造方式的灵活处理，使木构架承重体系极具普适性，进而才能在东北地区广泛分布。

墙体承重体系是长白山地区满族民居的典型建造方式。从图4-45的分布情况可以看到，墙体承重体系仅占分布比例的6%，且均分布在长白山地区的靖宇县、抚松县、长白县、宁安市等。这种以四面墙体承重的结构类型对木材的需求量极大，而长白山山地漫山遍野的林木为此建造构架的使用提供了丰富的原材料。此外，以这种墙体承重体系建造的井干式木屋，是长白山麓满族先人古老的民居类型，幽闭险峻的地理环境对保持民族文化中本原的特色无疑起到了积极的作用，进而使其能遍布于漫漫山林之中。

4.1.3 朝鲜族传统民居建造技术文化地理特征

1. 传统村落的地域分布情况

图4-46显示，东北地区朝鲜族传统村落的分布存在较大差异。从分布密度来看，朝鲜族村落大多集中在吉林省的东部和东南部以及辽宁省的东北部等地区，其他地区的村落以小片区和散点式为主。朝鲜族传统村落、民俗村以及特色村寨等这些最具朝鲜族代表性的村落也多集中分布在吉林省，黑龙江及辽宁地区零散少有分布。

从分布图来看，吉林省是东北地区朝鲜族村落分布最多的省份，东北部紧邻朝鲜本土，以朝鲜为核心呈发散式分布。分布密度最大的是延边朝鲜族自治州，形成东北地区最大的朝鲜族村落聚居区。其次是以东南部的通化市和梅河口市为中心组成另一个朝鲜族高密度聚居区。中部呈现散点式分布，集中在较偏远的山区。中部和西部地处平原，地理位置相对优越，城乡化进程较快，多为城区所在地，受城市建设的影响，大量的村落正在逐渐消失。因此，鲜有朝鲜族村落分布。

黑龙江省朝鲜族村落相对吉林省村落的集中分布来说较分散，村落布置基本呈散点布置，同时也大致满足吉林省村落的分布规律，以朝鲜为中心向外发散分布，牡丹江地区周边分布相对集中，所以黑龙江省朝鲜族村落分布密度由东南向西北逐渐降低。

辽宁省的朝鲜族村落的分布依旧也是在东北部的丹东市和本溪市相对集中，形成辽宁省最重要的朝鲜族村落片区，其次以沈阳市为中心形成另一村落集聚区，除此之外在渤海湾的营口市以及锦州市零散分布。由于辽宁省相对于另外两个省份发展较快，城乡化快速发展，响应国家号召，村落统一整改或者建为新城，因此传统民居受到严重的破坏，时间较长且体现民族特色的传统民居建筑更是少之又少。总的来说，村落的分布与经济发展有很大的关系。

2. 传统民居地形环境的分布

针对东北地区朝鲜族传统村落研究范围的地形环境划分，参考《中国地形图》和《中国自然地理图集》，将地形环境分为山地型、台地型、平原型、丘陵型四种类型（图4-47）。

如图4-48所示，从数量上来看，朝鲜族传统民居的选址大多为山地型，占据总数的

图4-47
传统民居地形环境分布图

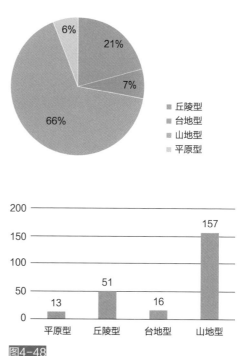

图4-48
传统民居地形环境分布特征图

66%；其次是丘陵型，占到总数21%；而居于平原和台地的村落数量相当，分别占到总数的6%和7%。这可能源于朝鲜族人民村落选址的习惯，一般都在山坡之阳、靠近道路交通方便的地方，或者在河流的旁边，地势高爽，没有水灾的危险，虽然朝鲜族人迁徙过程中不断走向东北腹地平原，但仍然保留着这个村落选址的传统。

从传统民居分布特征来看，与朝鲜半岛接壤的延边、白山市、丹东市以及附近的通化市、牡丹江市等地区朝鲜族分布最为密集，且村落选址基本上全部为山地型，同时黑龙江省的黑河市以及尚志市也处于低山区。其次是在吉林省中部的蛟河市、吉林市、辽源市、梅河口市以及辽宁省的抚顺市和沈阳市的部分地区村落选址都是丘陵型，黑龙江省在丘陵地带选址的村落则是主要分布在鸡西市和绥化市以及北安市的部分地区。村落选址在平原和台地一带较少，主要集中在辽宁省的沈阳市、鞍山市以及黑龙江省的齐齐哈尔市部分地区。总而言之，东北朝鲜族传统村落的选址由东向西整体呈现的特征为：山地—丘陵—台地—平原。

3. 传统民居建造年代的分布

根据调研的结果来看，东北地区的朝鲜族传统民居的建造年代基本上都是清代以后的，因此本书将建造年代的研究范围缩小至清代、民国、中华人民共和国成立后三个阶段。建筑的建造年代能够反映出社会的变迁。

从图4-49和4-50可以看出，中华人民共和国成立后的村落数量是最多的，多集中为40～50年的土房子和30年左右的砖瓦房，分布较为均匀，东北地区的朝鲜族聚居区基本上都有分布。中华人民共和国成立后的朝鲜族村落的建造年代分布表明，社会较为稳定，东北地区经济迅速发展，人口增加，因此民居建筑也是在各地区稳步发展，中华人民共和国成立后的朝鲜族村落占据了最大比重。其次是民国年间的传统村落，图4-50显示，民国时期的民居建筑较中华人民共和国成立后的数量急剧减少。图4-49显示，现保留下来的民居建筑大多分布在吉林省东部的长白山一带或者是黑龙江省经济相对落后的偏远地区。导致民国时期的建筑建造年代的分布的现象可能有三种情况，第一，民国时期我国东北地区沦为日本帝国主义的殖民地，日本在我国东北地区建立"满洲国"。这段时期我国处于动荡期，经济发展缓慢，农民生活质量没有保证，因此建筑的建造数量急剧下降。第二，民国期间东北地区战争不断，民居建筑遭到极大的破坏。第三，吉林东部长白山一带延边地区与朝鲜本土接壤，超过一半的人为朝鲜族人口，建筑也是朝鲜族传统民居，建筑基数较大。因此，只有在战火没有蔓延到的偏远山区以及经济相对落后的地区建筑才免遭破坏和拆迁。最少的当属清代的民居建筑了，保留下来的少之又少，调研中仅发现几座清代的民居建筑。出现这种情况的原因跟建筑的材料有很大的关系，朝鲜族传统建筑都是采用木结构的建筑形式，建筑的墙体围护构造是夹心墙，采用的是编织的秸秆和柳条中间加土。由于农村建筑防水极差，木材和编织的秸秆和柳条在潮湿的环境下很容易腐化。因此，朝鲜族传统民居建筑很难长时间保持下来。

总的来说，吉林省东部长白山一带朝鲜族传统民居的建造年代最为久远且数量最多，

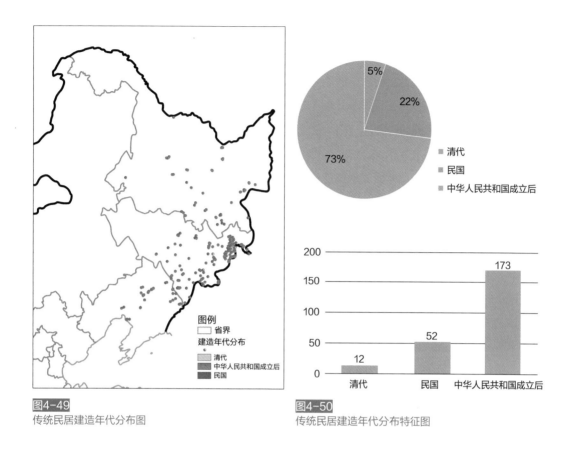

图4-49
传统民居建造年代分布图

图4-50
传统民居建造年代分布特征图

其他地区均有分布，但是数量少且分散。东北地区朝鲜族传统民居建造年代分布情况大致为偏远的山区保留了最古老的建筑，经济落后的地区传统建筑得以延续，相对发达的平原地区在国家快速发展的进程中民居建筑也在改革换新。

4.传统民居建筑形态分布特征

（1）传统民居屋面形式的分布

　　朝鲜族传统民居的屋面形式相较其他民族较为多样，按照形式划分为四坡屋顶、歇山屋顶、囤顶、双坡屋顶四种。屋顶作为建筑的重要部分，不仅决定建筑的形象，还反映地域气候特征以及民族传统。

　　纵观朝鲜半岛上的建筑形式，尤其是民间住宅，几乎被四坡屋顶和歇山屋顶所垄断，伴有少量的双坡悬山屋顶。由于我国朝鲜族人都是由朝鲜迁徙而来，因此在建筑形式上还保留有原来的建筑风格，我国朝鲜族民居的屋顶形式也是大量的使用四坡屋顶和歇山屋顶，这两种屋顶形式是世代朝鲜族所喜欢和推崇的传统形式，他们认为歇山屋顶的房檐和椽子尖端尽量向上翘起，这样形成的曲线和屋顶的斜坡相协调，形成飞檐，看上去雄伟、优美又轻盈、稳重。朝鲜族民居大量使用四坡屋顶和歇山屋顶的另外一个原因，朝鲜族民居主体结构的梁、柱、屋架所运用的木料都比汉族的小，梁、柱、檩木的截面尺寸是180~220毫米，有的甚至只有140~160

毫米，橡条更只有40~60毫米。结构体系为以小木材架构整幢房屋的木构架，这是一种十分经济的结构体系，因此在民居建筑大量使用。歇山屋顶和四坡屋顶的外观上的区别在于四坡屋顶运用的建筑材料是草和瓦片，而歇山屋顶限于屋架结构形式，建筑材料则是选用瓦片。所以调研过程中发现传统的朝鲜族民居屋顶是覆草的四坡屋顶，由于经济条件的改善，局部地区将草替换为瓦片，而时间稍晚的砖砌建筑则大都选择的是歇山屋顶覆以瓦片，因此在东北地区的朝鲜族民居可以认为是四坡屋顶的土房是砖砌歇山屋顶瓦房的前身。但是为了适应东北地区的气候条件和建筑材料的特点以及受其他民族生活方式的影响，我国局部地区的朝鲜族传统民居的屋顶形式稍有改变。例如，黑龙江省齐齐哈尔地区以及辽宁的锦州、营口等地区出现了囤顶。

如图4-52所示，从数量上来看，东北地区的四坡屋顶和歇山屋顶是应用较多的屋顶形式，说明我国朝鲜族人民大部分还保留着其民族独特的建筑风格。而双坡屋顶也被大量使用，不同于朝鲜半岛，我国朝鲜族人民大量使用双坡屋顶，有助于冬季屋顶积雪快速滑落，减轻屋顶的荷载。使用最少的便是囤顶。

如图4-51所示，从分布密度上来看，吉林省境内四坡屋顶和歇山屋顶集中的分布在与朝鲜半岛接壤的东部延边一带，该地区与朝鲜紧邻，大量的朝鲜族人都是由朝鲜直接迁徙至此，依旧保留朝鲜族传统建筑特色。吉林省以延边为中心向四周发散并逐渐产生变化，中部的沈阳市、蛟河市以及东南部的通化市基本上都是双坡屋顶和歇山屋顶的混合区，四

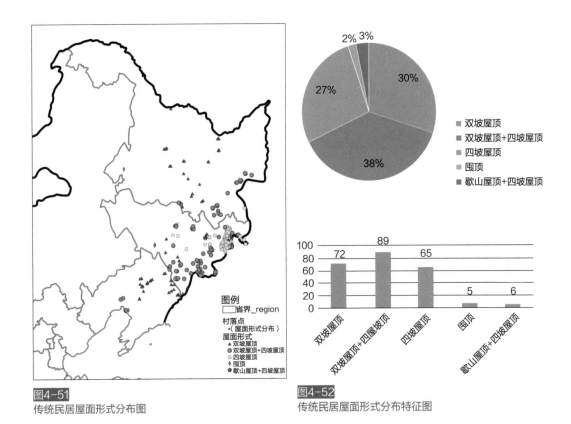

图4-51　　　　　　　　　　　　　　图4-52
传统民居屋面形式分布图　　　　　　传统民居屋面形式分布特征图

平市、公主岭市、则使用的是双坡屋顶。辽宁省除渤海湾的营口市、盘锦市有少量的囤顶分布外，基本上都是双坡屋顶。黑龙江省则是在与延边紧邻的牡丹江市、佳木斯市出现双坡屋顶和歇山屋顶、四坡屋顶的混合区，除西部齐齐哈尔地区采用囤顶外，其他的地区以双坡屋顶为主。总体来说，除辽西地区和黑龙江省的西部为了适应多风沙的气候特点使用囤顶外，以延边地区使用四坡屋顶、歇山屋顶为中心向四周发散并逐渐发生改变，经过双坡屋顶和歇山屋顶、四坡屋顶的混合区，最后过渡到双坡屋顶，大致遵循四坡屋顶/歇山屋顶—双坡屋顶+四坡屋顶/歇山屋顶—双坡屋顶。

（2）传统民居山墙类型的分布

山墙类型受墙体外围护材料的影响，一般情况下砖墙则是选择硬山山墙，而土墙则选择使用悬山山墙，以防止雨水冲刷从而达到保护墙体的目的。根据调研结果来看，朝鲜族传统民居的山墙类型有悬山山墙和合字山墙两种。

如图4-54所示，从数量上来看，单个村落使用悬山山墙的略多于合字山墙，在合字山墙和悬山山墙混合使用的村落，悬山山墙和合字山墙也是根据地区分布不同，在数量上也是各占优势。总的来说，悬山山墙与合字山墙在数量上总体是持平的状态。

根据图4-53，从分布情况上来看，合字山墙基本上分布在与朝鲜半岛接壤的地区，大致范围是东北地区东部沿边界线一带，都大量的使用合字山墙，尤其以延边朝鲜族自治州

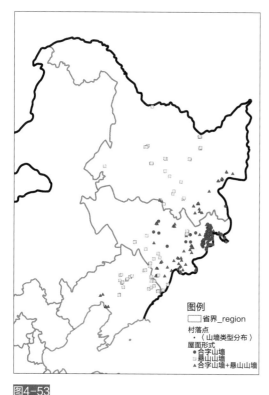

图4-53
传统民居山墙类型分布图

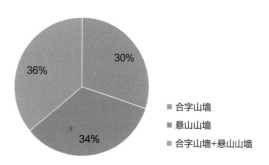

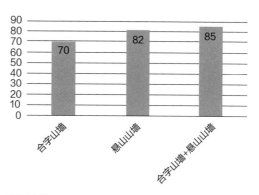

图4-54
传统民居山墙类型分布特征图

为甚，部分地区全是使用合字山墙，保留朝鲜族传统民居独有的特色，这可能与紧邻朝鲜半岛有直接关系。随着向东北腹地深入，为了适应东北严寒的气候，又受到汉族、满族人民的影响，部分朝鲜族传统民居开始使用双坡屋顶，从而产生悬山山墙，但是又没有远离核心区，受传统文化的影响，一部分人依旧沿袭朝鲜族民居的传统，保留合字山墙，如吉林省东部的白山市、通化市和紧邻延边的牡丹江市以及北面的鸡西市等地区，则出现了悬山山墙和合字山墙的混合区。在辽宁省的沈阳市、鞍山市、抚顺市和吉林省的四平市、辽源市以及除牡丹江市、鸡西市的大部分黑龙江地区都使用悬山山墙，这些地区远离文化核心区，又受到外来文化的影响，为了更好地适应环境，所以选择了悬山山墙。

朝鲜族传统民居基本上都是选择用泥作为建筑的墙体围护材料，因此无论是悬山山墙还是合字山墙都是防止雨水冲刷墙壁，从而保护墙体，以达到增加使用年限的目的。总而言之，东北朝鲜族传统民居在延边地区保留朝鲜族最传统的建造工艺，然后以延边为核心向四周呈发散式过渡，因此民居的山墙类型由东向西整体呈现的特征为：四坡屋顶/歇山屋顶—四坡屋顶+双坡屋顶—双坡屋顶。

5．传统民居建筑材料的分布

（1）屋面材料的分布

我国民居建筑大多遵循的原则是就地取材，构造经济，朝鲜族民居作为我国民居类型中的重要部分当然也不例外，屋面材料的选择同样是材料利用价值最大化。各地区建筑屋面材料的选取从侧面反映出区域内的自然资源以及经济发展水平的差异。

从图4-56可以看出，数量对比上，草作为屋面材料是应用最广泛的，这样的屋顶构造经济、取材方便、性价比高、柔韧性好且容易施工，因此在农村住宅里大量使用。将草作为屋面材料广泛使用跟有着"黑土地"之称的东北大地有着最直接的关系，肥沃的土地成就了东北地区茂密的植被环境，为水稻养殖提供了先天条件，丰厚的草植自然资源造就了茅屋聚集的景象。白墙灰瓦简单的描述了朝鲜族传统民居的特征，灰瓦也是朝鲜族民居选材上的一大特征，占瓦使用量的50%，随着经济水平的发展，红瓦本着造价低、构造简单的特征，逐渐成为我国民居建筑屋顶材料的一种选择，尤其是现代民居大量使用红瓦。其次是用土作为屋顶材料。

如图4-55所示，按照分布特征来看，屋顶材料的分布特点还是可以从侧面反映出地区的自然环境特征。东北地区植被资源丰富，所以将草作为屋顶材料使用是最常见的，但是由于自然气候的原因，辽西地区和黑龙江省的齐齐哈尔地区则选择了用土作为屋顶材料，形成了东北地区独特的屋顶形式——囤顶。灰瓦则是朝鲜族民居的一大特色，在吉林省的延边地区、通化地区广泛使用，但是随着经济不断发展，技术日益提高很多地区选择红瓦来代替灰瓦，因此很多地区是红瓦灰瓦交替使用，没有特别明显的地区划分。铁皮作为屋顶的材料还是十分罕见的，在中东铁路沿线的牡丹江市部分地区以及哈尔滨市的鱼池

图4-55
传统民居屋面材料分布图

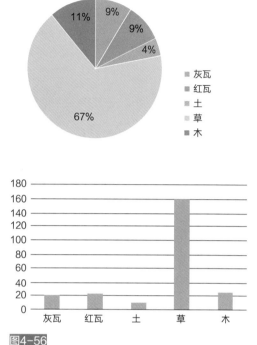

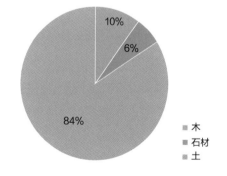

图4-56
传统民居屋面材料分布特征图

乡等个别村镇的传统民居依旧保留着薄钢板屋顶。

（2）墙体围护材料的分布

朝鲜族传统民居墙体外围护材料大致有四种，分别为：土、木、石材。传统建筑物的表面积中约70%以上为墙体面积，所以墙体围护材料的选择能够体现地区资源特征。

从图4-57可以看出，墙体围护材料中土的使用是最广泛的，占到80%以上，民居建筑选用土作为墙体材料的主要原因是土资源方便易得、构造经济且方便施工，故在民居建筑中大量使用。木作为围护材料分布极为局限，有着很强的地域性，木作为墙体围护材料集中分布在林木茂盛的吉林省东部长白山一带，木材一般选用圆形松木，采用井干式构造技术。同样受到地域限制的是石材的

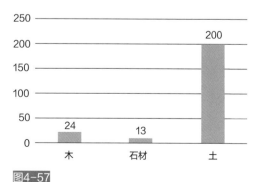

图4-57
传统民居墙体围护材料分布特征图

使用，石材主要分布在辽宁省的盘锦市、本溪市、丹东市等丘陵地带，这些山地中石材资源丰富，方便易得。

因此，石材和木材分布比较集中，地域性强，从而形成小的片区，造就了区域性的井干式、石材民居景观。土和红砖相对分散，地域限制性较弱，没有明显的地域界限划分。

6．传统民居建造技术的分布

（1）传统民居墙体砌筑类型分布

东北地区朝鲜族民居墙体砌筑类型大致有夹心墙、土坯墙、拉哈墙、石材墙、井干式五种形式。

如图4-59所示，夹心墙作为朝鲜族传统民居最典型的墙体砌筑类型运用是最广泛的，这种砌筑形式占总数的40.93%。其次是土坯墙的使用，中华人民共和国成立以后红砖逐渐成为民居建筑材料的主要选择。拉哈墙也是较多的在建筑中使用，但是拉哈墙的使用不是贯穿整个建筑当中，而是在建筑的局部采用拉核构造技术，最常用的是窗台下为土坯墙或者夹心墙，窗台上部为拉哈墙。井干式和石材墙体由于受到地理环境和自然资源影响较为严重，地域性特别强，所以使用的数量相对是最少的。

图4-58显示，夹心墙作为最具民族特色的建造技术，在东北地区朝鲜族民居内大量使用，主要分布在吉林省，尤其是紧邻朝鲜半岛的延边地区，临江市、通化市作为石材墙与夹心墙的混合区也大量的使用这种墙体砌筑技术，其中黑龙江省的牡丹江市作为拉哈墙和夹心墙的混合区也使用了夹心墙。土坯墙的使用则是朝鲜半岛南部的人民迁入以后为了抵御严寒模仿汉族住宅而产生的墙体砌筑方式，集中分布在以沈阳市为中心的辽宁省中部地区以及东北部丹东、本溪等地的石材墙和土坯墙的混合区，同时还分布在吉林省的吉林市、四平市和黑龙江省的哈尔滨市、齐齐哈尔市等地区。石材墙主要分布在辽宁省南部的营口市、盘锦市以及东北部的丹东市和本溪市，这些地方位于山区，石材资源极其丰富。井干式建筑主要分布在吉林省植被资源茂盛的长白山地区，分布较为集中。拉哈墙的分布相对比较分散，吉林省的榆树市、黑龙江省的五常市、黑河市都是拉哈墙的分布区域，同时在牡丹江市、延边一带民居建筑局部采用拉哈技术，相对于其他建筑技术分布相对分散。

总的来说，东北地区朝鲜族传统民居墙体砌筑类型较为多样。夹心墙、石材墙、土坯墙、井干式具有明显的地域性分布，有相对明确的界限划分。拉哈墙在黑龙江省的部分区域呈现局部区域化的分布，形成小的片区。而拉哈墙和夹心墙、夹心墙和石材墙，以及夹心墙和土坯墙的使用出现了明显的交叉，说明在以民族特色技术夹心墙为核心向四周发散通过混合技术区最后过渡到各建造技术区域，从而形成较明显的技术区和混合的技术区域。

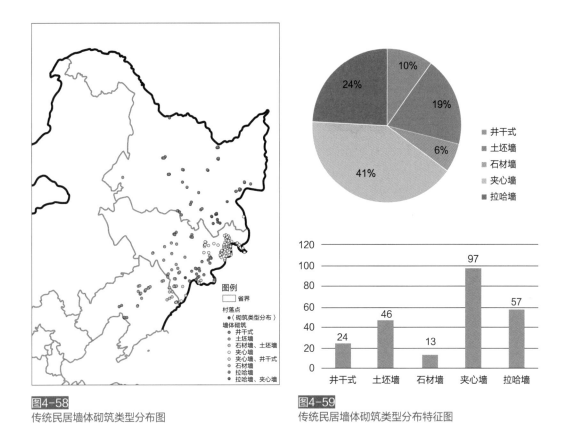

图4-58
传统民居墙体砌筑类型分布图

图4-59
传统民居墙体砌筑类型分布特征图

（2）传统民居承重结构类型分布

朝鲜族民居的承重结构类型分为：木结构承重、墙体承重、混合结构承重三种类型。

传统民居的承重结构类型与墙体砌筑类型和墙体围护材料有很大的关系，根据对朝鲜族传统民居的调研结果来看，石材墙、拉哈墙、夹心墙采用的承重类型是木结构承重，井干式的承重类型是墙体承重，而土坯墙则采用的是混合承重，土坯墙的具体构造做法则是檩条尽端由山墙承重为墙体承重，屋内则有梁承受檩条的重量，因为荷载较大，梁的两端则是通过木柱传递荷载，木柱和梁以及短柱形成简易的屋架为木结构承重，因此土坯墙则是混合结构承重。

从图4-61可以看出，木结构承重类型是使用最广泛的一种，其中石材墙、拉哈墙、夹心墙数量决定了木结构使用的数量。其次是混合承重和墙体承重的数量。

图4-60所示，从分布密度来看，木结构承重体系分布在吉林省东部延边地区以及东南部的通化市，辽宁省南部盘锦市和东北部丹东市、本溪市的石材墙分布区都是采用木结构承重，除此之外，还有黑龙江省牡丹江市和五常市以及黑河市的拉哈墙分布区也都采用的是木结构承重。混合承重结构主要应用在土坯墙内，它的分布大致与土坯墙的分布相重合，混合承重结构在辽宁省主要分布中部的沈阳市和东北部的本溪市以及丹东市一带，吉林省

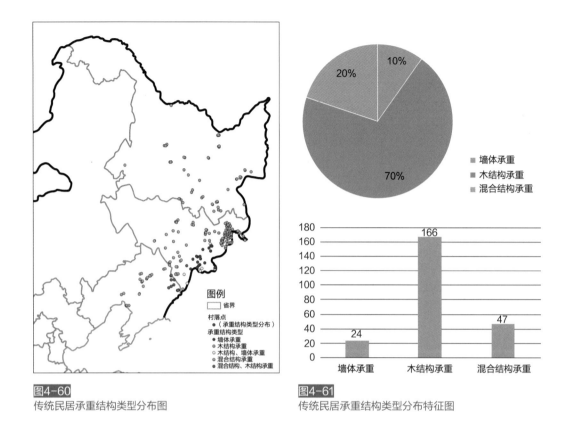

图4-60
传统民居承重结构类型分布图

图4-61
传统民居承重结构类型分布特征图

中部吉林市、四平市、公主岭市也是混合承重结构的集中分布区，黑龙江省的齐齐哈尔市一带民居建筑也是使用的混合承重结构。井干式建筑采用的是墙体承重结构，屋架直接落在圆松木堆积的墙体上，所以在长白山一带则分布的是墙体承重结构。除此之外，砖砌体建筑地域性较差，分布极为广泛，因此，总的来说墙体承重分布较为分散且没有明显的界限划分。

7. 传统民居居住空间分布特征

东北朝鲜族民居居住空间主要包括鼎厨间、卧室以及仓库等辅助用房，鼎厨间作为朝鲜族人室内的活动中心，作用与现在的厨房和起居室的作用相似，一般位于建筑的一侧，然而部分地区受其他民族文化的影响，鼎厨间移至建筑中央，但是内部形式没有太大改变。而卧室作为建筑中最重要的空间，由于受到其他民族文化和气候及自然环境等条件的影响，内部形式及空间布局发生了很大的变化，包括炕的形式及布局，所以居住空间研究重点以卧室的布局为主。

满铺炕式是朝鲜族几千年传承下来的炕体建造技术，自古以来，低矮的朝鲜族民居靠着满铺炕式取暖生活，也养成了朝鲜族人席居的生活方式，进屋活动必须脱鞋的习俗，传统的满铺炕式由于受到不同地区的影响，在我国也有多种形式，包括"一"字形、"日"字形、"田"字形等形式的满铺式炕。迁入我国东北地区的朝鲜族人由于受到我国汉族和满族的文化影响以及自然气候条件的影响，朝鲜族传统的满铺炕式发生了变化，较为明显的是由于受到汉族文化的影响，朝鲜族传统民居中出现了"一"字形炕，鼎厨间也由建筑一侧移到建筑中央；受到满族文化的影响，朝鲜族民居中也出现了"〔"字形炕，同时部分地区在这几种炕形式的基础上演化出其他的布局形式，例如"一"字炕中分出北炕和南炕以及带地室的炕形式；"〔"字形炕部分地区则衍生出屋内南北炕等形式；还出现了东屋是满炕，西屋则是"一"字形炕的混合形式。

从图4-63可以看出，满铺炕式和"一"字形炕是使用最为广泛的两种空间布局形式，分别占到总数的47.26%和45.14%，而"〔"字形炕使用较少，"一"字形炕+满铺炕式使用量更少，只占到了总数的1.69%，

图4-62所示，从分布情况来看，朝鲜族传统的满铺炕式建造形式还是集中分布在我国与朝鲜半岛接壤的地区，主要分布在我国的延边地区以及白山市一带，在牡丹江地区有少量地区也是满铺炕式。延边地区主要是朝鲜半岛咸境道地区的后人，这部分的满铺炕式主要是与咸境道地区的布局形式相似，大部分是"日"字形、"田"字形炕体为主，白山市受平安道地区的影响，主要是以"一"字形+满铺炕式为主。"〔"字形炕体数量较少则是分布在黑龙江省的中部地区，包括绥化、佳木斯等地。"一"字形炕较多，三个

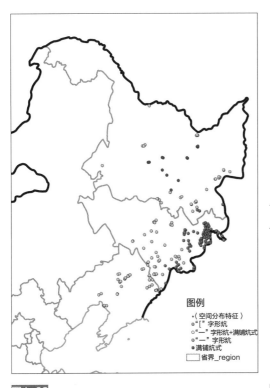

图4-62
传统民居居住空间分布图

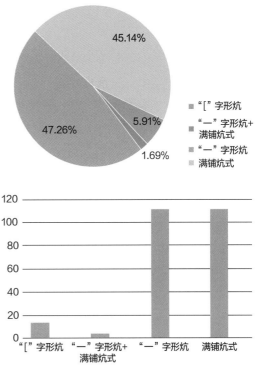

图4-63
传统民居居住空间分布特征图

省皆有分布,"一"字形炕中以北炕居多,有两开间的单侧"一"字形炕和三开间两侧布置"一"字形炕的居住布局空间。混合式布局形式,即"一"字形炕+满炕建筑形式主要分布在吉林和黑龙江西部的碱土地区,调研中以囤顶土坯建筑使用混合式布局形式为最多,双坡屋顶土坯建筑也有少量使用混合式布局形式。总的来说,根据居住空间形式的布局以及数量来看,朝鲜族人在保留传统炕体建造技术的同时受到汉族文化影响很大,受满族文化影响则相对较少。

4.2   传统民居建造技术文化因子地理特征的叠合分析

前面借助"文化因子"的概念分析并讨论了传统民居建造技术的文化因子以及它们的地理分布特征。正如文化因子所具备特性一样,各类文化因子之间并不完全独立,它们之间可以互相组合、互相选择,同时具有显隐特征。因此,在某些特定的研究范围之内,部分文化因子相对比与其他的文化因子呈现显性作用,而这部分文化因子在村落的建造技术与形态表现的分布上也凸显其主导作用。所以在区域研究范围内会出现影响传统民居建造技术空间分布的主导性文化因子与辅助性文化因子。它们之间互相作用、互相影响,并长期受地理环境和地域文化的影响。

4.2.1   汉族传统民居建造技术文化因子叠合分析

在深入研究传统民居的营造技艺的营造特征、形成过程、发展规律和动力机制仅仅依靠单一的文化因子的分析是片面的,民居的营造技艺往往是受到多方面的影响。墙体营造技艺虽对民居的营造起决定作用,但是其他辅助因子则会产生一些附加作用。因此,在选取出主导因子后,进一步将主导因子与辅助因子进行叠合分析,可以深入挖掘出汉族民居营造技艺在东北地区的文化地理特征、背后的演化规律以及形成原因。

1. 墙体砌筑类型与传统村落形成年代的叠合分析

从表4-1、图4-64可以看到,现存的金包银民居村落多形成于清代以前和清代,随后形成村落使用该技术迅速减少,可以推断出由于青砖的烧制难度较大、用料较为苛刻,在清代以前应当是分布较广的,但是后期社会大动荡、人口大量涌入东北导致社会经济水平较低,人们在房屋建造上无法投入更多金钱和精力,导致新兴村落逐渐放弃了这种做法,而中华人民共和国成立后一些新兴村落小范围恢复了这一传统做法。石材砌筑和砖石混砌的民居村落在清代以前就有较多分布,在清代更是大量使用这一技术,而民国后新兴村落较少的运用这一技术,主要是因为动荡期对于石材的开采和运输都较耗费人力财力,因此出现下滑趋势。砖砌筑民居村落在民国以前多为青砖砌筑,民国后逐渐替代为青砖和红砖混砌或红砖砌筑。井干式民居村落在清代以前未能发现资料，可能是因为清代以前的汉人当时很少进入山林居住，而清代以后大量汉人进入东北地区后由于生存压力便进入山林依山而居，并融合了少数民族的构造技术，开始大量建造井干式民居。拉哈墙和土坯墙民居村落分布较为均匀，可能是因为这两种建筑形式自身结构和耐久都比较出色，同时由于受到满族及其他少数民族建造技术的影响和民族文化的融合，这两种技术在少数民族的带动下也始终在汉民族的民居建造中流传下来。板夹泥民居村落兴起于清代并逐年形成递增趋势，主要是因为板夹泥墙体构造简单、取材便捷、耗时短、成本低，因此逐年递增受到更多新兴村落的认可。土坯墙作为东北地区汉族民居分布最广的构造技艺兴起于清代以前，在清代大大发扬和推广，作为最主要的民居构造技艺，而后虽然占比略有下滑但数量仍然较其他构造技艺分类高，因此仍然是汉族民居的最主要的营造形式。

墙体砌筑类型与传统村落形成年代的叠合统计表   表4-1

村落年代	金包银		石材砌筑		砖石混砌		砖砌筑		井干式		拉哈墙		板夹泥		土坯墙		土打墙	
	数量	比例	数量	比例	数量	比例	数量	比例	数量	比例	数量	比例	数量	比例	数量	比例	数量	比例
清代以前	7	17.5%	3	15%	17	29.3%	9	9%	0	0%	2	16.7%	0	0%	4	2.8%	2	5.4%
清代	20	50.0%	11	55%	32	55.2%	41	41%	12	40%	3	25%	9	22%	69	47.6%	14	37.8%
民国	7	17.5%	2	10%	2	3.4%	22	22%	6	20%	4	33.3%	13	31.7%	43	29.7%	12	32.4%
中华人民共和国成立后	6	15.0%	4	20%	7	12.1%	28	28%	12	40%	3	25%	19	46.3%	29	19.9%	9	24.4%

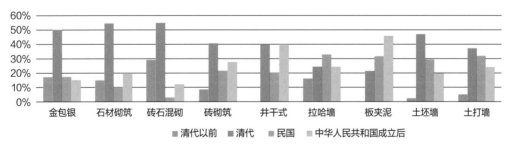

图4-64
墙体砌筑类型与传统村落形成年代的叠合统计图

2. 墙体砌筑类型与地形环境的叠合分析

从表4-2、图4-65中可以看出，井干式、板夹泥民居主要分布在山地地区，这种形式的民居分布主要受到建筑材料的影响，由于井干式和板夹泥式民居对于木材的需求量非常大，因此靠近山林的地区木资源丰富且易取，而山地地区交通等较为闭塞，不宜与其他地区进行交流，因此井干式和板夹泥式民居能够较少受到其他构造形式的影响而广泛存在于东北地区的山林地区。

金包银、土坯墙、拉哈墙、砖砌墙和土打墙民居更多的分布在平原地区，少量分布在丘陵、台地和山地地区，主要是由于这类民居构造形式对土的需求量巨大，而平原地区的土资源丰富且土的种类多样，特别是在松嫩平原等地区碱土资源丰富，是各项性能均非常好的建筑材料，同样由于这种类型的墙体构筑中常常掺入草类以使墙体性能更好，草类资源的分布也是影响民居构造分布的重要因素，因此在平原地区汉族人广泛运用土和草材料建造房屋。

石材砌筑和砖石混砌民居在丘陵、山地和平原均有分布且差异不大，因为这些构筑形式主要是靠近石材丰富的地区，石材一是广泛分布在各个山区，二是分布在新生代以来覆盖很厚的松散层地区，如东北平原地区盛产板石等，所以在石材的取用上均保持着因地制宜的选材特色。

墙体砌筑类型与地形环境的叠合表　　　　　　　　　　　　　表4-2

地形环境	金包银		石材砌筑		砖石混砌		砖砌筑		井干式		拉哈墙		板夹泥		土坯墙		土打墙	
	数量	比例	数量	比例	数量	比例	数量	比例	数量	比例	数量	比例	数量	比例	数量	比例	数量	比例
丘陵	8	20.0%	4	20.0%	14	24.1%	24	24.0%	1	3.3%	3	25.0%	11	26.8%	30	20.7%	6	16.2%
台地	3	7.5%	0	0.0%	3	5.2%	8	8.0%	2	6.7%	3	25.0%	7	17.1%	15	10.3%	2	5.4%
山地	8	20.0%	8	40.0%	17	29.3%	18	18.0%	27	90.0%	1	8.3%	20	48.8%	21	14.5%	10	27.0%
平原	21	52.5%	8	40.0%	24	41.4%	50	50.0%	0	0.0%	5	41.7%	3	7.3%	79	54.5%	19	51.4%

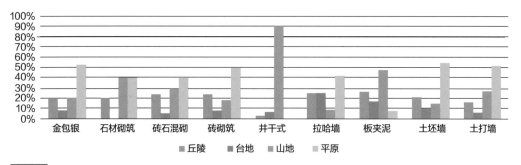

图4-65
墙体砌筑类型与地形环境的叠合统计图

3．墙体砌筑类型与建筑结构的叠合分析

通过表4-3、图4-66可以看出，拉哈墙、板夹泥民居的结构完全是采用木构架承重的方式来进行承重的，这主要是由于拉哈墙和板夹泥的构造上必须先构建木框架作为基础，拉哈墙是在打好的木柱上缠绕草和着泥的草辫，然后在中间填土，最后再在外层抹

泥，板夹泥是先在打好的木柱上钉上木板或木棍，然后在板中间填泥夯实，最后再在外层抹泥。因此可以总结出这是由于构造手法的独特性导致的有非常明显区别的两种构筑形式。

井干式民居则是依靠墙体承重的，这是因为井干式民居不用立柱和大梁，而是以粗实的原木经过简单处理后层层叠置，在转角处依靠木料端部交叉咬合连接固定而构筑的墙体，因此完全依靠墙体承重。

金包银、石材砌筑、砖石混砌、砖砌筑、土坯墙和土打墙民居多采用木构架结构，少量的采用墙架混合承重方式，部分地区村落是出现二者兼有的构筑形式，主要是因为汉族传统民居中，木构架承重是传统的主流构筑形式，被广大地区采用，墙架混合承重的地区多是出现了石材、青砖或红砖这一类的砌筑材料，可以砌筑承重稳定的承重山墙，而在横墙和内部隔墙部分仍然采用木构架的形式，这也是由于建筑材料的不断发掘和混合使用而产生的承重结构的变化。

墙体砌筑类型与建筑结构的叠合表　　　　　　　　　　　　表4-3

建筑结构	金包银		石材砌筑		砖石混砌		砖砌筑		井干式		拉哈墙		板夹泥		土坯墙		土打墙	
	数量	比例	数量	比例	数量	比例	数量	比例	数量	比例	数量	比例	数量	比例	数量	比例	数量	比例
木构架	32	80.0%	16	80.0%	23	39.7%	62	62.0%	0	0.0%	12	100.0%	41	100.0%	95	65.5%	27	73.0%
墙架混合承重	6	15.0%	4	20.0%	27	46.5%	21	21.0%	0	0.0%	0	0.0%	0	0.0%	38	26.2%	3	8.1%
墙体承重	0	0.0%	0	0.0%	0	0.0%	0	0.0%	30	100.0%	0	0.0%	0	0.0%	0	0.0%	0	0.0%
木构架、墙架混合承重	2	5.0%	0	0.0%	8	13.8%	17	17.0%	0	0.0%	0	0.0%	0	0.0%	12	8.3%	7	18.9%

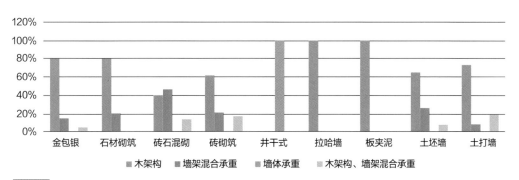

图4-66
墙体砌筑类型与建筑结构的叠合图

4. 墙体砌筑类型与山墙类型的叠合分析

从表4-4、图4-67可以看出，井干式、拉哈墙、板夹泥、土坯墙和土打墙民居大多采用了悬山山墙的构筑形式，土坯墙中部分硬山山墙形式也多出现在碱土平房民居形式中。这主要是由于这几种构筑形式虽然不同，但最后均是在外侧抹泥找平，虽然有些抹泥如碱土泥具有一定的防水性，但是长期遭受风吹雨淋仍易导致土墙墙皮风化脱落，土墙结构遭到侵蚀。而悬山山墙由于屋顶挑出遮盖部分墙体，可以有效防止雨水侵蚀墙体，大大增加墙体的耐久性。

五花山墙的传统民居主要采用了砖石混砌墙体砌筑技术，这种做法主要是受到了满族传统民居构筑形式的影响，通常用青砖和石材混合砌筑的方式砌筑山墙，组合成不同的花纹图案。这种山墙形式通常砌筑手法比较复杂，用材比较严格多样，不仅要石材丰富、同时还要土资源和草资源丰富。后期这一砌筑材料也由红砖替换青砖，主要是因为红砖价格低廉。

硬山山墙多用在金包银、石材砌筑、砖石混砌和砖砌筑民居中，同时在地域分布上，也主要分布在东北西部多风沙、少雨的地区，如辽宁西部等。主要是因为砖材和石材防水的性能可以减少雨水对墙壁的侵蚀，同时由于这些地区风沙大，硬山山墙高出或平齐屋面可以保护屋面材料不被风吹落，减少屋面损害，同时硬山山墙防火性能也较悬山山墙好，特别是在风大雨少相对干燥的地区，这一性能显得更加重要。

墙体砌筑类型与山墙类型的叠合表　　　　　　　　表4-4

山墙类型	金包银		石材砌筑		砖石混砌		砖砌筑		井干式		拉哈墙		板夹泥		土坯墙		土打墙	
	数量	比例	数量	比例	数量	比例	数量	比例	数量	比例	数量	比例	数量	比例	数量	比例	数量	比例
五花山墙	3	7.5%	2	10.0%	25	43.1%	4	4.0%	0	0.0%	0	0.0%	0	0.0%	8	5.5%	0	0.0%
悬山山墙	9	22.5%	15	75.0%	14	24.1%	54	54.0%	30	100.0%	11	91.7%	40	97.6%	102	70.4%	32	86.5%
硬山山墙	28	70.0%	3	15.0%	19	32.8%	42	42.0%	0	0.0%	1	8.3%	1	2.4%	35	24.1%	5	13.5%

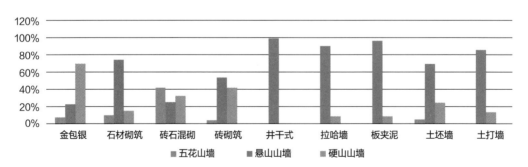

图4-67
墙体砌筑类型与山墙类型的叠合图

5．墙体砌筑类型与屋面材料的叠合分析

从表4-5、图4-68可以看出，在屋顶材料部分，由于部分民居屋顶结构遭到现代化材料，如红瓦、石棉瓦进行了改造，这些现代材料不符合预期调研的传统民居材料，因此在最终统计时，剔除了红瓦与石棉瓦民居的屋面材料数据，这样在进行数据统计可以有效保证所有数据均为传统材料应用分布的数据。

通过上述叠加分析可以发现，在屋顶材料运用上，金包银墙多采用青瓦顶和土顶，主要是因为金包银建筑规格较高，多为富裕人家，因此多用得起青瓦顶，且青瓦无论从质地还是外形上都与青砖材料形式风格统一，更显房屋的气派，其余用土顶的均为囤顶以适应当地气候，少部分也因地制宜采用草苫顶；石材砌筑建筑在屋面材料的选择上则显示出平均的结果，主要是因为石材砌筑的房屋分布较为分散，而除了石材丰富外，屋面材料的选取则多因地制宜，受到周围建筑形式影响较大；砖石混砌建筑多采用土顶和青瓦顶，主要是由于砖石混砌建筑也多分布于碱土平原和丘陵地区，碱土资源丰富；井干式和板夹泥建筑的屋面材料多采用木瓦顶、木板顶和草顶，主要是这类建筑多位于林区等木资源丰富的地区，因地制宜的多用木瓦和木板建造屋顶；拉哈墙、土坯墙和土打墙多用草顶，主要是因为草顶所用的蒿秆资源丰富、便于取材。蒿秆类材料分为高粱秆、玉米秆、谷草、稻草、羊草、乌拉草、塔子头、猪鬃草、芦苇草、沼草等，各蒿秆类材料根据房屋选址的不同因地选材，经过不同的处理便能发挥各材料的最大功效；薄钢板顶的分布比较分散，不集中于某一类墙体类型，因此薄钢板顶的分布与建筑墙体砌筑类型关联较小，主要是薄钢板顶的应用多与外来沙俄文化特别是中东铁路建设有关，更多是受到了当地外来文化因素的影响。

墙体砌筑类型与屋面材料的叠合分析　　　　　　　　　　　　表4-5

屋面材料	金包银		石材砌砌		砖石混砌		砖砌筑		井干式		拉哈墙		板夹泥		土坯墙		土打墙	
	数量	比例	数量	比例	数量	比例	数量	比例	数量	比例	数量	比例	数量	比例	数量	比例	数量	比例
青瓦	33	63.5%	1	3.3%	13	15.8%	33	20.9%	0	0.0%	1	5.0%	0	0.0%	16	7.0%	1	1.7%
土	7	13.5%	4	12.9%	35	42.7%	28	17.7%	0	0.0%	1	5.0%	0	0.0%	48	21.1%	8	13.3%
木	1	1.9%	0	0.0%	0	0.0%	0	0.0%	23	50.0%	0	0.0%	17	29.3%	0	0.0%	0	0.0%
薄钢板	0	0.0%	5	16.1%	6	7.3%	7	4.4%	1	2.2%	2	10.0%	4	6.9%	3	1.3%	5	8.3%
草	6	11.5%	5	16.1%	9	11.0%	33	20.9%	16	34.8%	12	60.0%	16	27.6%	93	41.0%	22	36.7%
红瓦	3	5.8%	9	29.0%	10	12.2%	33	20.9%	3	6.5%	3	15.0%	9	15.5%	31	13.7%	15	25.0%
石棉瓦	2	3.8%	7	22.6%	9	11.0%	24	15.2%	3	6.5%	1	5.0%	12	20.7%	36	15.9%	9	15.0%

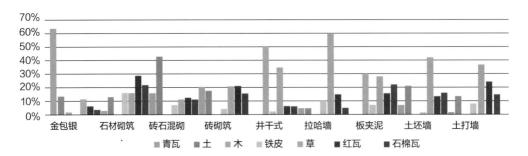

6. 叠合分析总结

金包银民居大多建村年代在清代及清代以前，建村年代历史最为久远，可见：一是在清代以前民居多采用金包银营建工艺建造；二是由于其他工艺较金包银工艺不够精湛，使用年限短，被破坏损毁消失的较多，留存下来的建筑较少。金包银民居多分布在平原地区，少量分布在丘陵和山地地区。民居多以木构架和墙架混合承重结构为主要建筑结构形式，山墙的主导砌筑类型多为硬山山墙，少部分为五花山墙。民居屋面多以青瓦覆顶，在碱土平原地区也常常以碱土覆顶。

石砌与砖石混砌民居大多建村年代集中在清代，清代以前建村也较多，民国时期较少，中华人民共和国成立后又增多。石砌与砖石混砌民居主要分布在平原和山地地区，少部分分布在丘陵地区。民居多以木构架为主要建筑结构形式，少量以墙架混合承重结构形式，民居山墙类型中石砌建筑多为悬山山墙而砖石混砌建筑山墙类型在悬山式、硬山式和五花式均较多分布。民居屋面材料中以覆草与覆土为主，少量用青瓦和薄钢板。

井干式民居建村年代多始于清代，在民国时期略有减少，中华人民共和国成立后建村数量又逐渐增加。井干式民居绝大多数分布在山地地区，少量分布在丘陵和台地地区。井干式民居由于构造形式独特，在建筑结构上全部采用了墙体承重的结构形式，山墙类型也均为悬山式。民居屋面材料中以木瓦、木板瓦和草为主。

拉哈墙民居建村年代分布较为平均，在清代以前、清代、民国时期和中华人民共和国成立时期均平稳发展。民居选址多选在平原地区，少量选在丘陵和台地地区。拉哈墙民居均以木构架为承重结构形式，山墙类型以悬山山墙为主。民居屋面材料以草为主。

板夹泥民居建村年代从清代开始，逐渐显露增幅趋势，在民国时期和中华人民共和国成立后建村数量上涨。板夹泥民居最主要分布在山地地区，少部分分布在丘陵和台地地区。民居均以木构架为承重结构形式，山墙类型以悬山山墙为主。民居屋面材料以木瓦、木板瓦和草为主。

土坯墙和土打墙民居各项属性趋势相近，民居建村年代主要集中在清代，而后逐步递减。民居主要分布在平原地区，少量分布在丘陵、台地、山地地区。民居多以木构架为主要承重结构形式，少量采用墙架混合承重结构形式，山墙类型以悬山山墙为主，少量采用硬山山墙和五花山墙。民居屋面材料以草为主，少量采用土和青瓦材料。

4.2.2　满族传统民居建造技术文化因子叠合分析

当深入研究东北满族民居建造技术文化地理特征时，发现对单个文化因子的分析仅能揭示民居营造中某一方面的规律，并不能触及民居建造技术地域性的形成过程、演化规律和动力机制等更深层次的问题。而通过不同文化因子之间相互关联的现象也可以说明，事物的产生与发展受到多个因子相互制约，主导因子对发展规律作用最明显，而辅助因子可以对最终结果起到修正的作用。

因此，这里主要探讨墙体砌筑类型这一主导文化因子与民居地形环境、建造年代、山墙类型、装饰程度和屋面系统材料这五个辅助因子之间的关系。通过主导因子与辅助因子的叠合分析，深入挖掘东北满族民居建造技术的分布规律和空间差异性，为接下来的文化区划提供依据。

1.传统民居墙体砌筑类型与传统民居地形环境的叠合分析

从表4-6交叉分析可以看到，石材砌筑、砖石混砌、井干式民居主要分布在山地。石材砌筑与砖石混砌是满族传统民居中重要的建造技术，主要是将石材独立进行垒砌或与青砖或红砖在山墙、窗下槛墙、后檐墙处搭配使用。这两种建造技术对石材用量大，而山地是石材的主要来源，因此二者之间产生很强关联性；井干式民居房屋的主要材料就是木，其从头到尾、从里至外几乎都用木制成，东北满族井干式民居主要分布在林木茂盛的大小兴安岭、长白山地区。

金包银、土坯墙、叉泥墙多出现在丘陵地区。在调研中发现土坯墙、叉泥墙的民居窗下槛墙用石砌，其上为土作；金包银的墙体则采用里生外熟的构造，里面夹杂土坯，外面用青砖或石头砌筑。而作为东北满族民居主要分布区之一的长白山西小起伏低山丘陵，相比山地则地形更为平缓，土资源更为丰富，为叉泥墙、土坯墙建造技术的使用创造了条件（图4-69）。

传统民居墙体砌筑类型与传统民居地形环境的叠合统计表　　　表4-6

地形环境	金包银		石材砌筑		砖石混砌		井干式		拉哈墙		土坯墙		叉泥墙	
	数量	比例	数量	比例	数量	比例	数量	比例	数量	比例	数量	比例	数量	比例
山地	5	21.2%	33	55.0%	64	64.6%	18	100%	7	15.6%	40	40.4%	9	29.4%
丘陵	16	66.6%	11	18.3%	2	2.0%	0	0.0%	14	31.1%	40	40.4%	23	75.6%
台地	2	9.2%	15	25.0%	28	28.3%	0	0.0%	22	48.9%	6	6.1%	0	0.0%
平原	1	4.0%	1	1.7%	5	5.1%	0	0.0%	2	4.4%	13	13.1%	0	0.0%

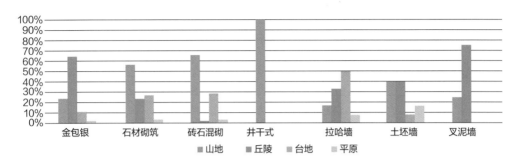

传统民居墙体砌筑类型与传统民居地形环境的叠合统计图

2．传统民居墙体砌筑类型与传统民居建造年代的叠合分析

从表4-7数据可以看到，现存石材砌筑、拉哈墙、土坯墙、叉泥墙民居的建造年代主要是在中华人民共和国成立后。由于受建造技术自身坚固度和耐久度的制约，土作房屋不及青砖房屋的使用年限长，但这几种建造技术的使用年代都很悠久，且也是现存满族民居中数量较多的几类，因此可以推断出其在历史上的使用更为普遍。

而现存金包银民居主要是在清代建造的。清代以后，该技术的使用量大大降低，这可能因为青砖对土原料的选用要求较为苛刻，且制作耗时长、产量小、成本高。而民国时期社会动荡，中华人民共和国成立初期经济水平较低，致使这种古老的建筑技艺一再被搁浅。

砖石混砌建造技艺发展趋势较为平稳。从叠合分析的结果可以看到，砖石混砌在清代、民国、中华人民共和国成立后三个历史阶段分布均匀，数量相当。这得益于这种建造方式本身的优越性，具备实用性与装饰性的双重优点，而在中华人民共和国成立后红砖的出现逐渐代替了青砖的使用，使得这种建造方式能够一直延续下来（图4-70）。

传统民居墙体砌筑类型与传统民居建造年代的叠合统计表　　　　　表4-7

建造年代	金包银		石材砌筑		砖石混砌		井干式		拉哈墙		土坯墙		叉泥墙	
	数量	比例	数量	比例	数量	比例	数量	比例	数量	比例	数量	比例	数量	比例
清代	18	75.8%	5	8.3%	30	30%	0	0.0%	3	6.7%	6	6.1%	1	3.1%
民国	6	24.2%	14	23.4%	30	30%	6	50.0%	5	11.1%	18	18.2%	4	12.4%
中华人民共和国成立后	0	0.0%	41	68.3%	39	40%	6	50.0%	37	82.2%	75	75.7%	27	84.5%

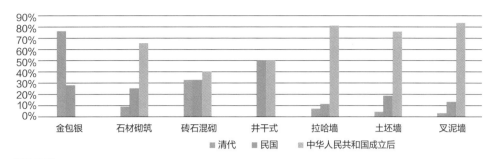

传统民居墙体砌筑类型与传统民居建造年代的叠合统计图

3．传统民居墙体砌筑类型与传统民居山墙类型的叠合分析

通过以上两因子的叠合分析（表4-8、图4-71），可以看到井干式、土坯墙、叉泥墙以及拉哈墙民居几乎全部为悬山山墙。包括井干式民居在内，这几种建造方式的民居墙体都是在外侧直接抹泥，长时间遭受风吹雨淋，土墙极易脱落。而悬山山墙的主要特点就是防雨效果好，能够延长房屋的使用寿命。

砖石混砌民居山墙类型为五花山墙。五花山墙是满族传统民居中的一大特色，这种做法往往是将砖砌在外侧，石材被包在墙心，组合成不同形式的图案，是砖石混砌的典型做法。

硬山山墙主要在金包银与石材砌筑民居中使用。辽西和辽南的石材砌筑民居，因石材具有防潮防渗的优点，墙壁外石材往往裸露在外。而金包银民居中的青砖本身有很好的防水效果，在选用硬山山墙时主要因其防火效果好的考虑。

传统民居墙体砌筑类型与传统民居山墙类型的叠合统计表   表4-8

山墙类型	金包银		石材砌筑		砖石混砌		井干式		拉哈墙		土坯墙		叉泥墙	
	数量	比例	数量	比例	数量	比例	数量	比例	数量	比例	数量	比例	数量	比例
硬山山墙	22	91.7%	32	53.3%	0	0.0%	0	0.0%	2	4.5%	0	0.0%	0	0.0%
悬山山墙	0	0.0%	28	46.7%	0	0.0%	12	100%	43	95.5%	99	100%	32	100%
五花山墙	2	8.3%	0	0.0%	99	100%	0	0.0%	0	0.0%	0	0.0%	0	0.0%

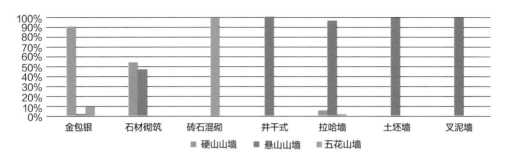

传统民居墙体砌筑类型与传统民居山墙类型的叠合统计图

4．传统民居墙体砌筑类型与传统民居装饰程度的叠合分析

从表4-9、图4-72可以清晰地看到井干式、拉哈墙、土坯墙、叉泥墙建造技术的装饰程度低。这主要因为东北农村经济水平一直相对落后，加上严寒气候的强烈制约，使得"实用性"成为满族建造民居的主要原则。往往运用最简单的技术，并且很少有意识地将建筑技术和形式结合起来。对民居不进行视觉形式上的刻意处理，反而使其呈现朴素平实的景观特征。

金包银、砖石混砌建造技术的装饰程度较高。青砖作为比较昂贵的建筑材料，只有在比较富裕的家庭才会使用，对房屋的装饰体现了主人的价值观念、兴趣偏好、审美情趣，同时也是其身份地位的象征。金包银、砖石混砌的民居中往往会有精美的砖雕、石雕，户牖的木雕样式也是十分丰富。

传统民居墙体砌筑类型与传统民居装饰程度的叠合统计表　　　　　　表4-9

装饰程度	金包银		石材砌筑		砖石混砌		井干式		拉哈墙		土坯墙		叉泥墙	
	数量	比例	数量	比例	数量	比例	数量	比例	数量	比例	数量	比例	数量	比例
无装饰	0	0.0%	27	45%	3	3.2%	12	100%	37	82%	86	87.2%	28	87.5%
较少	6	25.0%	24	40%	31	34.1%	0	0.0%	8	18%	13	12.8%	3	9.4%
一般	12	50.0%	8	13.4%	34	37.4%	0	0.0%	0	0.0%	0	0.0%	1	3.1%
较精美	6	25.0%	1	1.6%	23	25.3%	0	0.0%	0	0.0%	0	0.0%	0	0.0%

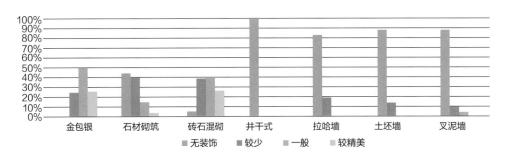

图4-72
传统民居墙体砌筑类型与传统民居装饰程度的叠合统计图

5. 传统民居墙体砌筑类型与传统民居屋面系统材料的叠合分析

通过叠加结果的分析（表4-10、图4-73），可以得出以下规律：草是石材砌筑、拉哈墙、土坯墙、叉泥墙房屋的主要屋面材料。草作为这几类民居中广泛使用的屋面材料，主要源于其价格低廉且取材方便。所用的草因地而异，水泽地带可用苇子，靠山可用荒草，产麦区可用麦草，产稻区多用稻草。而精心苫过的草房，不仅不漏雨，而且具有很好的防寒保温效果。

金包银、砖石混砌房屋中青瓦的使用率较高。青瓦屋面无论是在耐久度还是防雨效果上，都要好过草屋面。同时青瓦无论从色质还是外形，都与青砖类民居达到了完美的统一。

木板瓦仅在井干式民居中使用。木板瓦只有在木材丰富的山林地带才比较普遍，是井干式民居中最常见的一种屋面材料。往往选用红松木作材料，木材上的松油可防雨、耐腐蚀。但这种木板瓦经常受到雨水侵蚀也会腐烂，一般使用寿命在两年左右，两年就要更换一次。

传统民居墙体砌筑类型与传统民居屋面系统材料的叠合统计表　　　表4-10

屋面系统材料	金包银		石材砌筑		砖石混砌		井干式		拉哈墙		土坯墙		叉泥墙	
	数量	比例	数量	比例	数量	比例	数量	比例	数量	比例	数量	比例	数量	比例
青瓦	24	100%	3	4.9%	36	36.3%	0	0.0%	5	11.1%	4	3.5%	0	0.0%
土	0	0.0%	15	24.6%	37	37.4%	12	100%	0	0.0%	0	0.0%	0	0.0%
木	0	0.0%	0	0.0%	0	0.0%	0	0.0%	0	0.0%	0	0.0%	0	0.0%
草	0	0.0%	42	70.5%	26	26.3%	0	0.0%	40	88.9%	95	96.5%	32	100%

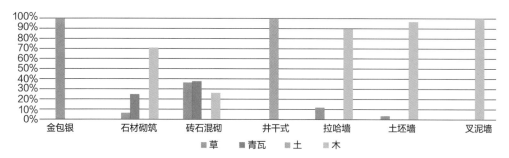

传统民居墙体砌筑类型与传统民居屋面系统材料的叠合统计图

6. 满族传统民居建造技术文化因子叠合分析总结

金包银民居在丘陵、山地、台地均分布较多。民居建造年代历史最为久远，多为清代和民国时期，以硬山山墙为主导类型。民居装饰从较少到精美程度不等，屋面多以青瓦覆顶。

石材砌筑民居主要分布在丘陵和山地。民居建造年代多集中在民国和中华人民共和国成立后，山墙类型多为硬山山墙和悬山山墙。民居装饰程度普遍较低，屋面材料覆草与覆土均有。

砖石混砌民居主要分布在台地和丘陵地区。该建造技术是所有墙体砌筑类型中发展最为平稳的一个，在清代、民国、中华人民共和国成立后三个历史阶段分布均匀，山墙类型多为硬山山墙和悬山山墙。民居装饰同样从较少到精美程度不等，屋面系统材料类型丰富，青瓦、土、草均有使用。

井干民居主要分布在山地地区。现存民居建造年代多集中在民国和中华人民共和国成立后，山墙类型以悬山式为主导。民居普遍没有装饰，屋面多以木瓦覆顶。

拉哈墙、土坯墙、叉泥墙民居，除了分布地区稍有不同外，其他属性均呈现明显的相近。民居建造年代以中华人民共和国成立后的数量最多，悬山山墙为主要类型。民居普遍没有装饰，草为屋面系统主要材料。

4.2.3 朝鲜族传统民居建造技术文化因子叠合分析

朝鲜族传统民居建造技术中选取的八类文化因子为民居地形环境、建造年代、屋顶形式、山墙类型、屋面材料、墙体围护材料、墙体砌筑类型、承重结构。这八类文化因子中有的受地理环境的影响，有的受到地域文化的影响，而有的文化因子既受到地理环境的影响又受到地域文化的影响。其中，墙体砌筑类型、承重结构、屋顶形式这三类文化因子在传统民居建造技术形成过程中与民居所处的地理环境和区域文化背景是紧密相关的，但是这三类文化因子中分异度最高且最能凸显地区传统民居建造技术的是墙体砌筑类型，最能代表东北地区朝鲜族传统民居建造技术文化区的区划因子，故选择墙体砌筑类型作为主导文化因子。剩下的七类文化因子中，由于墙体承重结构由墙体砌筑类型直接决定，而墙体围护材料又影响墙体的砌筑类型，三者有紧密的联系且具有分布相似性，故墙体围护材料和墙体承重结构在叠合分析中不做考虑。所以选取民居地形环境、建造年代、屋顶形式、山墙类型、屋面材料这五类文化因子作为辅助文化因子。

1. 墙体砌筑类型与传统民居地形环境的叠合分析

结合表4-11和图4-74分析得出，石材墙、夹心墙、井干式这三种墙体砌筑类型的民居几乎全部分布在山地之上。朝鲜族传统民居中使用石材作为墙体围护材料的较少，对石材的应用大致有两种：一种是全石材墙体，另一种则是窗台以下使用石材，石材墙以上面使用土坯，这两种建筑技术需要大量的石材，而石材的主要来源则是山区，因为民居建筑大多遵循就地取材的原则，所以东北地区朝鲜族传统民居所处的地形环境大多为山地地区。井干式建筑的围护材料几乎全部为木材，建造过程中需要大量的木材，而我国东北地区的长白山、大小兴安岭一带的林木植被极其茂盛，这为井干式建筑的修建提供了可能，因为朝鲜族人大多集中在长白山地区，因此井干式建筑也处于山地环境之中。夹心墙作为朝鲜族传统民居最具代表性的建造技术使用在最传统的朝鲜族民居当中，延边朝鲜族自治州作为我国朝鲜族最重要的聚居区，最大程度上保留了朝鲜族建筑的原真性。所以夹心墙基本上都是出现在延边一带，而我国延边朝鲜族自治州又属于山区。

传统民居墙体砌筑类型与传统民居地形环境的叠合统计表　　表4-11

地形环境	石材墙		土坯墙		夹心墙		拉哈墙		井干式	
	数量	比例	数量	比例	数量	比例	数量	比例	数量	比例
山地	15	100%	22	36.7%	106	99.0%	20	29.4%	27	100%
丘陵	0	0.0%	31	51.3%	1	1%	26	38.2%	0	0.0%
台地	0	0.0%	0	0.3%	0	0.0%	16	23.5%	0	0.0%
平原	0	0.0%	7	11.7%	0	0.0%	6	8.9%	0	0.0%

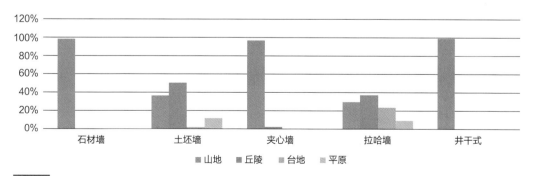

图4-74
传统民居墙体砌筑类型与传统民居地形环境的叠合统计图

土坯墙和拉哈墙的地形环境分布相对分散，两种墙体砌筑类型有一个共同的特点则是需要大量的土资源，相比于高山内的石材，相对低矮的小山、丘陵、台地则更为平缓，这种地形环境具有极其丰富的土资源，为土坯墙和拉哈墙的建造提供了可能。而土坯墙与石材建筑相结合的建造技术方式也是土坯墙在山地环境当中出现的原因之一。

2. 墙体砌筑类型与传统民居建造年代的叠合分析

从表4-12、图4-75数据分析可以得出，石材墙、土坯墙、夹心墙、拉哈墙民居超过70%都是在中华人民共和国成立后建造而成。这四种墙体砌筑形式的民居建筑都大量的使用土，由于土作为建筑的墙体外围护材料存在耐久性差的缺点，因此传统土建筑使用周期远低于砖房建筑，所以这四类民居建筑保存难度极大，大多数集中在中华人民共和国成立后，民国时期的建筑正在消亡，清代的建筑更是几乎退出历史的舞台。但是这四种墙体砌筑类型本着构造经济、取材方便、施工简单等原则依然很受欢迎，这也是为什么在建筑技术不断提高的今天还大量出现的原因。在传统民居调研过程中，没有发现砖砌墙类型的朝鲜族传统民居，砖更多地作为传统民居的修复材料使用，起到加固修缮的作用，由于砖砌墙没有作为墙体砌筑类型，所以在此不做统计研究。

中华人民共和国成立后井干式建筑占到59%，说明井干式建筑相对于其他几种类型的建筑更好保存，木作为墙体的维护材料比土具有更好的耐久性。

传统民居墙体砌筑类型与传统民居建造年代的叠合统计表　　　　表4-12

建造年代	石材墙		土坯墙		夹心墙		拉哈墙		井干式	
	数量	比例	数量	比例	数量	比例	数量	比例	数量	比例
清代	0	0.0%	0	0.0%	5	4.0%	2	2.8%	1	2.2%
民国	3	16.7%	13	17.8%	25	19.8%	15	20.8%	17	38.8%
中华人民共和国成立后	15	83.3%	60	82.2%	96	76.6%	55	76.4%	27	59%

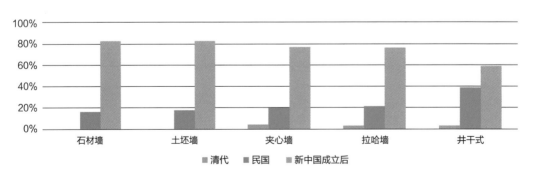

图4-75
传统民居墙体砌筑类型与传统民居建造年代的叠合统计图

3．墙体砌筑类型与传统民居屋顶形式的叠合分析

通过两个文化因子的叠合分析来看（表4–13、图4–76），夹心墙民居建筑作为朝鲜族的代表性建筑，是唯一使用了歇山屋顶的建筑类型，占总数的9.5%，四坡屋顶作为朝鲜族民居建筑的标志性屋顶形式，比例更是高达63.9%。这两种屋顶形式几乎占据了夹心墙建筑的3/4，与朝鲜半岛建筑形式相似，几乎被四坡屋顶和歇山屋顶所垄断，伴有少量的双坡悬山屋顶，说明依旧保留有传统朝鲜族民居的特色。

石材墙、土坯墙、拉哈墙民居建筑大多使用双坡屋顶，这是朝鲜族人民为了适应东北地区严寒的气候，效仿当地汉族、满族的建筑形式，大量使用双坡屋顶，因为双坡屋顶具有比四坡屋顶和歇山屋顶更大的坡度，便于雨雪滑落，从而减轻屋顶的荷载。其中拉哈墙具有相对较高比例的四坡屋顶，原因则是在邻近延边朝鲜族自治州的大面积拉哈墙建造技术和夹心墙的混合区中大量地使用四坡顶，从而提高了四坡屋顶在拉哈墙中的比例。

井干式民居建筑在我国东北植被林木茂盛的长白山、大小兴安岭一带被广泛使用，而在长白山地区集聚大量朝鲜族人，由朝鲜半岛迁徙至此的朝鲜族人一部分则利用当地的木材建筑房屋，屋顶形式依旧沿用在朝鲜半岛本土的屋顶形式，而另一部分人则受汉族、满族等民族的影响选用双坡屋顶。

传统民居墙体砌筑类型与传统民居屋顶形式的叠合统计表　　　　表4-13

屋顶形式	石材墙		土坯墙		夹心墙		拉哈墙		井干式	
	数量	比例	数量	比例	数量	比例	数量	比例	数量	比例
囤顶	0	0.0%	3	4.2%	0	0.0%	2	2.2%	0	0.0%
双坡屋顶	15	78.9%	56	77.8%	42	26.6%	59	64.8%	27	50.0%
歇山屋顶	0	0.0%	0	0.0%	15	9.5%	0	0.0%	0	0.0%
四坡屋顶	4	21.1%	13	18.0%	101	63.9%	30	33.0%	27	50.0%

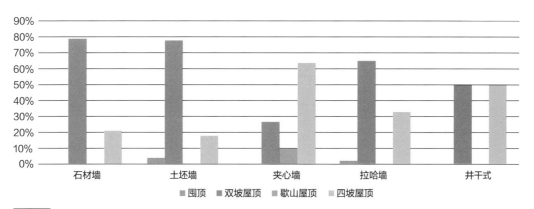

图4-76
传统民居墙体砌筑类型与传统民居屋顶形式的叠合统计图

4．墙体砌筑类型与传统民居屋面材料的叠合分析

结合表4-14和图4-77分析得出，除了井干式建筑以外，草是石材墙、土坯墙、夹心墙、拉哈墙建筑使用最多的屋面材料，都占到总数的70%以上。草顶房可以选择稻草作为建筑的屋面材料，也可以选择其他的草来作为屋面材料使用，比如沼泽地、湿地可以选择使用苇子，山区可以选用茎秆较长的荒草，农作物产区便可以选用麦草和稻草等等，所有这些选择都是基于草屋顶取材方便、施工简单、构造经济，不仅可以防雨，而且具有良好的保温防寒效果，因此，在农村这几类砌筑类型的民居建筑大量使用草作为屋面材料。

木材作为屋面材料除了在井干式建筑中使用以外，其他的墙体砌筑类型建筑都没有使用。井干式建筑分布受地域影响最大，集中分布在植被山林茂盛的地区，由于山区中木材资源丰富，民居多采用木板瓦和树皮瓦作为屋面材料，一般情况下，树皮瓦比木板瓦更持久耐用，在木板瓦上涂抹松油不仅耐腐蚀，而且可以防雨。但是由于干燥的木材重量较轻，容易被风吹落，而且木板瓦的寿命较短，几乎每两年就要更换一次。

传统民居墙体砌筑类型与传统民居屋面材料的叠合统计表　　　　　　表4-14

屋面材料	石材墙		土坯墙		夹心墙		拉哈墙		井干式	
	数量	比例	数量	比例	数量	比例	数量	比例	数量	比例
灰瓦	2	10.5%	1	1.4%	25	16.9%	4	4.7%	1	2.1%
红瓦	2	10.5%	5	7.2%	15	10.1%	13	15.1%	0	0.0%
土	0	0.0%	3	4.3%	0	0.0%	0	0.0%	0	0.0%
草	15	79.0%	60	87.1%	108	73.0%	69	80.2%	7	14.6%
木	0	0.0%	0	0.0%	0	0.0%	0	0.0%	40	83.3%

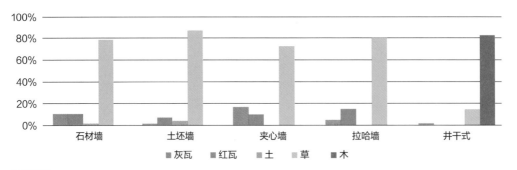

图4-77

传统民居墙体砌筑类型与传统民居屋面材料的叠合统计图

夹心墙是使用瓦比例最高的建筑类型，夹心墙建筑作为最具朝鲜族特色的民居建筑依旧保留朝鲜族灰瓦白墙的建筑特征，因此，在传统朝鲜族民居建筑中还保留有相当数量的灰瓦。随着建筑材料的不断增加，再加上受到汉族等其他民族的影响，部分建筑则选用红瓦作为屋面材料。瓦作为屋面材料无论在防雨效果还是耐久度上，都要远好过于草和木。

5. 墙体砌筑类型与传统民居山墙类型的叠合分析

从表4-15、图4-78数据分析可以得出，石材墙、土坯墙和拉哈墙大部分选择悬山山墙。这三类建筑的共同特点就是在建筑外墙上直接抹草泥，因为草泥的防水性太差，长时间冲刷，墙体上的草泥便会脱落，破坏墙体。而悬山山墙的最大特点便是将屋顶悬挑至山墙以外，起到防止雨水冲刷墙体的作用，从而起到保护山墙的作用，延长房屋的使用年限。当然这三类墙体砌筑类型的建筑中也有小比例的合字山墙，这是因为虽然受汉族、满族等民族的影响，依旧有部分朝鲜族人保留其传统的建造特色。

朝鲜族夹心墙和井干式类型的传统民居基本上都分布在延边一带，这两类建筑一部分保留了传统朝鲜族建造技术，分别占到了71.0%和49.1%；而另一部分为了更好地适应东北气候选择了更具本地特色的双坡悬山顶，分别占到了29.0%和50.9%。因为夹心墙和拉哈墙体也是在墙体外面直接抹泥，为了防止墙体长时间遭受雨水的冲刷，故合字山墙的构造也是通过椽的悬挑使屋顶超出墙体之外，从而达到保护墙体的目的，延长建筑的使用年限。

传统民居墙体砌筑类型与传统民居山墙类型的叠合统计表　　　　　表4-15

山墙类型	石材墙		土坯墙		夹心墙		拉哈墙		井干式	
	数量	比例	数量	比例	数量	比例	数量	比例	数量	比例
悬山山墙	15	88.2%	56	86.2%	42	29.0%	61	69.3%	27	50.9%
合字山墙	2	11.8%	9	13.8%	103	71.0%	27	30.7%	26	49.1%

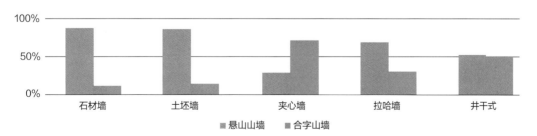

图4-78

传统民居墙体砌筑类型与传统民居山墙类型的叠合统计图

6. 朝鲜族传统民居建造技术文化因子叠合分析总结

从表4-16数据分析可以得出，石材墙集中分布在山区，地形环境为山地地区。民居建筑的建造年代集中在民国以及中华人民共和国成立后，历史较短。屋顶形式以双坡屋顶为主导，并有少许的四坡屋顶。石材墙建筑以悬山山墙为主。屋面材料则是选择了草和瓦，但是以草为主。

土坯墙在山地、丘陵、平原地区均有分布，但是大多数建筑分布在山地、丘陵地区。同样历史较短，多集中在民国和中华人民共和国成立后。屋顶形式多样，包括双坡屋顶、四坡屋顶、囤顶三种形式，但是以双坡屋顶为主。民居多数为悬山山墙建筑。屋面材料也相对多样，以草为主导，并有少量土和瓦片的应用。

夹心墙主要分布在山区，属于山地型建筑类型。民居建筑的建造年代在清代、民国和中华人民共和国成立后均有分布，呈现出逐渐递增的规律。屋顶形式保留了朝鲜族民居特色，以合阁顶和四坡顶为主导，并使用了少量的双坡屋顶。民居大多是合字山墙建筑。屋面材料选用的是瓦和草，但是以草的使用为主。

拉哈墙分布地区较为广泛，在山地、丘陵、台地、平原均有分布。在清代、民国以及中华人民共和国成立后这三个时间段均有分布。屋顶形式多样，有囤顶、四坡屋顶和双坡屋顶，但是以双坡屋顶为最多。悬山山墙和合字山墙均有分布。屋面材料以草为主导，部分建筑选用瓦作为屋面材料。

井干式建筑集中分布在山区，地形环境为山地地区。民居建造时间在清代、民国和中华人民共和国成立后均有分布。屋顶形式为双坡屋顶和四坡屋顶，且数量相当。山墙形式采用悬山山墙和合字山墙两种。屋面材料以木、瓦为主，少量建筑使用草。

主导因子与辅助因子叠合统计表　　　　　　　　　　　表4-16

墙体砌筑类型	地形环境	建造年代	屋顶形式	屋顶材料	山墙类型
石材墙	山地	民国/中华人民共和国成立后	双坡屋顶	草	悬山山墙
土坯墙	山地/丘陵/平原	民国/中华人民共和国成立后	双坡屋顶/囤顶	土/草	悬山山墙
夹心墙	山地/丘陵	清代/民国/中华人民共和国成立后	双坡屋顶/四坡屋顶	草/瓦	悬山山墙/合字山墙
拉哈墙	山地/丘陵/台地	清代/民国/中华人民共和国成立后	双坡屋顶/四坡屋顶	草/瓦	悬山山墙/合字山墙
井干式	山地	清代/民国/中华人民共和国成立后	双坡屋顶/四坡屋顶	土/草	悬山山墙/合字山墙

05

东北传统村落布局形态区划

5.1　文化区划

5.1.1　文化区划的定义与相关概念

1. 文化区

文化区最初是指具有相似文化特质的地理区域。之后，国内外学者对于"文化区"理论的概念又有诸多阐述，但多有所侧重。概括起来可以得到文化区的一般定义，即具有某种相似或相同且内部相互关联的文化属性所分布的区域，归属于这一空间区域内的事物在政治、社会经济以及自然地理方面具有独特统一的功能。同时文化区作为一个客观存在的地理实体和文化形式，可以有一定的空间范围，但却无明确的边界。

2. 文化区划

文化区划即文化区的划分，是人们为了研究方便或者其他一些需要，通过一定的划分原则与方法，将文化进行空间上的区分。文化地理学一般将文化区划分为形式文化区和机能文化区：形式文化区作为一种文化现象，主要根据文化形态特征的相同或差异，划分出具有某些相似文化属性的人或景观所占据的区域；机能文化区是指在社会、政治、经济等方面具有一致机能作用的区域。而根据区划角度不同，文化区又可分为综合文化区和单项文化区：综合文化区一般就文化特质的总体特征进行区划；单项文化区主要就单一文化要素的文化特质差异进行区划。而本章所研究的传统民居建造技术文化区划即属于形式文化区划中的单项文化区划。

3. 文化地理学

文化地理学是人文地理学的一个分支学科，同时也是文化学的组成部分之一。主要研究地表各种文化现象的分布、空间组合及发展演化规律，以及有关文化景观、文化的起源和传播、文化与生态环境的关系、环境的文化评价等方面的内容。主要研究目的在于探讨人类文化活动所引起的空间变化现象。

其中文化地理学研究的核心概念就是文化区与地方，而文化地理学研究的主题则为文化区与地方的形成机制。

4. 民居文化地理学

民居文化地理学是建筑学与文化地理学的交叉学科。运用文化地理学的分析方法研究传统民居，一方面可以根据定位到的坐标信息对民居建筑建立准确的地理信息数据；另一方面在集合了建筑学与文化地理学两个学科的研究优势之后，可以更好地深入挖掘民居物质形态与意识形态之间的关系和规律，使研究成果具有多样性和系统性。

5.1.2　文化区划原则与方法

文化区的形成和发展受到多方面因素影响，在具体的划分过程中也会根据各自制定的标准而定。目前，对于文化区划分的原则并没有统一标准，相对较灵活，各专家学者可根据自身研究需求而定。

例如，司徒尚纪在《广东文化地理》中总结了划分广东文化区的五点原则：①以区域内比较相近或一致的文化景观；②同等或相近的文化发展程度；③类似的区域文化发展过程；④文化地域基本相连成片；⑤有一个反应区域文化特征的文化中心。方创琳、刘海猛等人在《中国人文地理综合区划》中确定了五点划分的原则：①综合性和主导性相结合原则；②自然环境相对一致性与经济社会发展相对一致性相结合原则；③地域文化景观一致性与民族宗教信仰一致性相结合原则；④自上而下与自下而上相结合原则；⑤空间分布连续性与县级行政区划完整性相结合原则。

而对于建筑文化区的划分，余英在《中国东南系建筑区系类型研究》书中提出划分东南系建筑文化区的五项原则：①比较相似或一致的建筑类型；②相近或同样背景的社会文化环境；③相似的区域社会文化发展过程和程度；④较为独立的地理单元；⑤相近或相同的方言及生活方式。

以上关于文化区或文化区划分的研究，为研究工作奠定了重要的基础，在基于过往研究的基础上，制定文化区的划分原则：

（1）比较相近或一致的民居建造方式；

（2）类似的地域社会文化发展过程和程度；

（3）有一个反映文化区特质的中心；

（4）地域文化分布基本相连成片并形成较独立的地理单元；

（5）以典型文化特征优先。

在文化区的划分方法上，比较权威的是卢云先生在《文化区：中国历史发展的空间透视》一书中所总结的四种文化区的划分方法，分别为描述法、叠合法、主导因素法、历史地理法。

描述法是通过分析区域文化间的相似性与差异性，作为文化景观划分的依据；叠合法是通过选取若干个最具代表的文化因子，确定各因子的空间分布，然后将这些分布图叠加，重合最密集的区域即为一个文化区；主导因素法为选取文化因子中最能控制区域整体面貌的一个因子作为分区的主要指标；历史地理法则注重探讨区域内文化的形成、扩散过程，以及总结文化在时空上的连续分布现象。

与此同时，刘沛林先生在《中国传统聚落景观区划及景观基因识别要素研究》中也提出了类型制图法、顺序划分和合并法、地理相关分析法、多因子综合法等聚落文化区的划分方法。

　　结合以往研究并根据本研究实际情况，以主导因素法作为文化区划的主要方法，同时结合多因子综合法和叠合法，通过绘制其他辅助因子的空间分布图可以对主导文化因子的分布结果进行修正，最后对这些因子分布情况的叠加结果进行分析，分布图中重叠最密集的区域即为一个文化区。

5.2　东北传统村落布局形态文化区划

5.2.1　依据主导因子初步划分文化区

　　根据前文的分析综合确定主导因子为村落肌理，将调研的数据导入ArcGIS10.2空间中对村落布局进行密度估算。通过ArcGIS的分析可以看出颜色越深的地方密度越高，该地区分布的文化景观越多，颜色最深的区域也是该文化景观要素分布的中心区，邻近中心区的点状要素为扩散区，远离中心区的极少量点状要素不划作分析范围。根据上述划分原则和方法，由于行政区划分界最为可靠且不易变动，因此将行政区划作为基本的区域定位图底，根据数据的分布综合分析得出本次密度分析的单位级别定位为县级行政区级别。分区过程简化如图5-1~图5-10所示。

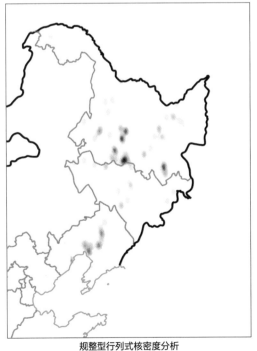
规整型行列式核密度分析

规整型行列式分区

图5-1
规整型行列式分区简化示意图

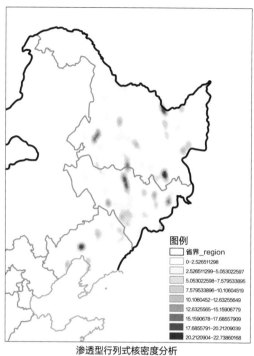

渗透型行列式核密度分析

图例

省界_region
- 0-2.526511298
- 2.526511299-5.053022597
- 5.053022598-7.579533895
- 7.579533896-10.10604519
- 10.1060452-12.63255649
- 12.6325565-15.15906779
- 15.1590678-17.68557909
- 17.6855791-20.21209039
- 20.2120904-22.73860168

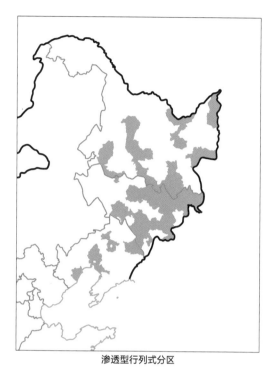

渗透型行列式分区

图5-2

渗透型行列式分区简化示意图

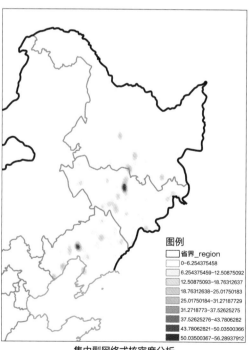

集中型网络式核密度分析

图例

省界_region
- 0-6.254375458
- 6.254375459-12.50875092
- 12.50875093-18.76312637
- 18.76312638-25.01750183
- 25.01750184-31.27187729
- 31.2718773-37.52625275
- 37.52625276-43.7806282
- 43.78062821-50.03500366
- 50.03500367-56.28937912

集中型网络式分区

图5-3

集中型网络式分区简化示意图

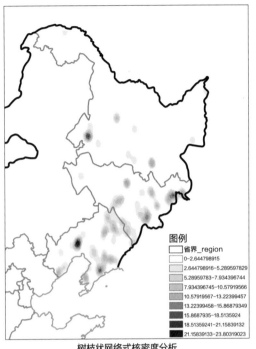

树枝状网络式核密度分析

图例

省界_region

0-2.644798915
2.644798916-5.289597829
5.28959783-7.934396744
7.934396745-10.57919566
10.57919567-13.22399457
13.22399458-15.86879349
15.8687935-18.5135924
18.51359241-21.15839132
21.15839133-23.80319023

树枝状网络式分区

图5-4
树枝状网络式分区简化示意图

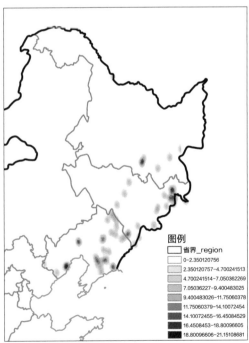

顺应等高线网络式核密度分析

图例

省界_region

0-2.350120756
2.350120757-4.700241513
4.700241514-7.050362269
7.05036227-9.400483025
9.400483026-11.75060378
11.75060379-14.10072454
14.10072455-16.45084529
16.4508453-18.80096605
18.80096606-21.15108681

顺应等高线网络式分区

图5-5
顺应等高线网络式分区简化示意图

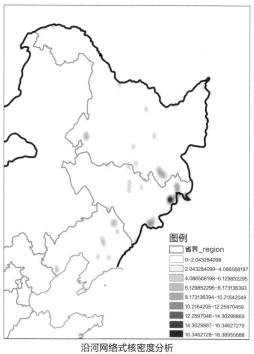

沿河网络式核密度分析   沿河网络式分区

图5-6
沿河网络式分区简化示意图

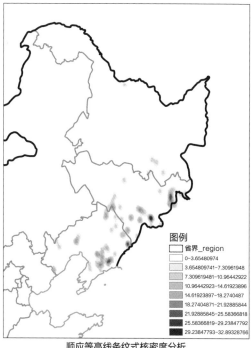

顺应等高线条纹式核密度分析   顺应等高线条纹式分区

图5-7
顺应等高线条纹式分区简化示意图

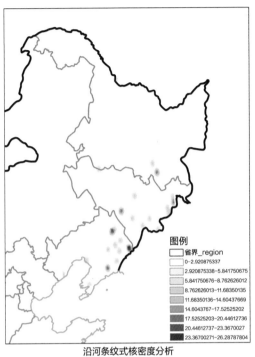
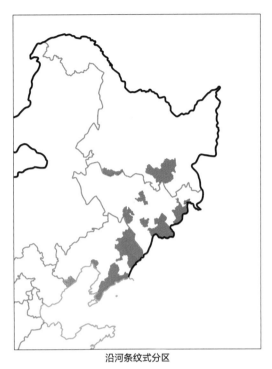

沿河条纹式核密度分析

沿河条纹式分区

图5-8
沿河条纹式分区简化示意图

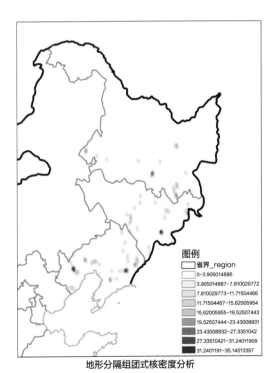

地形分隔组团式核密度分析

地形分隔组团式分区

图5-9
地形分隔组团式分区简化示意图

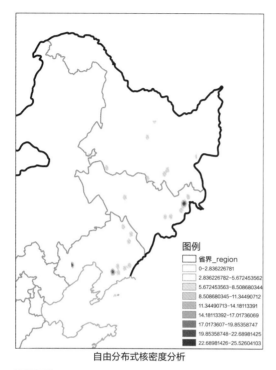

自由分布式核密度分析

自由分布式分区

图5-10
自由分布式分区简化示意图

通过上述村落肌理分区过程可以看出，不同村落肌理形式在整体空间分布区域上差异较大。渗透型行列式、集中型网络式、地形分隔组团式三种肌理形式在整个区域内分布范围较广，并不局限于某一特定区域；规整型行列式、树枝状网络式、顺应等高线网络式、顺应等高线条纹式四种肌理形式分布均集中于某一特定区域，向周围逐渐分散分布；沿河网络式、沿河条纹式、自由分布式三种分布现象比较分散，但大部分分布区依旧可以连接成面积较小的片区，无特定核心区域。分区过程可以明显发现不同村落布局分区之间存在重叠现象，如松嫩平原地区，同时形成规整型行列式、渗透型行列式、集中型网络式与地形分隔组团式；长白山脉地区同时存在顺应等高线网络式和条纹式、沿河网络式和条纹式、渗透型行列式、集中型网络式和树枝状网络式；树枝状网络式的分布大部分涵盖了顺应等高线网络式与条纹式，沿河条纹式与自由分布式分区形态相似。

从分布密度来看，规整型行列式在黑龙江省哈尔滨市、双城市、绥化市、牡丹江市附近出现最大分布密度为17.67~19.88个/千平方公里，而在其他地区分布密度为2.21~6.63个/千平方公里；渗透型行列式黑龙江省鹤岗市、牡丹江市、吉林省吉林市、辽宁省锦州市附近出现最大分布密度，在20.21~22.73个/千平方公里；集中型网络式在吉林省吉林市和辽宁省锦州市附近分布最为密集，分布密度为50.03~56.28个/千平方公里，其余地区分布均匀分散；树枝状网络式在吉林省东南部和辽宁省南部出现大面积连片分布，最大分布密度出现在辽宁省北镇市附近，为21.15~23.80个/千平方公里；顺应等高线网络式肌理形式在黑龙江省、吉林省、辽宁省内长白山脉地区呈现点状分布，吉林省延边地区、辽宁省抚顺市、铁岭市、营口市出现小面积连片分布，分布密度差异较小，最大分布密度为18.80~21.15个/千平方公里；顺应等高线条纹式分布形态与网络式相似，呈均匀分散点状分布，最大分布密度为29.23~32.89个/千平方公里；沿河网络式肌理在东北地区全范围内均有点状分布，于吉林省延边地区形成密度最大片区，为16.34~18.38个/千平方公里；沿河条纹式肌理形式呈点状均匀分布在吉林省南部地区和辽宁省东南部地区，辽宁省丹东市、抚顺市分布密度最大为23.36~26.28个/千平方公里；地形分隔组团式肌理在黑龙江省南部、吉林省东南部、辽宁省南部均有广泛分布，最大密度31.24~35.14个/千平方公里；自由分布式肌理分布较为分散，吉林省延吉市、辽宁省营口市附近分布密度最大，为22.68~25.52个/千平方公里。

通过上述分析，将以上村落肌理形式分区图进行叠加，对东北传统村落布局形态进行初步的文化区划分，初步确定黑龙江沿河网络式布局文化区、小兴安岭顺应等高线布局文化区、黑中-吉中行列式布局文化区、松花江-牡丹江沿河布局文化区4个典型类型区，黑南-吉东混合布局文化区、辽东混合布局文化区、黑中-吉中-辽中混合布局文化区3个混合类型区，一共7个分区。叠加结果如图5-11所示。

5.2.2   依据辅助因子细分文化区

在以上的分析中，选取了传统村落的形成年代、地形环境、村落选址、组团关系、村落民族属性这五类因子作为辅助因子，本步骤是通过对辅助因子的空间分布范围与初步确定的文化区进行叠加，其中重合最密集的区域为典型的文化区。

如图5-12所示，通过辅助因子分布图与初步文化区划图进行叠加，可以针对初步分区内的辅助因子分布详细划分文化区的边界。

黑龙江沿河网络式布局文化区的细分。该文化区主要包含黑龙江省北部地区，包括大兴安岭地区漠河县、黑河市孙吴县、伊春市等地区。在辅助因子叠加过程中发现，该区域村落地形环境以山地为主，少量分布于丘陵地区；建筑选址以依山傍水为主导；建成年代主要分为清末和中华人民共和国成立后两个时间段；组团关系为分散式、独立式、串珠式均匀分布；民族属性以汉族为主，少部分为朝鲜族和满族。在山脉河流叠加图上进一步细化可以发现，该文化区主要沿黑龙江流域分布，背倚大小兴安岭连绵的山势，大小兴安岭山脊线将该文化区与其他区域直接隔绝，形成明显的分界。因此，遵循文化景观分布的趋同性原则，该区域确定为沿河网络式布局文化区。

小兴安岭顺应等高线布局文化区的细分。该文化区主要分布于黑龙江省境内的小兴安

图5-11
东北传统村落布局形态分区过程示意图

图5-12
东北传统村落布局形态细分过程示意图

岭山脉地区，包括黑龙江省黑河市和逊克县等。在各辅助因子叠加过程中发现，该区域村落地形环境主要为山地；建筑选址依山傍水；建成年代为民国到中华人民共和国成立时期；组团形式以独立式为主；民族属性以满族与朝鲜族为主。该文化区主要分布于小兴安岭山地地区，但分布位置地势起伏较小，海拔约200米，所处位置可供建设用地极度有限，该区域布局形态及组团形式明显区别于其他文化区，因此将该文化区确定为小兴安岭顺应等高线布局文化区。

黑中–吉中行列式布局文化区的细分。该文化区主要包括黑龙江省哈尔滨市双城市、绥化市、肇东市、青冈县、庆安县、大庆市肇州县、伊春市、双鸭山市集贤县、友谊县、饶河县、鹤岗市萝北县、鸡西市、吉林省白城市、辽宁省辽阳市等地区。在辅助因子叠加过程中发现，该文化区主要分布于平原地区；建筑选址远山傍水、近水或远水；形成年代为清末至中华人民共和国成立时期；组团关系以分散式为主，其余为团块式；民族主要是汉族。在叠加山脉河流图时发现，该文化区均匀分布于松嫩平原与三江平原，少数分布于辽宁省中部与辽河平原叠合处，区域界限以平原地貌分隔明显，因此，确定将黑中–吉中行列式布局文化区改为松嫩三江–辽中行列式布局文化区。

松花江–牡丹江沿河布局文化区的细分。该文化区跨越黑龙江和吉林两省，文化区边界被松花江与牡丹江环绕，区域内包括黑龙江省哈尔滨市、巴彦县、阿城区、双城市、五常市、尚志市、依兰县、吉林省松原市、扶余市、榆树市、舒兰市、蛟河市、敦化市、吉林市、磐石市等城市。在辅助因子叠加过程中发现，该文化区主要分布于平原与台地地区，村落选址远山傍水、远山近水为主；主要建成于清末时期至中华人民共和国成立后，散点式、串珠式为主要组团形式，生活于此的民族主要为汉族。在叠加山脉河流图时发现，该文化区被松花江和牡丹江环绕，两大水系形成该区域的明显分界线，因此，将该文化区确定为松花江–牡丹江沿河布局文化区。

黑南–吉东混合布局文化区的细分。该文化区主要包括黑龙江省和吉林省内的长白山脉地区，具体包括黑龙江省尚志市、牡丹江市、海林市、宁安市、吉林省长春市、延吉市、龙井市、和龙市、白山市抚松县、临江县、长白朝鲜族自治县、通化市、吉安市等城市。在辅助因子叠加过程中发现，该文化区主要分布于山地地区，村落选址以依山傍水、依山近水、依山远水为主，村落形成年代普遍为民国至中华人民共和国成立后阶段，散点式为主要组团形式，村落民族分布几乎为朝鲜族覆盖。在叠加山脉河流图时发现，该文化区虽跨越两省，但涉及区域与长白山脉地域高度重合，区域界限受地貌影响明显，因此，确定将黑南–吉东混合布局文化区改为长白山脉混合布局文化区。

辽东混合布局文化区的细分。该文化区主要包括辽宁省清原满族自治县、抚顺市、新宾满族自治县、本溪市桓仁满族自治县、本溪满族自治县、丹东市宽甸满族自治县、鞍山市、营口市等城市。叠加辅助因子过程中发现，该文化区主要分布于山地地区，村落选址以依山傍水为主，建村年代以清末、民国、中华人民共和国成立后平均分布，团块式组团关系分布最广，其次是散点式，文化区内村落民族以满族为主。在叠加山脉河流图时发现，该文化区地处长白山脉向辽河平原过渡区域，受辽河水系影响较大，直接与辽河平原割裂成不同分区，地貌界限明显；布局形式虽与吉林省内长白山脉地区类似，但民族属性区别较大，因此确定该文化区为辽东混合布局文化区。

黑中-吉中-辽中混合布局文化区的细分。该文化区跨越三个省份的中部地区，包括黑龙江省佳木斯市、绥化市、齐齐哈尔市、五常市、吉林省扶余市、舒兰市、蛟河市、敦化市、四平市、磐石市、辽宁省昌图县、抚顺市、阜新市、锦州市等城市。在辅助因子叠加过程中发现，该文化区主要分布于丘陵地区，位于长白山脉向东北平原地带过渡区域；村落选址包含种类较多且分布分散；建成年代多为清代至中华人民共和国成立以后；组团形式以散点式为主，团块式次之。在叠加山脉河流图时发现，该文化区地处大小兴安岭山脉、长白山脉向东北平原过渡的丘陵地区，河流对文化区影响较小，区域内布局形态存在规整型行列式、渗透型行列式、集中型网络式、树枝状网络式、顺应等高线网络式、沿河网络式、地形分隔组团式多种布局形态，无法形成明显且连片的聚集区，因此确定为黑中-吉中-辽中混合布局文化区。

5.2.3　文化区详细边界的确定

根据上述区划将文化区的详细边界进行了叠加分析，从自然环境、行政区划、辅助因子分布等多个方面对初步生成的文化区进行详细分界。首先以县级行政区划边界作为主要的区划界限，然后叠加东北地区地形图和东北地区河流图，进一步细化文化区边界，最后叠加辅助因子分布图，将影响较大的因子分布与文化区边界叠合，综合考虑划分文化区边界，得到如图5-13所示最终的文化区划图。综上所述，东北传统村落布局形态类型被分为七大文化区：

Ⅰ区：黑龙江沿河网络式布局文化区；

Ⅱ区：小兴安岭顺应等高线布局文化区；

Ⅲ区：松嫩三江-辽中行列式布局文

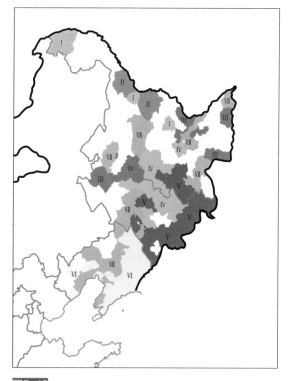

图5-13
东北传统村落布局形态文化分区图

化区；

　　Ⅳ区：松花江-牡丹江沿河布局文化区；

　　Ⅴ区：长白山脉混合布局文化区；

　　Ⅵ区：辽东混合布局文化区；

　　Ⅶ区：黑中-吉中-辽中混合布局文化区。

5.3　东北传统村落布局形态文化区景观特征

5.3.1　黑龙江沿河网络式布局文化区

1．基本概况

　　如图5-14所示，黑龙江沿河网络式布局文化区分为三个区域，A区域位于黑龙江省北部大兴安岭地区，行政区划上涵盖了黑龙江省漠河县、塔河县、呼玛县，B、C区域位于小兴安岭地区，行政区划上包括黑河市孙吴县、伊春市等地区。文化区主要分布地形环境为山地，海拔较高约为1000米左右，局部地区达到2000米。区域内主要河流有漠河、呼玛和河、盘古河、黑龙江、黑河、汤旺河。该文化区的主要民族是汉族，多是本地原住居民，早期生活于山林之间；且黑龙江位处边疆，与俄罗斯隔江比邻，清朝初期受西方资本投入的影响，许多村落城镇选址于此建造。

2．文化景观特征

　　该文化区的布局方式主要为沿河营建，村落地形环境以山地为主，少量分布于丘陵地区；建成年代主要为清末和中华人民共和国成立后两个时间段；组团关系为分散式、独立式、串珠式均匀分布；民族属性以汉族为主，少部分为朝鲜族和满族。该文化区主要沿黑龙江流域分布，背倚大小兴安岭连绵的山势，山势险峻建造村落难度较大，此处虽为山地地区，但多选址于依山傍水的地势和缓地带，该区域可供建设地段多为沿黑龙江流域两岸，村落顺应河流走向，部分同时受到山脉走势与河流走势两方面限制因素，形成有规律变化的沿河网络式布局。

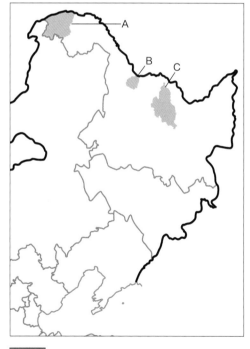

图5-14

黑龙江沿河网络式布局文化区

3．典型村落

青山口村位于伊春市美溪县，为汉族
传统村落，选址依山傍水，建造于丘陵地
带，村落规模较小，散点式组团关系，呈
现出典型的沿河网络式肌理形态；又如黑
河市孙吴县沿江乡的胜利屯村，是满族传
统村落，位于山地地区，依山傍水而建的
小规模村落，散点式组团关系，同样是该
文化区典型的沿河网络式肌理（图5-15）。

图5-15
胜利屯村

5.3.2　小兴安岭顺应等高线布局文
化区

1．基本概况

如图5-16所示，该文化区分为两部
分，但距离较近，均地处小兴安岭地区，
行政区划上包括黑龙江省黑河市、逊克
县。区域内主要为山地地形，海拔约为
500~1000米，局部地区达到2000米高度，
区域内河流主要有逊河、沾河、黑河。
区域内地势险峻，村落形成年代较为久
远，多为汉族原住居民建造，在农耕并
不普及的年代，本地居民以渔猎为主要
生活方式，因此山林中丰富的渔猎资源
则成为巨大的诱惑，也是生存的保障。

2．文化景观特征

该区域村落地形环境主要为山地地
形，文化区分布临近黑龙江流域，区域
内村落选址多为依山傍水，该文化区内

图5-16
小兴安岭顺应等高线布局文化区

建成村落受地形限制影响极大，可建设用地地势险峻，村落布局主要解决方式为顺应等高
线走势形成，村落选址会择取山地中地势相对坡度缓和的位置，以垂直等高线或平行等高
线的趋势来布置村落道路脉络。垂直等高线布局是指村落主要道路与等高线垂直，民居单
体依附道路形成，两边错级排列成竖向序列，以每一列作为母题形式横向布局；平行等高

朝鲜族村

图5-18
西四嘉子村

线布局则指村落主要道路与等高线平行布置，村落多位于一侧，排列成行，逐行升高布局。
因山地地形复杂多变，很难存在面积较大、适宜建设的地块，因此组团形式多为独立式。

3．典型村落

黑河市逊克县干岔子乡的朝鲜族村，形成山地地区，依山近水，所处地理位置用地狭
长，呈现串珠式组团关系，村落布局形态是典型的平行等高线条纹式（图5-17）；黑河市爱
辉区四嘉子乡的西四嘉子村，也具有相似的特征，选址于山地地形，远山傍水，串珠式组
团关系，村落规模中等，是典型的平行等高线网络式布局形态（图5-18）。

5.3.3　松嫩三江-辽中行列式布局文化区

1．基本概况

该文化区如图5-19所示主要分为两部分，A区域分布于松嫩平原，行政区划包括黑龙
江省肇州县、肇源县、肇东市、双城市、吉林省德惠市；B区域虽分布形态较为分散，但
聚集于三江平原地区，行政区划包括黑龙江省饶河县、鸡西市、密林市、鹤岗市、桦川县、
汤原县等。文化区主要分布区域为平原地带，地势和缓，平均海拔为0~200米。区域内主要
河流有乌苏里江、松花江、牡丹江、嫩江等。

该文化区内多是闯关东时期移入东北地区的中原居民，以汉族为主，移民的迁入带来
了中原先进的农耕文化与思想，对于平原、台地地区富饶的耕地资源给予充分开发。

2．文化景观特征

该文化区主要分布于平原地区，松嫩平原与三江平原地势平坦，距离山脉较远，土地
资源丰富，可建设面积极其辽阔，平原地区居民以农耕为主，灌溉农田需要多选择邻近水
系支流，或接受自然的雨水馈赠，对水系的位置需求不是特别强烈；该文化区村落形成年
代为清末至中华人民共和国成立时期，受当时"流人"文化的影响，大批中原人士进入东

北，对于东北的土地开发做出了巨大的贡
献。平原地区地域辽阔，且以农耕生活为
主，家家户户都有一定面积的耕地，且离
家距离适宜，加之中原文化的传入，村落
布局开始融入人为的设计思想，行列式布
局成为平原地区最常见的布局形态。行列
式布局的村落内部道路接近互相垂直，且
民居单体摆放规整，村落边界略有差别，
周围地形环境束缚较小时边界规整，村落
形态接近矩形；当周围傍水、近水存在
时，村落边界为适应环境与自然有机融
合，形成不规则的渗透型行列式布局形
态。为满足耕地需求，村落间的组团关系
以分散式为主，其次是团块式。

3. 典型村落

东升村，位于黑龙江省鹤岗市萝北县
环山乡，是丘陵地势建造的汉族传统村

图5-19
松嫩三江-辽中行列式布局文化区

落，呈散点式组团关系，位于依山近水之处，村落布局形式是典型的渗透型行列式，村落
规模较小；同处鹤岗市的其他乡镇村落，如太平沟乡的十里河村、金沙村、绥滨县的东胜
村（图5-20）、东方村，均呈现适应地形地貌的渗透型行列式布局；相比较于该文化区的B
区域，A区域则多呈现规整型行列式布局，如绥化市肇东市的红发村（图5-21）、尚家村、
小山村、东跃村、东八里村等，均为地处平原地形的汉族村落，远山远水，村落之间呈散
点式或团块式组团关系，布局形式是明显的规整型行列式，村落规模大中小不等。

图5-20
东胜村

图5-21
红发村

5.3.4　松花江-牡丹江沿河布局文化区

1. 基本概况

如图5-22所示该文化区跨越黑龙江和吉
林两省，平均分布于省份行政边界线南北两
端，文化区边界被松花江与牡丹江环绕，区
域内行政城市包括黑龙江省哈尔滨市、巴彦
县、阿城区、双城市、五常市、尚志市、依
兰县、吉林省松原市、扶余市、榆树市、舒
兰市、蛟河市、敦化市、吉林市、磐石市
等城市，主要分布于平原与台地地区，平
均海拔为0~500米，局部位于丘陵地区，海
拔1000米。区域内主要河流为松花江、牡丹
江、蚂蚁河、拉林河、松花湖等。

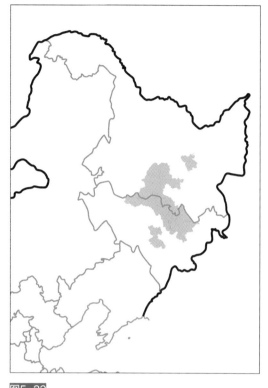

图5-22
松花江-牡丹江沿河布局文化区

2. 文化景观特征

该文化区主要分布于平原与台地地
区，被松花江和牡丹江两大水系环绕，村
落选址以远山傍水、远山近水居多，由
于得天独厚的水资源，村落多依赖水系
而建，自然而然形成沿河网络式、沿河条纹式布局，沿河布局村落的主要村落肌理顺延
河流走势，并非刻意追求变化，而是与自然融为一体；地形受限时，布局以一条主要道
路为脉络，民居单体或单侧布置，或双侧布置，形成条纹式形态；地形宽裕时，沿河流
走向形成多条平行道路，结合纵向支路形成网络式布局。除了水系环绕或邻近村落的情
况，还有水系从村落中部贯穿，这种情形下，村落被水系分割为两个或两个以上的组
团，彼此之间通过架桥连接，每个组团是独立的，布局形态依据自身环境而呈现差异，
形成多种布局形态同时出现在一个村落的情况，将其归类为地形分隔组团式中的水系分
隔组团式布局形态。该文化区村落主要建成于清末时期至中华人民共和国成立后，沿河
地带多为长条形带状用地，以散点式、串珠式为主要组团形式，生活于此的民族主要为
汉族。

3. 典型村落

三联村位于哈尔滨市尚志市帽儿山镇，是地处山地地形的汉族传统村落，近山傍水，
村落规模较小，布局形态是典型的沿河条纹式布局（图5-23），组团关系为团块式。长春市

图5-23
三联村

图5-24
延和村

榆树市延边朝鲜族乡的延和村，地处台地地形，远山傍水营建，呈现出典型的沿河网络式布局（图5-24），组团关系为散点式。

5.3.5　长白山脉混合布局文化区

1. 基本概况

如图5-25所示，该文化区主要集中分布于长白山脉地区，区域内行政区划涵盖黑龙江省牡丹江市、海林市、宁安市、尚志市、吉林省延吉市、延边朝鲜族自治州、和龙市、龙井市、图们市、珲春市、长白朝鲜族自治县、白山市、临江市、通化市、吉林市、辽源市等。文化区集中分布于山地地形，海拔高度为1000~2000米，地势西低东高，南高北低。区域内主要河流包括牡丹江、鸭绿江、松花江、绥芬河、图们江等。

该文化区主要聚居的民族为朝鲜族，多是清朝时期从鸭绿江、图们江涌入的朝鲜族居民，他们的进入促进了当时吉林东南部地区贫瘠土地的开发利用，大批外来难民择地聚居，从原始的小型聚落逐步发展为城镇规模，带动了长白山脉地区的城市化发展。

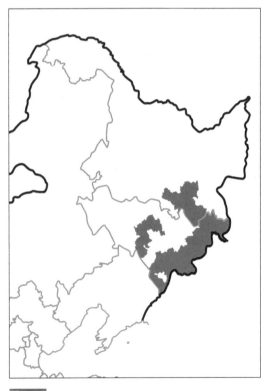

图5-25
长白山脉混合布局文化区

2．文化景观特征

该文化区毗邻辽宁满族聚居地区，多种文化的交融使得该区域村落布局形态复杂多样，同时存在集中型网络式布局、树枝状网络式布局、顺应等高线网络式、条纹式布局、地形分隔组团式布局形态，局部地区存在渗透型行列式。该文化区主要分布于长白山脉山地地区，同时毗邻鸭绿江，村落选址以依山傍水、依山近水、依山远水为主。该文化区原住居民为汉族，历史上曾大量迁入朝鲜族居民，随之村落几乎被朝鲜族覆盖，朝鲜族对于村落建设，喜好背山抱水，依山林而居，村落布局纹理追求自然随意，同时也受自然地理环境的直接影响。村落形成年代普遍为民国至中华人民共和国成立后阶段，以散点式为主要组团形式。

3．典型村落

以吉林省长春市为例，龙潭区乌拉街满族镇的阿拉底村，营建于丘陵地区，近山近水，与周围村落呈散点式组团关系，布局形态为渗透型行列式（图5-26）；永吉县口前镇的兴光村，同为丘陵地区，选址远山傍水，呈现沿河网络式布局形态（图5-27）；邻近的团结村则选址于依山傍水之处，顺应山势形成垂直等高线网络式布局形态（图5-28）；蛟河市的罗圈崴子村和新光村均地处丘陵地势，依山傍水而成，但二者布局形态也不尽相同，分别为渗透型行列式和水系分隔组团式（图5-29）；昌邑区土城子乡的巴虎村同为丘陵地区，远山傍水而建，呈现水系分隔组团式布局形态（图5-30）。

图5-26
阿拉底村

图5-27
兴光村

图5-28
团结村

图5-29
罗圈崴子村

图5-30
巴虎村

5.3.6　辽东混合布局文化区

1．基本概况

如图5-31所示，该文化区集中分布于辽东地区，辽北有少量点状分散，行政区划主要包含辽宁省铁岭市、西丰县、抚顺市抚顺县、清原满族自治县、新宾满族自治县、本溪市本溪满族自治县、桓仁满族自治县、丹东市、凤城市、东港市、宽甸满族自治县、鞍山市、海城市、营口市、大连市、锦州市绥中县等城市。文化区主要分布于山地、丘陵地形，海拔约200~1000米，局部平原地区海拔为0~200米，区域内流经河流有辽河、浑河、鸭绿江、大凌河。该文化区以满族居民聚居为主，早期满族先民喜好渔猎，为了保障安全多居住于山林间隐蔽住处，这种生存习惯一直影响着满族的居住文化，喜好选址于山脉附近，崇尚自然、随意，不追求形式的规整与对称。

图5-31
辽东混合布局文化区

2．文化景观特征

该文化区常见布局形态有树枝状网络式布局、集中式网络式布局、顺应等高线网络式、条纹式布局，受地形限制也存在部分地形分隔组团式布局，以及中原文化的深入，产生渗透型行列式布局；该文化区北部邻近辽河水系，存在少量沿河网络式布局形态村落。由此可见该文化区涵盖的布局形态是所有文化区中最丰富的。该文化区主要分布于山地地区，丘陵地区次之，村落选址以依山傍水为主，建村年代以清末、民国、中华人民共和国成立后平均分布。文化区内村落民族以满族为主，自古辽宁地区也多为满族主要聚居地。清末"闯关东"移民活动的浪潮兴起，大量中原居民进入东北，因受物质条件缺乏与交通运输现状落后的限制，辽宁省以山东居民迁入较多，本土文化也受到齐鲁文化的影响。满族居民喜好依山而居。组团关系分布主要为团块式，其次是散点式。

3．典型村落

以本溪市的传统村落为例，南芬区思山岭街道的思山岭村，地处丘陵地势，依山傍水而

图5-32
思山岭村

图5-33
甬子峪村

图5-34
湖里村

图5-35
草河口村

图5-36
白水村

图5-37
八里甸子村

建，布局形态呈现出沿河网络式布局（图5-32）；邻近的甬子峪村则呈现平行等高线条纹式布局形态（图5-33）；本溪县位于山地地形，该地区东营坊乡的湖里村依山傍水形成沿河条纹式布局形态（图5-34）；本溪县草河口镇的草河口村则依山形成平行等高线网络式布局形态（图5-35）；邻近的白水村呈现平行等高线条纹式布局形态（图5-36）；桓仁县的八里甸子村，地处山地地形，依山傍水分布，呈现集中型网络式布局（图5-37）。

5.3.7 黑中-吉中-辽中混合布局文化区

1. 基本概况

如图5-38所示，该文化区位于黑龙

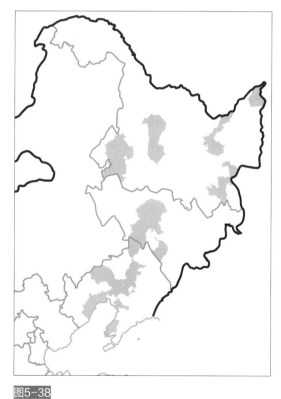

图5-38
黑中-吉中-辽中混合布局文化区

江省中部地区、吉林省中部地区、辽宁省中部地区，行政区划上涵盖黑龙江省抚远县、同江市、友谊县、虎林市、密山市、绥化市、海伦市、望奎县、齐齐哈尔市、龙江县、吉林省长春市、四平市、伊通满族自治县、辽源市、辽宁省铁岭市、沈阳市、抚顺市、阜新市、葫芦岛市、瓦房店市等。区域内主要分布于东北三省内的丘陵地区，平均海拔约为200~500米，局部地区位于平原、台地地区，海拔约为0~200米。

2. 文化景观特征

该文化区内同时存在多种面状布局形态，不存在条纹式布局，多呈网络式、行列式布局形态，主要分布于丘陵地区，位于长白山脉向东北平原地带过渡区域。该文化区涵盖面积最广，主要存在的布局形态有规整型行列式、渗透型行列式、集中型网络式、树枝状网络式，存在少量的顺应等高线网络式与沿河网络式。该文化区的村落几乎不受用地面积的限制，区域内村落建成年代多为清代至中华人民共和国成立以后；组团形式以散点式为主，团块式次之。

3. 典型村落

黑龙江省内以齐齐哈尔市为例，村落分布地形均为平原地形，地势平坦，村落选址多为远山近水，少数为远山傍水，其中塔子城村位于泰来县塔子城镇，呈现自由分布式布局形态；兴十四村位于甘南县兴十四镇，呈现规整型行列式布局形态（图5-39）；同为甘南县的中郊村，呈现集中型网络式布局形态（图5-40）；龙江县鲁河乡的鲁河村和繁荣村（图5-41、图5-42），分别呈现道路分隔组团式与水系分隔组团式布局形态；昂昂溪区榆树屯镇的胜合村，则呈现集中型网络式布局形态。

吉林省中部以辽源市为例，辽源市东辽县地处丘陵地区，村落多为近山分布，但呈现的布局形态也种类繁多，如合耕村为地形分隔组团式布局形态（图5-43），邻近的福善村为规整型行列式布局形态（图5-44）；宴平乡的东平村呈现平行等高线条纹式布局形态（图5-45），金州乡的德志村为集中型网络式布局形态，金州村傍水形成沿河条纹式布局形态。

图5-39
兴十四村

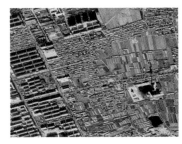

图5-40
中郊村

图5-41
鲁河村

　　辽宁省中部地区以抚顺市新宾县为例，地处山地地形，村落选址依山傍水，赫图阿拉村是年代比较久远的满族传统村落，布局形态为自由分布式（图5-46）；西堡村沿河而建，呈现出沿河网络式布局形态（图5-47），阿伙洛村为平行等高线网络式布局形态（图5-48），达子营村为集中型网络式布局形态（图5-49），照阳村为树枝状网络式布局形态，黄旗村为渗透型行列式布局形态（图5-50）。

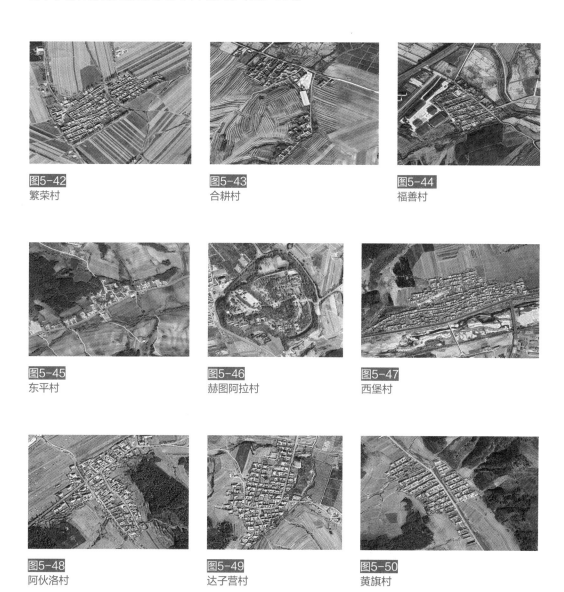

图5-42
繁荣村

图5-43
合耕村

图5-44
福善村

图5-45
东平村

图5-46
赫图阿拉村

图5-47
西堡村

图5-48
阿伙洛村

图5-49
达子营村

图5-50
黄旗村

06

东北传统民居构筑形态区划

- 东北传统民居文化区划的划定
- 东北传统民居文化区综合区划
- 东北地区传统民居建造技术文化区景观特征

在分析东北传统民居文化地理特征基础之上，通过制定相应的文化区划原则，划分东北传统民居建造技术文化区。

6.1　东北传统民居文化区划的划定

6.1.1　汉族传统民居文化区划

传统地理学对文化区的划分十分看重相对一致性原则，主要是因为在不同的地域环境下景观形态也不完全相同，因而要选择区域内最具代表的核心特征进行分析对比，根据它们的相似程度进行文化区的范围划分。一直以来区域边界的确定都是学界研究的难题，一是由于相邻的区域内文化景观分布并不清晰，常常互有渗透，无法精准地度量；二是由于在一片区域内也会出现文化景观分布过于零散而无法成片划分的特征；三是地理分界如山脉、河流等的隔离不是文化景观成因的唯一因素，文化区的边界并不完全与自然地理边界重合，因此各种因素都加大了对文化区边界的划分难度。因此本研究以大量样本数据为依托，通过主导因素法等多种划分方式综合划分，尽量做到文化区内数据全面且具有可靠性、典型性。

根据前面的分析综合确定主导因子为墙体砌筑类型，将调研的数据导入ArcGIS10.2空间中对墙体砌筑类型进行密度估算。通过ArcGIS的分析可以看出颜色越深的地方密度越高，该地区分布的文化景观越多，颜色最深的区域也是该文化景观要素分布的中心区，邻近中心区的点状要素分为扩散区，远离中心区的极少量点状要素不划作分析范围。根据上述划分原则和方法，由于行政区划分界最为可靠且不易变动，因此将行政区区划作为基本的区域定位底图，根据数据的分布综合分析得出本次密度分析的单位级别定位为县级行政区级别。

通过上述墙体构造分区过程可以看出，不同墙体砌筑类型在整体的空间分布区域上差异较大。石砌墙民居、拉哈墙民居、板夹泥民居分布较为分散，在个别区域分布成片，金包银民居、砖石混砌民居、砖砌墙民居、井干式民居、土坯墙民居和土打墙民居基本上分布范围较广，大部分分布区域能够相连成片，同时叠加后可以发现部分区域出现多种类型的交叉现象。如牡丹江地区，同时聚集了井干式、拉哈墙、板夹泥墙、土坯墙和土打墙五种建造方式，辽东的部分地区也同时存在金包银、石砌墙、砖石混砌墙、砖砌墙、土坯墙和土打墙几种不同的营造技艺，土坯墙民居的分布则大部分涵盖了土打墙民居的分布范围，板夹泥墙民居和井干式民居也出现了部分地区交叉分布的特点。此外，砖石混砌民居主要集中在辽宁省的环胶州湾地区和吉林南部黑龙江西部少部分地区（图6-1～图6-9）。

金包银构造核密度分析　　　　　金包银构造分区

图6-1
金包银民居分区简化示意图

石砌墙构造核密度分析　　　　　石砌墙构造分区

图6-2
石砌墙民居分区简化示意图

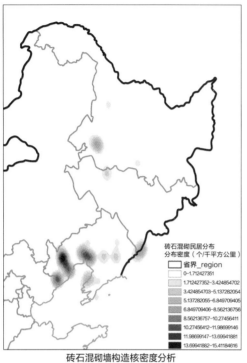

砖石混砌墙构造核密度分析

砖石混砌墙构造分区

图6-3
砖石混砌墙民居分区简化示意图

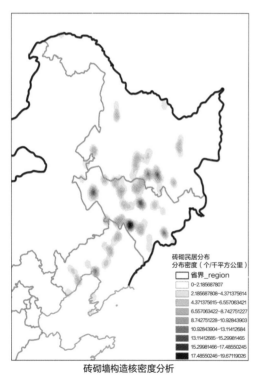

砖砌墙构造核密度分析

砖砌墙构造分区

图6-4
砖砌墙民居分区简化示意图

井干式构造核密度分析

井干式构造分区

图6-5
井干式民居分区简化示意图

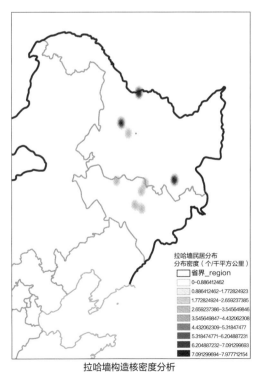

拉哈墙构造核密度分析

拉哈墙构造分区

图6-6
拉哈墙民居分区简化示意图

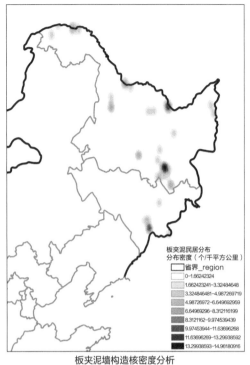 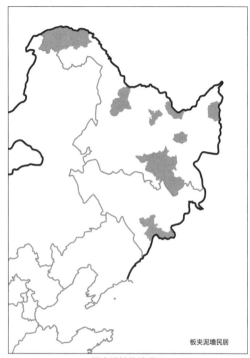

板夹泥墙构造核密度分析   板夹泥墙构造分区

图6-7
板夹泥墙民居分区简化示意图

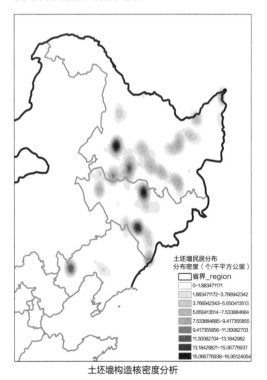

土坯墙构造核密度分析   土坯墙构造分区

图6-8
土坯墙民居分区简化示意图

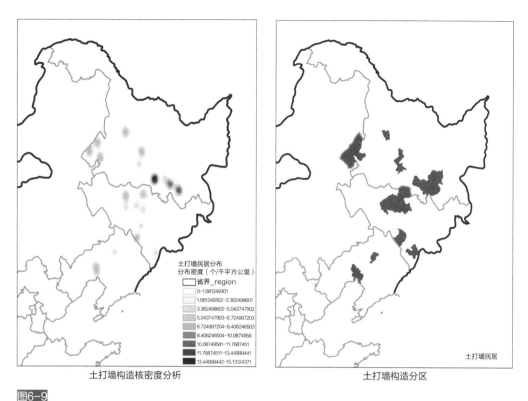

土打墙构造核密度分析　　　　　　　　　　土打墙构造分区

土打墙民居分布
分布密度（个/千平方公里）
省界_region
0~1.681249301
1.681249302~3.362498601
3.362498602~5.043747902
5.043747903~6.724997203
6.724997204~8.406246503
8.406246504~10.0874958
10.08749581~11.7687451
11.7687451~13.44999441
13.44999442~15.13124371

土打墙民居

图6-9
土打墙民居分区简化示意图

从分布密度来看，金包银民居在辽宁省葫芦岛市兴城市、盘锦市、营口市、鞍山市附近出现最大分布密度为17.67~19.88个/千平方公里，而在其他地区分布密度为2.21~6.63个/千平方公里（图6-1）；石砌墙民居在辽宁省营口市、吉林省集安市、黑龙江省大庆市出现点状密集分布，分布密度为12.13~13.65个/千平方公里（图6-2）；砖石混砌民居在辽宁省分布最为密集，特别是在辽宁省朝阳市、葫芦岛市、锦州市和盘锦市出现成片的密集分布，分布密度为10.27~15.41个/千平方公里不等（图6-3）；砖砌墙民居分布广而密度小，在吉林省大部分地区、黑龙江省南部和辽宁省中部均有广泛分布，平均分布密度为4.37~10.93个/千平方公里（图6-4）；井干式民居在吉林省白山市、敦化市、黑龙江省牡丹江市、大兴安岭地区呈点状密集分布，最大分布密度为14.53~16.34个/千平方公里（图6-5）；拉哈墙民居在黑龙江省牡丹江市、黑河市孙吴县、齐齐哈尔市克东县出现点状密集分布，分布密度为7.09~7.98个/千平方公里（图6-6）；板夹泥民居在黑龙江省牡丹江市、大兴安岭地区、鹤岗市、吉林省白山市出现小范围连片分布，最大分布密度为13.30~14.96个/千平方公里（图6-7）；土坯墙民居在黑龙江省和吉林省有广泛分布，特别是在黑龙江省大庆市、绥化市、哈尔滨市、佳木斯市、双鸭山市、牡丹江市、吉林省白城市、榆树市、永吉县、辽源市出现大面积连片分布，最大分布密度为15.07~16.95个/千平方公里，平均分布密度为5.65~7.53个/千平方公里（图6-8）；土打墙民居在黑龙江省牡丹江市、哈尔滨市、尚志市、齐齐哈尔市、甘南县、龙江县、吉林省长春市、辽源市东丰县地区出现小面积连片分布，最大分布密度为13.4~15.13个/千平方公里（图6-9）。

通过上述分析，将以上墙体砌筑类型的构造分区图进行叠加，对东北汉族民居营造技艺进行初步的文化区划分，初步确定黑中-吉中土坯墙民居文化区、黑龙江板夹泥民居文化区、大小兴安岭-长白山脉井干式民居文化区、黑西-吉北拉哈墙民居文化区、辽西砖石混砌民居文化区，共五个典型类型区，牡丹江混合民居文化区、辽东混合民居文化区和吉中混合民居文化区三个混合类型区，一共八个分区（图6-10）。

6.1.2　满族传统民居文化区划

文化区本身并不存在明显的边界，在其边缘区因与相邻文化区在长时期文化交流中必然受到对方的影响，逐渐形成了具有一定宽度的度状文化混杂区域。再加上东北满族聚居村落本身在整个区域内的不均匀分布，各省保存下来的满族古村落数量不均衡，加上研究对象并不能涵盖东北地区全部的满族聚落与民居。因此，文化区的划分很难像自然地理区划一样形成连续的分布区划以及明确的边界区域。但因区划必须做到全面且具有典型描述意义，本节仍然试图通过大量的样本数据来使文化区的划分准确可靠。

根据上述分析过程，将墙体砌筑类型确定为主导因子，结合ArcGIS10.2空间分析中核密度工具对各墙体建造技术进行密度估算。根据文化传播的特点，核密度分析的密度分布重心为中心区，邻近中心区的点状要素归为分布区，远离中心区的极少量点状要素不划作分析范围。将GIS的密度分析定位到与之对应的县级行政区划内（除个别少量样本定位到乡镇级行政区划），分区过程简化如图6-11所示。

通过以上分析可以看到，不同墙体砌筑类型在整体的空间分布区域上差异较大。除金包银民居在整体范围内分布极为分散外，其他类型都有相连成片的区域，部分区域出现多种类型的交叉现象。如长白山地区，同时聚集了井干式、土坯墙、叉泥墙三种建造方式，辽东新宾满族自治县也同时存在砖石砌筑、土坯墙、石材砌筑、金包银几种不同的建造技术，土坯墙和叉泥墙则在辽北呈现明显的交叉分布。此外，砖石混砌民居主要集中在辽宁省的西部和南部。

而就分布密度来看，辽南地区砖石混砌的分布密度最高，并在岫岩满族自治县以及凤城市一带出现了明显的聚集，传统村落数量最密集区达到3.02~3.40个/千平方公里；土坯墙和拉哈墙以及石材砌筑的分布密度相当，传统村落数量最密集处可达2个/千平方公里左右，其中土坯墙建造技术在辽宁省与吉林省交汇的一带出现了明显的聚集，拉哈墙在黑龙江省的哈尔滨地区以及吉林省的吉林市附近出现了明显的聚集，石材砌筑在辽宁省西部的锦州一带以及辽东出现了聚集明显；而叉泥墙、井干式、金包银的分布密度整体较低，传统村落数量最密集处也仅为1个/千平方公里左右，其中叉泥墙的密集分布区域与土坯墙近似，而井干式建造技术在吉林省白山市附近的村落使用数量最多，金包银式没有明显的聚集分布区域。

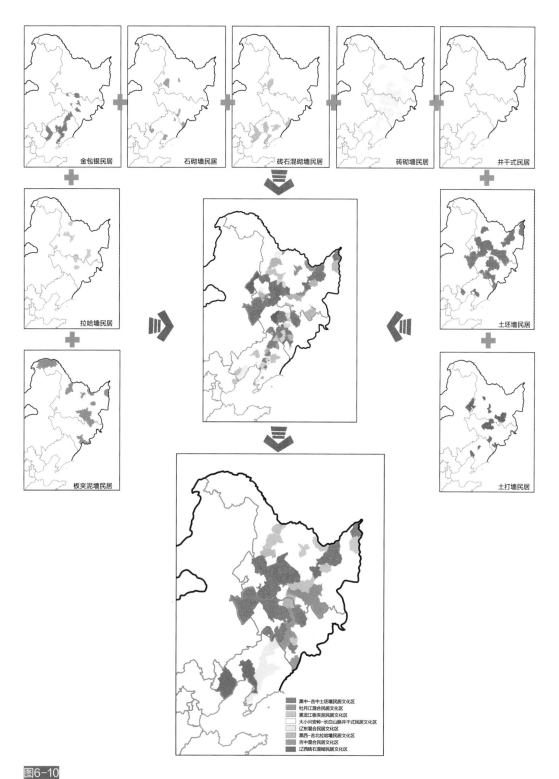

汉族传统民居营造技艺分区过程示意图

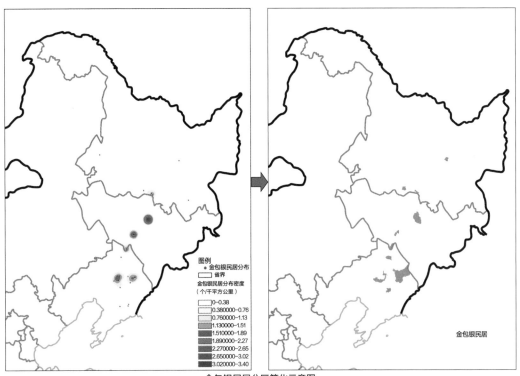

金包银民居分区简化示意图

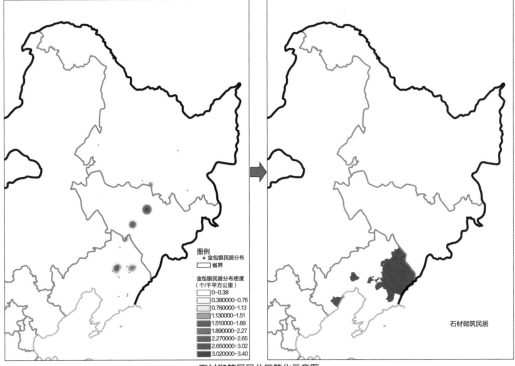

石材砌筑民居分区简化示意图

图6-11

传统民居墙体砌筑类型分区过程示意图

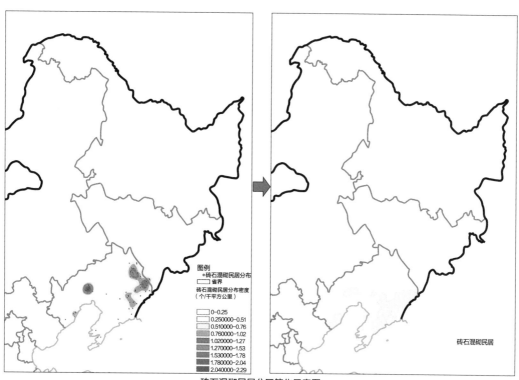

砖石混砌民居分区简化示意图

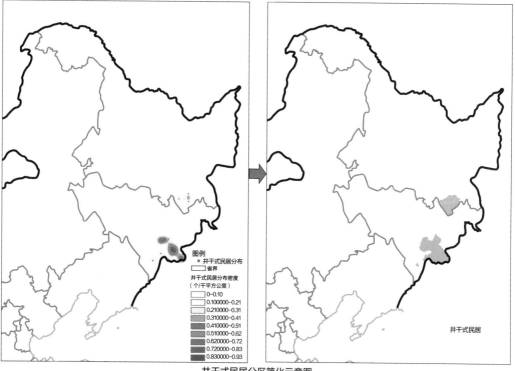

井干式民居分区简化示意图

图6-11

传统民居墙体砌筑类型分区过程示意图（续一）

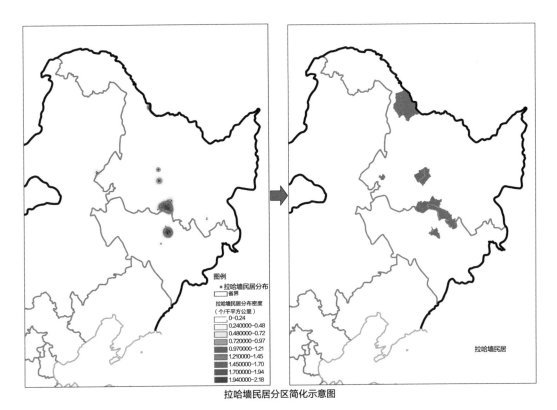

拉哈墙民居分区简化示意图

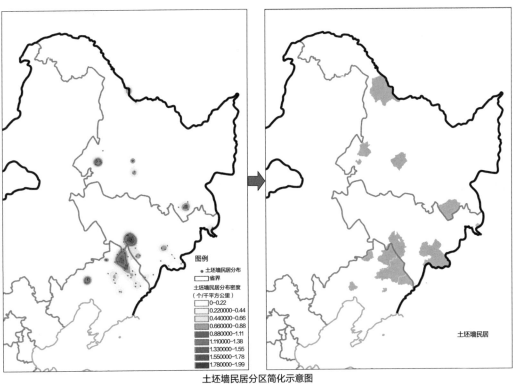

土坯墙民居分区简化示意图

图6-11
传统民居墙体砌筑类型分区过程示意图（续二）

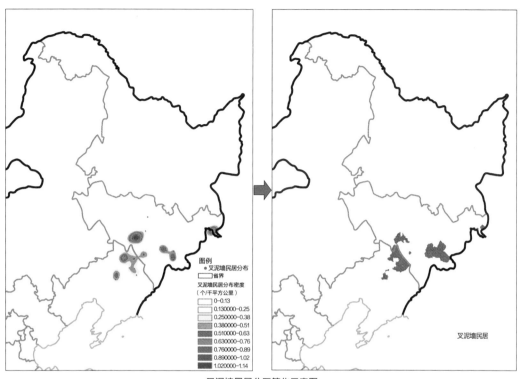

叉泥墙民居分区简化示意图

图6-11

传统民居墙体砌筑类型分区过程示意图（续三）

　　通过上述分析，将以上所有墙体砌筑类型的分布图叠加，对东北满族民居建造技术进行初步的文化区划分，最终确定黑龙江省拉哈墙民居文化区一个典型类型区，长白山混合民居文化区、辽北-辽东混合民居文化区和辽西-辽南砖石混砌民居文化区三个混合类型区，一共四个分区，叠加结果如图6-12所示。

　　根据传统民居墙体砌筑类型这一主导因子可以大致划分四个满族民居建造技术文化区划。黑龙江省拉哈墙民居文化区，该区主要以拉哈墙民居为典型类型，同时也有土坯墙民居及少量的金包银民居；长白山混合民居文化区主要包含井干式、土坯墙、叉泥墙三种民居类型，其中以井干式民居最为典型；辽北-辽东混合民居文化区则包含了石材砌筑、砖石混砌、金包银、土坯墙、叉泥墙五种民居类型，其中以土坯墙民居、金包银民居、石材砌筑民居最为典型；辽西-辽南砖石混砌民居文化区内以砖石混砌民居最为典型，同时也有石材砌筑、土坯墙民居的分布。

图6-12
满族传统民居建造技术分区过程示意图

6.1.3 朝鲜族传统民居文化区划

文化区是根据文化特征和性质加以限定，随着文化的变迁、扩散与传播，各文化区的边界也是经常处于渐变和模糊的状态，相邻文化区的交界地区也会形成文化混杂区域，虽然说文化区并不像自然地理区域和行政区域具有较为明确的边界，但本书依然试图通过大量的数据样本使文化区边界尽可能清晰。

运用以上对传统民居建造技术分区的原则与方法，本书中笔者将墙体砌筑类型作为主导因子，将数据库导入ArcGIS10.2，然后利用 Spatial Analyst中的核密度工具分别对墙体砌筑类型进行核密度计算，并结合"泰森多边形"建造技术分布图对东北地区传统朝鲜族民居建造技术进行分区。核密度分析以地图中定位的村庄为核心进行计算，以小于市级的更为精确的县级行政区为边界，以 GIS 核密度分析的密度分布重心为中心区。利用文化传播特点，邻近中心区的点状要素归为分布区，远离中心区的极少量点状要素作为误差忽略，分区过程简化如图6-13所示。

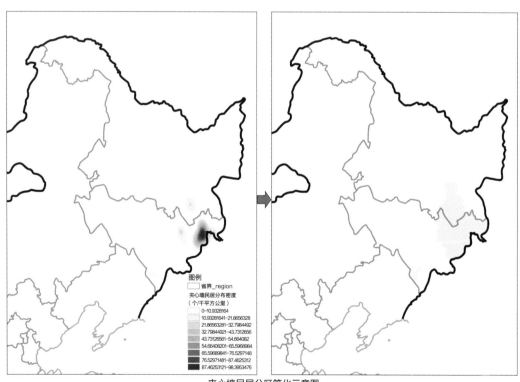

夹心墙民居分区简化示意图

图6-13
墙体砌筑类型分区过程示意图

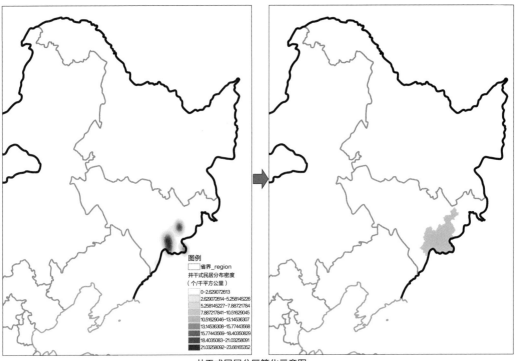

井干式民居分区简化示意图

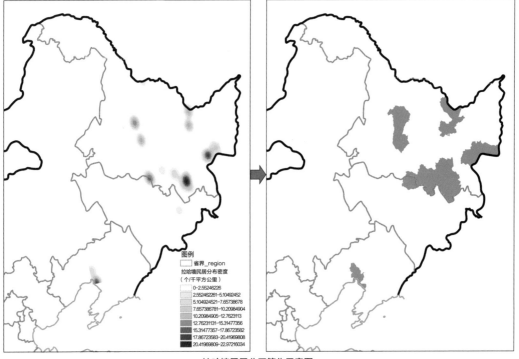

拉哈墙民居分区简化示意图

图6-13
墙体砌筑类型分区过程示意图（续一）

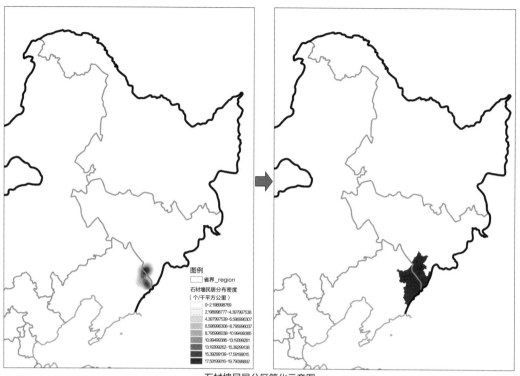

石材墙民居分区简化示意图

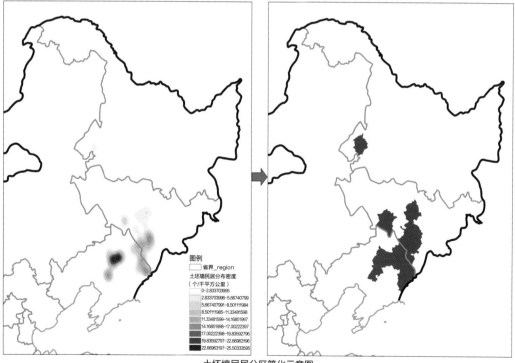

土坯墙民居分区简化示意图

图6-13

墙体砌筑类型分区过程示意图（续二）

通过墙体砌筑类型分区过程示意图可以得出，不同墙体砌筑类型在空间分布上具有较大的差异性。除拉哈墙民居分布相对较为分散以外，其他的墙体砌筑类型民居都较为集中，基本上呈现出片状区域，但是各区域之间出现交叉现象，形成文化混杂区域。例如黑龙江省的牡丹江地区则出现拉哈墙和夹心墙两种建造技术形式，辽宁省东部和吉林省东南部的抚顺市清原镇和通化市通化县等地同时存在土坯墙和石材墙两种不同的墙体建造技术，长白山一带则是井干式民居和夹心墙民居的混杂区。

从墙体砌筑类型的分布区域来看，拉哈墙民居主要分布在东北地区的黑龙江省，地形环境多为平原及较低丘陵地区。井干式和夹心墙基本上分布在吉林省的东部延边朝鲜族自治州和白山市，地形环境多为山地。石材墙民居则主要分布在辽东山区一带。土坯墙民居分布较广，跨越吉林和辽宁两个省份，在黑龙江的齐齐哈尔也有局部覆盖，但是其多分布在东北地区中部的平原、台地、丘陵等地势较低的区域。

从墙体砌筑类型的分布密度来看，不同墙体砌筑类型的民居建筑的分布密度有较大的差距。吉林省东部的延边朝鲜族自治州夹心墙的分布密度最大，并形成以延吉市为中心的高密度分布区，传统朝鲜族村落分布密度最高达到87.5~98.4个/千平方公里；井干式和拉哈墙建筑的分布密度相似，分布密度最高达到20.4~23.7个/千平方公里，井干式建筑在吉林省的白山市以及图们市的安图县分布密度达到峰值，而拉哈建筑的高密度区域则相对其他类型的建筑较为分散，分布在牡丹江市和榆树市与五常市的交界区以及黑龙江省的鸡西市；土坯墙的分布介于两者之间，分布密度最高达到22.7~25.5个/千平方公里，并在辽宁省沈阳市附近出现较为明显的聚集；分布密度最小的当属石材墙民居，辽东地区石材墙建筑分布密度最高，在辽宁省清原镇与吉林省的通化县交界处以及丹东市一带集聚较为明显。

因此，将上述中墙体砌筑类型分布图进行叠合，从而得到东北朝鲜族民居建造技术初步文化区划图，叠合结果如图6-14所示。

依据上述墙体砌筑类型分区过程示意图的叠合，将东北地区朝鲜族传统民居所在区域大致划分为四个文化区，分别是长白山混合民居文化区、拉哈墙民居文化区、土坯墙民居文化区、辽东混合民居文化区。

长白山混合民居文化区包含多种墙体砌筑类型，该区域以井干式民居、夹心墙民居以及拉哈墙民居分布为主，中间部分区域则是拉哈墙、夹心墙以及夹心墙、井干式民居的混合区；辽东混合文化区则包含了石材墙、土坯墙、拉哈墙三种民居类型，其中以石材墙民居和土坯墙民居最为典型；土坯墙民居文化区和拉哈墙民居文化区除去混合民居文化区部分，整体来说保持自己独有的建造特征，以土坯墙民居和拉哈墙民居最为典型。

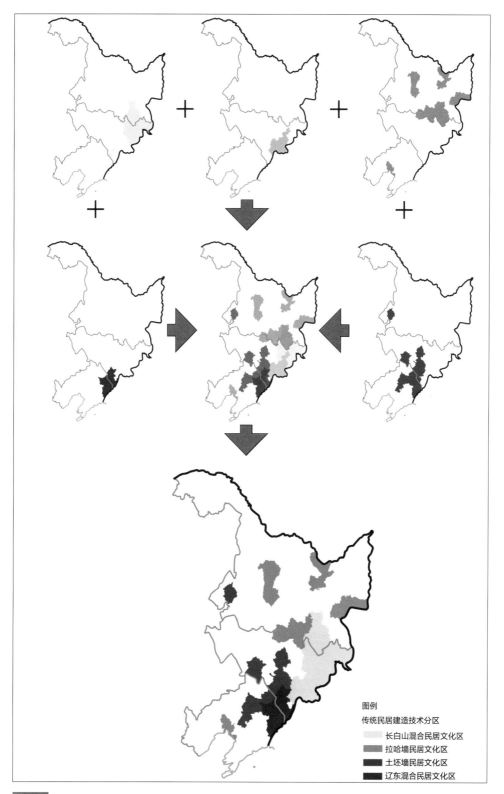

图6-14
朝鲜族传统民居建造技术分区过程示意图

6.2　东北传统民居文化区综合区划

6.2.1　汉族传统民居文化区综合区划

1．文化区的细分

在前面的分析中，选取了传统村落的形成年代、地形环境、建筑结构、山墙类型和屋面材料五类因子作为辅助因子，本步骤是通过对辅助因子的空间分布范围与初步确定的文化区进行叠加，其中重合最密集的区域为典型的文化区。

而在辅助因子中，屋顶形式中的碱土囤顶，作为辅助因子中比较特殊的民居构造形式和材料，对其进行了密度分析（如图6-15所示）。分析后发现，在该区域内，这种辅助因子的典型性高于原本的建筑墙体构造形式典型性，因此增加这种辅助因子作为该区域的典型文化特征进行后续分区和分析。

如图6-16所示，通过辅助因子分布图与初步文化区划图进行叠加，可以针对初步分区内的辅助因子分布详细划分文化区的边界。

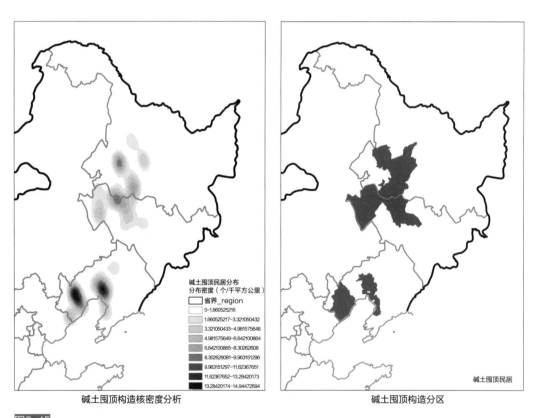

碱土囤顶构造核密度分析　　　　　　　　碱土囤顶构造分区

图6-15
碱土囤顶民居分区简化示意图

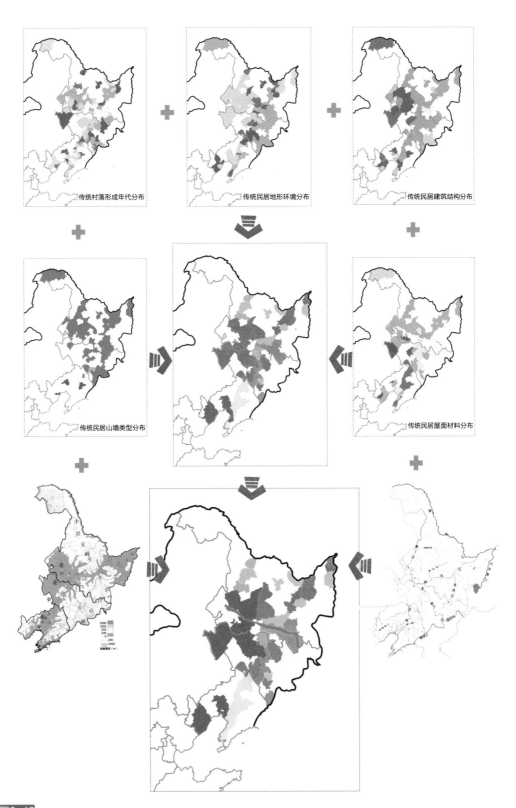

图6-16
汉族传统民居营造技艺细分过程示意图

　　黑中-吉中土坯墙民居文化区的细分。该文化区主要包含黑龙江省中部地区和吉林中部部分地区，包括黑龙江省佳木斯市、桦川县、抚远县、双鸭山市、集贤县、巴彦县、木兰县、庆安县、绥棱县、吉林省舒兰市、蛟河市、梨树县、柳河县、东辽县、东丰县等地区。在各辅助因子叠加过程中发现，该区域村落建成年代大部分在清末和民国时期；民居选址较为多样，以平原和台地地形为主；承重结构均为木构架承重，山墙类型则以悬山式为主；屋面系统材料主要为草，少部分为青瓦。在山脉河流叠加图上进一步细化可以发现，吉林地区舒兰市、蛟河市区域受西南侧和南侧威虎岭和牡丹岭的隔绝，与其他文化区形成非常明显的分界；在绥棱县、庆安县、巴彦县和木兰县区域，受松花江和呼兰河及其支流的隔绝影响，与西侧碱土囤顶民居文化区形成清晰的界限。因此，遵循文化景观分布的趋同性原则，该区域确定为土坯墙民居文化区。

　　牡丹江混合民居文化区的细分。该文化区主要包括黑龙江省海林市、宁安市、尚志市等地区。在各辅助因子的叠加过程中发现，该区域的村落均在清末及民国时期建成；民居选址均为山地地形；建筑承重结构选型上，木构架承重、墙架混合承重和墙体承重均有，呈现出丰富多样的建筑结构选型，山墙类型则以悬山式为主；屋面系统材料包括草、木和铁皮。该文化区的北侧边界主要受到大青山和锅盔山的隔绝影响，在张广才岭北侧与松花江河谷平原地区形成明显地理界限。由于该区域内民居营造技艺多样且与周围区域有明显区别，而此区域主要河流为牡丹江，受到牡丹江流域的文化影响，因此将该文化区确定为牡丹江混合民居文化区。

　　黑龙江板夹泥民居文化区的细分。该文化区主要包括五大连池市、逊克县、伊春市、宾县、延寿县、方正县、鹤岗市、桦川县、桦南县、饶河县等地区。在各辅助因子的叠加过程中发现，该区域的村落建成年代在清代、民国和中华人民共和国成立后均有；民居选址绝大部分为丘陵地区；建筑承重结构选型上均为木构架承重，山墙类型选择均为悬山式；屋面材料均为草。该文化区与山脉河流图叠加后可以发现，该区域的村落均聚集在河谷平原与山区之间的丘陵地带，受山脉和水文影响较大，五大连池区域由于讷谟尔河的隔离，与南侧区域形成不同营造形式，宾县、延寿县、方正县区域则背面受到松花江干流的隔离，南面受大青山和锅盔山的隔绝而形成明确的文化区界限。并且板夹泥民居在黑龙江省内大量出现，而在吉林和辽宁分布较少，因此，该区域确定为黑龙江板夹泥民居文化区。

　　大小兴安岭-长白山脉井干式民居文化区的细分。该文化区主要分布在吉林省长白山山脉、黑龙江省境内的长白山向北延续的张广才岭与老爷岭山脉、小兴安岭山脉及大兴安岭山脉地区。该文化区包括漠河县、塔河县、汤原县、敦化市、白山市等地区。该区域的村落建成年代在清代、民国和中华人民共和国成立后均有；民居选址均为山地地形；建筑承重结构选型上则为木构架和墙体承重，山墙类型均为悬山式；屋面材料均为木板瓦和草。该文化区的辅助因子分布呈现了高度的一致性。该文化区与山脉河流图叠加后可以发现，该区域是受山脉影响最大的区域，尤其以长白山主山脉所在区域最为典型。另外，该区域内以井干式建筑为主，部分出现板夹泥式和土坯式建筑。根据文化区文化景观的典型性原则，确定该文化区为大小兴安岭-长白山脉井干式民居文化区。

辽东混合民居文化区的细分。该文化区包括铁岭市、西丰县、抚顺市、沈阳市、辽阳市、本溪市、海城市、大石桥市、盖州市瓦房店市等地区。该区域的村落建成年代在清代以前和清代居多，可见其发展历史久远；民居选址涵盖了平原地形和山地地形，主要分布于平原与山地相接地区；建筑承重结构选型上则以木结构为主，以墙架混合承重为辅，山墙类型则以硬山山墙为主，部分地区采用五花山墙形式；屋面材料则以青瓦顶为主，部分地区也选择碱土、草来覆顶。该文化区与山脉河流图叠加后可以发现，该区域受到浑河与辽河的隔绝影响，与西侧民居营造技艺产生较大差异，东侧则以长白山余脉千山山脉为止，该文化区内建筑构筑形式丰富，包含了金包银民居、石砌墙民居、砖石混砌墙民居、砖砌墙民居、土坯墙民居和土打墙民居，因为该区域内各民居类型较为多样且区域内交叉分布，因此确定该文化区为辽东混合民居文化区。

黑西-吉北拉哈墙民居文化区的细分。该文化区包括孙吴县、克山县、克东县、拜泉县、海伦市、榆树市等地区。该区域的村落建成年代由南至北依次从清代到中华人民共和国成立后时期；民居选址以平原地形为主；建筑承重结构选型上均为木构架，山墙类型为悬山山墙；屋面材料则以草为主。该文化区与山脉河流图叠加后发现，山脉河流对该文化区的影响不大，因此确定该文化区为黑西-吉北拉哈墙民居文化区。

吉中混合民居文化区的细分。该文化区包括永吉县、磐石市、东丰县、辉南县、梅河口市、集安市等地区。该区域的村落建成年代在清代以前、清代、民国和中华人民共和国成立后均有；民居选址以山地和丘陵地形为主；建筑承重结构选型上均采用木构架的结构形式，山墙类型则硬山式、悬山式和五花式均有分布；屋面材料则以青瓦和草为主。该文化区与山脉河流图叠加后发现山脉河流对该文化区的影响不大，因为该区域内存在石砌民居、砖石混砌民居、土坯墙民居、拉哈墙民居和土打墙民居多种构筑形式，各类民居无法形成明显且连片的聚集区，因此确定该文化区为吉中混合民居文化区。

辽西砖石混砌民居文化区的细分。该文化区内虽然以砖石混砌营造技术为主要墙体砌筑类型，但该区在与辅助因子分布图叠加过程中发现与土坯墙文化区内黑龙江西南、吉林西北地区出现了明显的相同之处，主要以碱土囤顶为重要辅助因子。在这个文化区内分析认为屋顶形式更能代表该文化区的景观特征，因此以碱土囤顶形成的区划分区形成新的文化区。该区域包括依安县、林甸县、绥棱县、望奎县、青冈县、兰西县、肇东市、肇州县、肇源县、白城市、松原市、扶余市、德惠市、农安县、黑山县、北镇市、盘锦市、台安县、葫芦岛市、朝阳县等地区。该区域的村落建成年代在清代、民国和中华人民共和国成立后均有分布；民居选址以平原为主；建筑承重结构以木构架和墙架混合承重为主，山墙类型在辽宁地区为硬山山墙，在吉林西部地区为硬山山墙，在吉林和黑龙江交界处为硬山、悬山混合式，在黑龙江地区以悬山山墙为主；屋面材料均采用碱土。该文化区与山脉河流图叠加后可以发现，在地理位置上处于松嫩平原和辽河平原的碱土地带，以碱土区为主要的区域分隔界限，在辽宁区域同时也受到辽河的隔离作用。因此，确定将辽西砖石混砌民居文化区更改为松嫩-辽西碱土囤顶民居文化区。

由于屋顶材质为铁皮顶的民居构造形式较为独特，该形式受到了外来文化的影响，且在分布上呈现出明显的带状分布，研究发现该带状分布与中东铁路文化线路有非常大的关联，但是该区域与其他文化区重合度非常高且覆盖区域并不典型，因此不单独作为一个文化区分类，将该因子叠合到其他文化区一同分析。

2. 文化区详细边界的确定

根据上述研究将文化区的详细边界进行了叠加分析，从自然环境、行政区划、辅助因子分布等多个方面对初步生成的文化区进行详细分界。首先以县级行政区划边界作为主要的区划界限，然后叠加东北地区地形图和东北地区河流图，进一步细化文化区边界，最后叠加辅助因子分布图，将影响较大的因子分布与文化区边界叠合，综合考虑划分文化区边界，得到如图6-17所示最终的文化区划图。

综上所述，东北汉族传统民居营造技艺类型被分为八大文化区：Ⅰ区：松嫩-辽西碱土囤顶民居文化区；Ⅱ区：黑中-吉中土坯墙民居文化区；Ⅲ区：牡丹江混合民居文化区；Ⅳ区：黑龙江板夹泥民居文化区；Ⅴ区：大小兴安岭-长白山脉井干式民居文化区；Ⅵ区：辽东混合民居文化区；Ⅶ区：黑西-吉北拉哈墙民居文化区；Ⅷ区：吉中混合民居文化区。

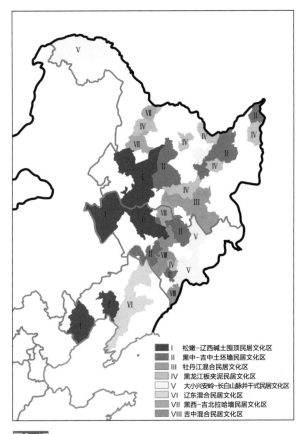

图6-17
汉族传统民居营造技艺文化分区图

Ⅰ 松嫩-辽西碱土囤顶民居文化区
Ⅱ 黑中-吉中土坯墙民居文化区
Ⅲ 牡丹江混合民居文化区
Ⅳ 黑龙江板夹泥民居文化区
Ⅴ 大小兴安岭-长白山脉井干式民居文化区
Ⅵ 辽东混合民居文化区
Ⅶ 黑西-吉北拉哈墙民居文化区
Ⅷ 吉中混合民居文化区

6.2.2　满族传统民居文化区综合区划

1．文化区的细分

在上一章的分析中，选取了民居地形环境、民居建造年代、山墙类型、建筑装饰和屋面系统材料五类辅助性因子，本步骤是通过对辅助因子的空间分布范围与初步确定的文化区进行叠加，其中重合最密集的区域为典型的文化区（图6-18）。

通过辅助因子分布图与初步划分的文化区进行叠加后，可以发现以下规律：

黑龙江省拉哈墙民居文化区的细分。该文化区主要包含黑龙江省除宁安市之外的其他满族聚居地以及吉林省吉林市的满族分布区。在各类辅助因子的叠加过程中发现，该区域的各项特征具有明显的相似性。民居建造年代主要在中华人民共和国成立后；建筑装饰程度普遍很低；山墙类型以悬山山墙为主导；屋面系统材料主要为土；民居选址较为多样，却仍以台地地形作为主导选择。因此，根据文化景观的趋同性原则，该区域仍为黑龙江省拉哈墙民居文化区。

长白山混合民居文化区的细分。该文化区主要分布在吉林省长白山主峰山脉附近以及位于黑龙江省境内的长白山向北延续的张广才岭与老爷岭山脉附近。该文化区的辅助因子分布图呈现高度的一致性。民居选址为山地地形；民居建造年代多为民国时期和中华人民共和国成立后；屋面系统材料主要为草和木板瓦；民居装饰程度较低；山墙类型以悬山山墙为主；该文化区呈现多种墙体砌筑类型混合的现象，但井干式民居技艺却为该区所独有的，土坯墙和叉泥墙民居则在其他地区广为分布。由此可见，将该区归为混合民居文化区，实为一种分区可能性。在考虑到文化区划应遵循以典型文化特征优先的原则，故将该区界定为长白山井干式民居文化区。

辽北-辽东混合文化区的细分。该区同时出现了土坯墙、叉泥墙、金包银、砖石混砌、石材砌筑多种建造方式的民居。在辅助因子分布图叠加过程中，该区出现了明显的差异。以开原县、西丰县以及伊通自治县为主的辽北地区民居建造年代主要以中华人民共和国成立后为主，民居装饰程度水平较低，屋面系统材料多是覆草，山墙类型多是悬山山墙。而位于辽东的清原自治县、新宾满族自治县、本溪满族自治县、桓仁满族自治县的民居建造年代整体水平明显比辽北久远，房屋装饰程度也相对更高一些，同时在新宾满族自治县的满族民居中青瓦屋面材料以及硬山山墙的分布较多。从之前的研究中得出，辽北地区出现了土坯墙与叉泥墙两种建造方式的明显混合，却又以土坯墙为主导建造模式，此外并没有集中出现其他墙体砌筑类型的分布片区。而辽东无论从哪方面看，该区域的建造文化景观都较为多样。根据文化景观的差异性，将辽北-辽东混合文化区细分为辽北土坯墙民居文化区和辽东混合民居文化区。

辽西-辽南砖石混砌民居文化区的细分。该区虽仅存在一种主导的墙体砌筑类型，但在辅助因子分布图的叠加中却出现了明显的差异。主要表现为以北镇市、义县、兴城市以

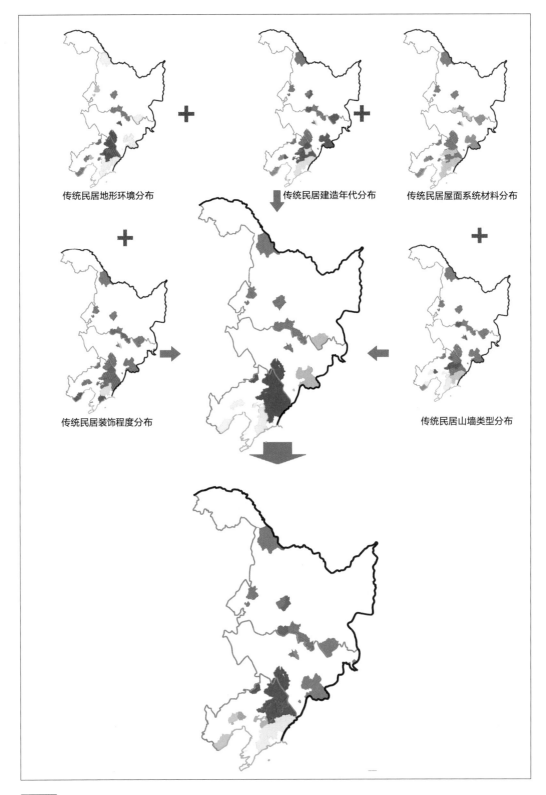

图6-18
满族传统民居建造分区细分过程示意图

及绥中县为代表的辽北地区主要是以碱土为屋面材料的囤顶民居，无论从房屋建造年代还是建筑装饰水平都较辽南地区降一个等级。且辽北民居选址主要在台地或平原地形，而辽南民居主要分布在山地。因此，根据两个区域内文化景观特征的趋同性和差异性。同时考虑到囤顶作为辽西满族民居中最典型的文化特征，故将辽西-辽南砖石混砌民居文化区细分为辽西囤顶民居文化区和辽南砖石混砌民居文化区。

2. 文化区详细边界的确定

东北地区丰富多变的自然环境是形成区域内文化景观多样性的主要原因之一。其中，山脉与河流是对民居文化区具有重要影响的自然要素，在交通运输不发达的年代，高大的山脉与宽广的河流形成较强的地理隔离作用。同时文化的传播与扩散，也与历史上行政区域的边界以及当时的政策密不可分。因此在文化区边界最终确定的过程中考虑到以上因素进而对文化区进行精确划分。其中在东北地区的地理环境中对文化区有较强分割作用的山脉有：莫日红山山脉对辽北土坯墙民居文化区与辽东混合民居文化区的分割；韭菜岭子山脉、老秃顶子山脉、花脖山山脉对辽东混合民居文化区与辽南砖石混砌民居文化区的分割。对文化区有较强分割作用的河流有：辽河对辽西囤顶民居文化区与辽南砖石混砌民居文化区的分割。除此之外，在考虑到主要以县级行政边界作为主要划分界限时，若部分村落样本稀疏的地区则精确到乡镇界。

综上所述，东北满族传统民居建造技术类型被分为六大文化区（图6-19）：Ⅰ区：黑龙江省拉哈墙民居文化区；Ⅱ区：长白山井干式民居文化区；Ⅲ区：辽北土坯墙民居文化区；Ⅳ区：辽东混合民居文化区；Ⅴ区：辽西囤顶民居文化区；Ⅵ区：辽南砖石混砌民居文化区。

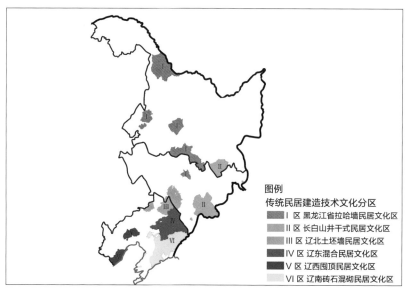

图例
传统民居建造技术文化分区
Ⅰ区 黑龙江省拉哈墙民居文化区
Ⅱ区 长白山井干式民居文化区
Ⅲ区 辽北土坯墙民居文化区
Ⅳ区 辽东混合民居文化区
Ⅴ区 辽西囤顶民居文化区
Ⅵ区 辽南砖石混砌民居文化区

图6-19
满族传统民居建造技术
文化分区示意图

6.2.3　朝鲜族传统民居文化区综合区划

1．文化区的细分

依据前文选取的辅助因子对主导因子所生成的文化区进行更深层次的细分，五种辅助因子分别是民居地形环境、建造年代、屋顶形式、屋顶材料、山墙类型，本节中将辅助因子分布图与上节中得到的初步文化区分布图进行叠合分析，分布最为密集的区域则是典型的文化区。

利用辅助因子对初步文化区进行细化，将初步文化区分布图与辅助因子分布图进行叠合分析，得出以下结论（图6-20）：

拉哈墙民居文化区：该文化区的民居建筑大多分布在东北地区黑龙江省的朝鲜族聚居区，辽宁地区部分地区也有少量分布。将五种辅助性文化因子的空间分布图在初步文化区分布图上进行叠合，叠合分布图也体现出其大致的分布规律。拉哈墙民居建筑的地形环境分布呈现多样化的特点，但是依旧以平原、台地等较低地形为主；建造年代主要是集中在中华人民共和国成立后，少量民居则是在民国时期所建；屋顶形式主要以双坡屋顶为主；屋顶材料以草为主；民居山墙类型主要以悬山山墙为主，部分地区则出现少量的合字山墙形式。拉哈墙民居所在范围之内基本上满足相似民居建造技术方式的原则，并能够形成片区，因此，遵循文化景观趋同性的原则，故仍然定义该区域为黑龙江省拉哈墙民居文化区。

长白山混合民居文化区：该文化区的研究范围大致包括吉林省的白山市和延边朝鲜族自治州以及黑龙江省牡丹江市等部分地区。将辅助因子分布图与初步文化区分布图叠合，叠合产生的分析图中除了民居地形环境为山地地形以外，不同区域出现了明显的差异性。以白山市、安图县为主的长白山地区民居建造年代还是以中华人民共和国成立后最多，但是有接近一半的民居则是清代或者是民国时期的产物；屋顶形式则是选择了双坡屋顶和四坡屋顶；屋面材料大量使用木瓦，以木材料为主；民居山墙类型有悬山山墙和合字山墙两种形式；建筑墙体围护材料则是以圆木为主。而吉林省延边朝鲜族自治州的民居建造年代集中在中华人民共和国成立后，民国及清代时期的建筑少有分布；屋顶形式则是以四坡屋顶为主，部分地区则同时出现四坡屋顶和双坡屋顶混合使用；屋面材料以草为主，少量建筑则选择了朝鲜族民居最具代表性的灰瓦；山墙类型以合字山墙为主。黑龙江省的牡丹江地区的朝鲜族民居建造时间主要也是在中华人民共和国成立后；屋顶形式则是出现双坡屋顶和四坡屋顶两种形式；屋面材料则是以草为主；民居山墙类型也是出现了悬山山墙和合字山墙两种山墙形式。从之前的研究结论可以得出，长白山地区出现了夹心墙和井干式两种墙体砌筑类型，但是民居建筑又以井干式为主要墙体砌筑。延边朝鲜族自治州除安图县部分乡镇采用了井干式建造技术以外，其他地区则明显以夹心墙为主，并形成大面积的片区。而在牡丹江地区则出现了大面积的混合区域，包括墙体砌筑类型的混合使用，甚至在一栋建筑中运用拉哈墙和夹心墙两种建造技术，并

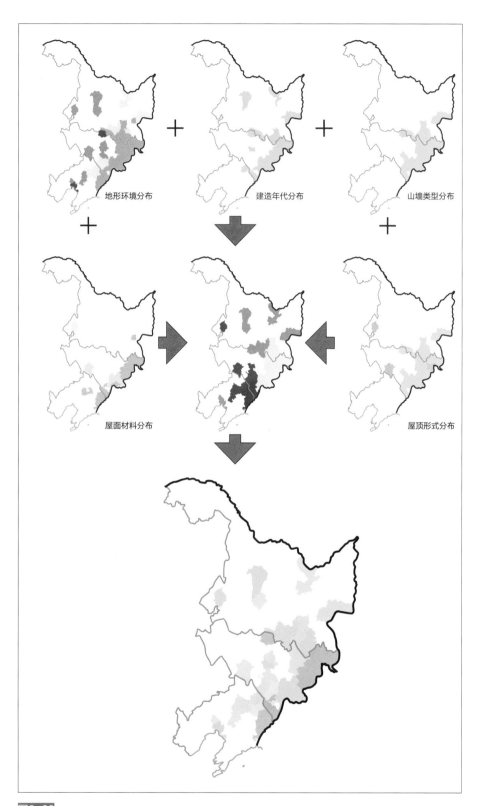

图6-20
朝鲜族传统民居建造分区细分过程示意图

没有哪一类墙体砌筑类型形成片区。因此根据文化景观差异性原则，将长白山混合民居文化区细分为长白山井干式民居文化区、延边夹心墙民居文化区、牡丹江混合民居文化区。

辽东混合民居文化区：该文化区大致范围在辽宁省东部和吉林省南部的交界一带，地形环境基本上属于山地地形。经过辅助因子和主导因子叠合分析可以得出，位于辽东的宽甸县、恒仁县的民居建造年代相对较晚，集中在中华人民共和国成立后；屋顶形式以双坡屋顶为主；屋面材料则是选择草和瓦片；山墙类型则是悬山山墙。吉林南部的通化集安市、通化县等地区建造年代相比于辽东地区较久远，但是依旧以中华人民共和国成立后为主；屋顶形式以双坡屋顶为主，部分地区则使用四坡屋顶；屋面材料以草为主；民居山墙类型则是以悬山山墙为主，同时出现少量的合字山墙。从前文的研究中可以得出，辽东地区的宽甸县和恒仁县以石材墙为主要墙体砌筑类型，并没有其他的类型出现，辅助因子在该地区也呈现出极其明显的相似性，符合景观趋同性的原则。而吉林南部的集安市、通化县一带同时出现了夹心墙、石材墙和局部的土坯墙，没有出现主导的建造技术且没有产生片区，并有成为吉林东部夹心墙和辽东地区石材墙以及中部土坯墙过渡区的趋势，辅助因子在该地区也是呈现多样化。因此，依据文化景观差异性原则，将辽东混合民居文化区细分为辽东石材墙民居文化区和吉南混合民居文化区。

土坯墙民居文化区：该文化区的民居建筑分布较为集中且连接成片，主要分布在吉林省中部和辽宁省中部的朝鲜族聚居区。将辅助因子分布图与初步文化区分布图叠合，所生成的叠合分布图中的各项技术特征也呈现出较高的相似性。民居建筑年代多集中在中华人民共和国成立后；土坯墙民居建筑的地形环境分布虽呈现多样化的特点，但是还是以平原、台地及丘陵这些地势较低且土资源相对丰富的地区为主；屋顶形式以双坡屋顶为主，部分地区则出现囤顶；屋面材料以草为主，囤顶地区则是选择用土作为屋面材料；民居山墙类型以悬山山墙为主。所以，根据文化景观趋同性原则，该区域仍定义为吉中-辽中土坯墙民居文化区。

2. 文化区详细边界的确定

东北地区丰富多样的自然地理环境决定了建筑文化景观类型的多元化。地区的建筑文化景观受到当地民族文化的影响，行政区域也直接影响文化区的划分范围，同时在交通、信息以及技术相对落后的古代，山脉和河流在地理上有较强的分隔作用，是文化区划分时重要的自然因素。因此，在文化区详细边界确定时不仅需要考虑区域所在的行政边界而且也得将山脉、河流这些自然因素考虑在内，在部分地区村落样本稀疏的情况下，可以将行政边界划分线由县界精确到乡界。本书中自然因素对确定文化区详细边界起到重要参考作用，比如：长白山在长白山井干式民居文化区与延边夹心墙民居文化区的分

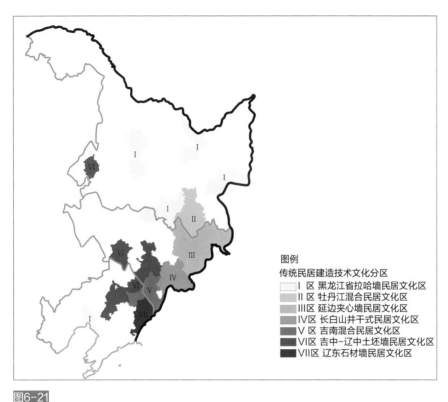

图6-21
朝鲜族传统民居建造技术文化分区示意图

隔中起到的作用；哈尔巴岭在牡丹江混合民居文化区与延边夹心墙民居文化区划分中的
作用；花脖子山脉、老秃顶子山脉在辽东石材墙民居文化区与吉南混合民居文化区划分
中的影响等。

综上所述，东北朝鲜族传统民居建造技术类型被划分为七大文化区（图6-21）：Ⅰ区：
黑龙江省拉哈墙民居文化区；Ⅱ区：牡丹江混合民居文化区；Ⅲ区：延边夹心墙民居文化
区；Ⅳ区：长白山井干式民居文化区；Ⅴ区：吉南混合民居文化区；Ⅵ区：吉中-辽中土
坯墙民居文化区；Ⅶ区：辽东石材墙民居文化区。

6.3 东北地区传统民居建造技术文化区景观特征

本节主要对各文化区基本概况与文化景观特征加以论述，划分文化景观内的核心区与
扩散区，列举文化区内典型村落，并对文化景观的成因作出分析。从地理空间视角研究核
心区与扩散区的文化演化现象，核心区是区域内文化的内核，具有较高的文化强度同时向
扩散区进行文化辐射，而扩散区为环绕在中心周围的低强度文化区域。在具体的划分过程

中，主要根据各区内传统民居的遗存以及区域的历史沿革，同时结合核密度分析中点要素的分布密度。

6.3.1 汉族文化区的文化景观特征

1．松嫩-辽西碱土囤顶民居文化区

（1）基本概况

如图6-22所示，松嫩-辽西碱土囤顶民居文化区分为A、B两个区域，A区域位于黑龙江省西部、吉林省西北部，行政区划上涵盖黑龙江省的林甸县、富裕县部分区域、依安县部分区域、明水县大部分区域、青冈县、望奎县、绥棱县、庆安县、兰西县、肇东市、绥化市、肇州县、肇源县、吉林省的白城市全市域、扶余市、前郭尔罗斯蒙古族自治县部分区域、农安县、德惠市、长春市部分区域、吉林市部分区域；区域内地形地貌主要以平原为主，海拔高度在0~200米，局部地区海拔高度为200~500米的浅丘陵，整体地势平坦，多碱土沼泽地；区域内主要的河流有嫩江、乌裕尔河、松花江、洮儿河、饮马河等大小河流。B区域位于辽河以西的辽宁省西部地区，行政区划上涵盖了北镇市、盘锦市、盘山县、大洼县、台安县、阜新县部分区域、朝阳县、建昌县、绥中县、兴城市、葫芦岛市；区域内地形地貌主要以平原及浅丘陵为主，区域内平原地区海拔高度在0~200米，浅丘陵地区海拔高度在200~500米，局部地区海拔高度在500~1000米，整体地势西高东低；区域内主要的河流有大凌河、小凌河、辽河、绕阳河等。

该文化区内的汉族人主要都是清代以来从关内移民而来。位于辽西地区的葫芦岛市地区与关内地区只有一关之隔，自古以来该地区就是关东与关内人口迁徙、文化交融的要道。明清以来，辽西地区就为汉族、满族、蒙古族多民族聚居交汇地带，该地区的汉族人口极少数为世居在此的汉族之外，多数是从河北、山东、山西等地区移民而来，同时。该地区作为东北地区汉族最早的聚居地逐渐发展，并作为移民的中转站而不断向吉林和黑龙江地区迁徙。清末闯关东人数激增，原本由山海关进入辽西地区的人口数量剧增导致土地资源紧张，因此汉族人民便沿辽河北上迁至吉林西北部的松嫩平

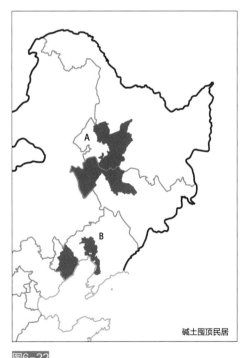

碱土囤顶民居

图6-22
松嫩-辽西碱土囤顶民居文化区

原，由此将碱土囤顶的构造技术带入松嫩平原地区。最初聚居在松嫩平原地区的汉族人口多沿松花江流域分布，最早开发了肇源县、镇赉县、大安市、扶余市等地区，随着人口的增多而逐渐开垦了肇东市、兰西县、青冈县等北部地区。

（2）文化景观特征

根据汉族人口的迁入历史与聚集度，总结出该文化区内以兴城市、绥中县为辽西地区的文化核心区，建昌县、朝阳县、黑山县、北镇市、盘锦市等地区为文化扩散区；以肇源县、肇州县、镇赉县为松嫩地区的文化核心区，白城市、德惠市、扶余市、肇东市、青冈县、望奎县等地区为文化扩散区。

辽西地区传统民居选址多在辽河平原地区，少部分在辽西丘陵地区；建村年代上文化核心区的建村年代普遍在清代以前及清代，扩散区则多为民国及中华人民共和国成立后建村；营造技艺上传统民居屋面形式以漫圆拱形囤顶为主，部分地区也采用青瓦双坡屋顶；民居山墙类型主要以五花山墙和硬山山墙为主，民居的墙体构筑形式以金包银、砖石混砌和石砌筑为主，清代以前及清代的民居建造多以青砖为主，清末及民国时期多采用砖石混砌；民居的结构形式多选择墙架混合承重，少部分为木构架承重；民居装饰程度上，仅有少部分富裕人家进行雕饰等装饰，其余人家仅在山墙或窗下槛墙处砌筑装饰图案。该地区由于历史发展悠久，墙体材料多为石材、青砖为主，后期也采用红砖，也有极少部分民居以土为主；屋面材料主要以麦秸混合碱土制作砸灰平顶。

松嫩地区民居选址均为平原地区；建村年代上文化核心区的建村年代普遍在清代及民国，扩散区则多为民国及中华人民共和国成立后建村；营造技艺上传统民居屋面形式以平顶、漫圆拱形或圆拱形囤顶为主，民居山墙类型则在吉林西部地区为硬山山墙，在吉林和黑龙江交界处为硬山、悬山混合式，在黑龙江地区以悬山山墙为主，民居的墙体构筑形式以土坯墙和土打墙为主要构筑形式，民居的结构形式多为木构架承重，少部分为墙架混合承重；民居的装饰上相较辽西地区简朴很多，绝大多数民居无装饰。该地区由于碱土资源丰富，墙体材料均为碱土混合草类纤维，后期也多用红砖替代土坯；屋面材料主要以羊草混合碱土制作碱土平顶（图6-23）。

（3）典型村落

永宁社区位于辽宁省葫芦岛市兴城市古城街道，是一个城中社区，紧靠兴城东河，距离渤海海岸6公里，为沿海平原地区。该村落于明朝宣德年间建村，清代以后逐步发展成为城中村，全村汉族人口占90%以上。村落整体布局为方格棋盘状行列式布局，道路多平直宽敞，房屋布局整齐。

由于该地区人口稠密，土地资源紧张，民居多紧密排布，通常只设前院，少数村落边缘民居设前后两院，院落多为二合院或三合院，正房与厢房之间用石砌围墙围合，正房后横墙多不开窗，直接与下一户人家的前院相连，正房山墙与厢房后横墙一侧多为村落街道，正门多开在侧面围墙处。院内常常放置一些生产工具，或种植一些作物或景观

砖石混砌围顶民居   砖石混砌墙

五花山墙   土坯墙围顶民居

土坯墙   悬山山墙

图6-23
松嫩-辽西碱土围顶民居文化区景观特征

金包银囤顶民居

墙架混合承重结构

面阔两间的囤顶民居

面阔两间的囤顶民居平面图

图6-23
松嫩-辽西碱土囤顶民居文化区景观特征（续）

供家庭使用。

民居开间多为三开间，极少数人家为五开间，由于受满族等少数民族的影响，部分民居开间也有四开间等偶数开间。民居正门均开在中间，若是偶数开间则开在正中两开间的右侧开间。民居外墙采用青砖与当地盛产的花岗岩混砌的方式砌成五花墙的形式，部分民居采用红砖替代青砖，院落围墙也多采用砖石混砌的方式砌筑，只不过民居外墙用的石材大多进行简易的切割和加工，围墙的石块多不加修整而直接依石材形状拼合砌筑。

整体来看，永宁社区布局紧凑，空间布局整齐划一、节奏统一，道路的规划最大限度便于居民的出行且最节约交通面积，丰富的墙体砌筑材料和独具特色的圆拱形囤顶构成了村落最为典型的文化景观（图6-24、图6-25）。

永宁社区村落布局

碱土囤顶民居

民居山墙、后横墙与院墙

五花山墙

圆拱形囤顶

石砌墙细部

图6-24
永宁社区传统民居文化景观

院落与正房关系

窗楣装饰

隔墙盘头细部

图6-25
辽宁省兴城市邰家住宅文化景观

2. 黑中-吉中土坯墙民居文化区

（1）基本概况

如图6-26所示，黑中-吉中土坯墙民居文化区位于黑龙江省中部、吉林省中部地区，行政区划上涵盖黑龙江省的庆安县、巴彦县、木兰县、依兰县、汤原县、桦川县、集贤县、抚远县、富锦市、吉林省的舒兰市、蛟河市、柳河县、梨树县、四平市、伊通县、东辽县、东丰县、辽源市；区域内黑龙江地区民居选址主要以三江平原和松花江流域的冲积平原为主，在吉林地区民居选址主要以大黑山山脉地区与老爷岭山脉地区的丘陵及台地为主，区域内平原地区海拔高度在0~200米，浅丘陵地区海拔高度在200~500米，局部地区海拔高度在500~1000米，整体地势北低南高，西低东高；区域内主要河流有松花江、呼兰河、乌苏里江、挠力河、辽河等。

该文化区内的汉人主要是在清代闯关东时期进入吉林和黑龙江，乾隆末至嘉庆年间，吉林西部牧区和平原耕地区域已有流民大量涌入封禁地，并且不断进行私垦，各围场也遭到闯禁，乾隆时期以后封禁地屡次遭到流民的侵蚀，逐渐随着侵蚀的扩大和深入而被迫开放。清朝咸丰十年（1860年），清朝政府准奏开放哈尔滨以北的呼兰平原地区，这是黑龙江地区最先解禁开荒的地区，成为第一批闯关东流民驻守留垦的家园。此后，进入黑龙江地区的汉族人继续沿松花江东去，逐渐分布到佳木斯、双鸭山等地区，民国时期军阀政府积极促进东北移民，实施了移民优惠补助等各类政策，大力推动了华北地区的难民移民东北垦殖，该区域土地资源丰富，土壤肥沃十分适宜农耕，沿松花江的水路运输便捷，加之政府大力支持和民间社会团体的救助，大量难民涌入该区域。这部分汉族人自关内至奉天，沿辽河北上至松花江流域，

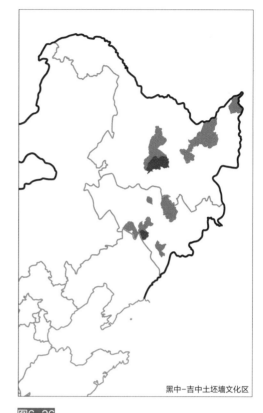

图6-26
黑中-吉中土坯墙民居文化区

直接带入了中原文化和营造技术，因此土砖筑墙的营造技艺广泛传入该区域。

（2）文化景观特征

该文化区以东辽县、辽源市、哈尔滨市北部地区、巴彦县、木兰县为文化核心区，庆安县、依兰县、汤原县、桦川县、集贤县、抚远县、富锦市、舒兰市、蛟河市、柳河县、梨树县、四平市、伊通县、东丰县为文化扩散区。

区域内民居选址主要集中在三江平原和松花江冲积平原地区和大黑山山脉丘陵地区；在建村年代上，东辽县、辽源市地区建村年代在清代，吉林其他区域建村年代多为清末至民国时期，少部分为中华人民共和国成立后，巴彦县、木兰县地区建村年代在民国时期，其余地区建村年代多在民国至中华人民共和国成立后时期；在营造技艺上，民居墙体为土坯砌筑，在黏土中加入草筋增加砌块的弹性，可以使土坯不致受冷开裂，增加墙壁的耐久度；民居屋面形式为双坡屋顶，屋面材料多采用草苫顶，少数地区也存在青砖青瓦顶；山墙类型以悬山山墙为主，承重结构均为木构架承重，民居装饰程度非常低，绝大多数没有装饰。该文化区内还存在少量叉泥墙民居和砖石混砌民居。

土坯房作为东北汉族民居中最为普遍、典型的建造手法，不仅仅存在于该文化区内，在多数混合文化区内也占据了非常大的比例。土坯房作为汉族民居营造技艺的延续，结合

图6-27

黑中–吉中土坯墙民居文化区景观特征

了东北地区独特的资源，适应了极端的气候环境，体现了汉族人在移民途中不断适应环境、逐渐变得直接、朴素、粗犷的建筑手法，反映了最为原始的居住意图，体现了最具代表的东北民居建筑景观意象（图6–27）。

（3）典型村落

东平村位于吉林省辽源市东辽县宴平乡，位于大黑山山脉的丘陵地区，位于一个三面环山的山间平地区域，北侧为秃顶子山，西侧为马鞍山，南侧为鸡冠山，东平村北侧背靠秃顶子山余脉的山坡，南面山间平地为耕地，村落依山呈带状布局，村落南侧为主干道，交通呈梳齿状分布。该村落于清末建村，由于交通闭塞至今村落发展缓慢，人口数量很少。

东平村院落多采用二合院式，也有部分采用一合院和三合院的形式。正房位于院落中轴线位置，院落围墙多用木栅栏围合，前院宽敞平坦，院门在围墙正中设置，直接对着正房大门，后院直接开垦作为耕地。这样的院落布置，一是方便进出（马）车及其他农用工具；二是入门后没有视线遮挡，显得院落"敞亮"；三是加强了轴线的意象，明确了轴线的边界。

民居开间多为"一明两暗"的三开间模式，正房地基较高，建筑高度高于厢房，屋脊高大，进深较深，南侧开大窗，北侧开小窗，室内布局是中间为堂屋（外屋地），布置灶台，左右两侧为东、西屋用作卧室及客厅。一合院的民居在正房一侧通常会设置耳房，用作仓储，二合院及三合院则将厢房用作存储，部分修缮较好的厢房也用作居住。民居墙体均采用土坯墙砌筑，砌筑好的墙体外还要再抹上一层厚厚的草和黄泥，可以避免内部土坯受到雨水

东平村平面布局

二合院式民居院落

土坯墙民居形态

土坯墙构造细部

悬山山墙

民居室内空间

图6-28
东平村传统民居文化景观

侵蚀。原本民居多采用草苫顶，由于草顶易腐烂且需经常更换，因此东平村的人们已经将草顶更换为石棉瓦顶或水泥瓦顶，但从构造上看仍能看出曾经的草苫顶痕迹（图6-28）。

3．牡丹江混合民居文化区

（1）基本概况

牡丹江混合民居文化区位于牡丹江流域的黑龙江省牡丹江市地区，行政区划上涵盖了牡丹江市、海林市、宁安市；区域内民居选址主要为张广才岭山脉的山地地区，区域内山地海拔高度在500~1000米，丘陵地区海拔高度在200~500米，局部山区海拔高度达到1000~2000米，区域内地势西低东高，北低南高，地形复杂，区域内主要河流有牡丹江、海浪河、蚂蚁河等。

该文化区内的汉族人来源比较复杂一部分作为土著居民在牡丹江地区生活，一部分是清代以来被贬黜到宁古塔的"流人"，另外绝大多数汉族人是在清末到民国初期大量移民而来。这一时期大量关内移民进入黑龙江地区且广泛分布于东部地区。牡丹江地区作为黑龙江省东部地区的"咽喉"，汇集了大量各地迁移过来的移民，关内的破产农民为谋生计迁往牡丹江流域参与修筑铁路和矿区开发等工业工程，也能维持温饱，而土地的不足让农民无地可耕只能转向其他工种，也有部分农民走向山林，从事林工和采集等工作，遂有"八分之五赴铁道东部，八分之二赴西部，其余的八分之一下车于哈埠"。宁安作为中东铁路东部沿线重要一站，吸引了大量移民，同时牡丹江地区自古以来就是少数民族聚集地，丰富的多元文化与汉族传统文化不断碰撞，导致该文化区的汉族民居融合了许多少数民族的民居构造特点与形式。

（2）文化景观特征

该文化区北邻土坯墙民居文化区，南邻井干式民居文化区，西邻土坯墙民居文化区，在区划上可以看出该文化区位于不同文化区的交汇处。该文化区内村落建村年代最早可以追溯到清代，大部分村落建村于民国时期；民居选址为山地和丘陵为主；营造技艺上民居屋面均采用双坡屋顶，山墙类型以悬山山墙为主，建筑承重结构选型在全区域均分布了木构架承重，同时在尚志地区分布了墙架混合承重结构和墙体承重结构，在海林地区分布了墙体承重结构，该区域总体呈现出丰富多样的建筑结构选型；屋面系统材料选择上包括草和木材料，在中东铁路沿线还出现了薄钢板材料。

该文化区内没有主导的建筑技术类型，总体呈现多种营造文化并存的状态，因此将文化区整体作为一个文化过渡区。从各类墙体营造形式的叠合来看，土坯墙民居形式覆盖了整个区域，井干式民居、拉哈墙民居和土打墙民居分布在海林市，板夹泥民居分布在海林市和宁安市，可以看出海林市作为文化区的中心位置，分布的民居营造形式也最为多样，受到周围文化区的影响也最大（图6-29）。

土坯墙民居形态

土坯墙

拉哈墙民居形态

拉哈墙

井干式民居形态

井干式墙体构造细部

板夹泥民居形态

板夹泥墙体构造细部

悬山山墙

图6-29
牡丹江混合民居文化区景观特征

木构架承重结构　　　　　　　　　草屋面　　　　　　　　　　薄钢板屋面

图6-29
牡丹江混合民居文化区景观特征（续）

（3）典型村落

七里地村位于黑龙江省海林市横道河镇东部七公里处故取名"七里地"，环形县道穿村而过，交通便利。七里地村地处张广才岭东麓，平均海拔为900米，村落依山而建，村址地势高峻，周边环境重峦叠嶂，树木茂密，林木及矿产资源丰富。

七里地村建村于清末，最初为少数汉族人与少数民族混居于此，后沙俄与清廷兴建中东铁路，此处森林木材资源丰富、沙俄在此大量掠夺各类资源，并征收大量难民来此兴修铁路、开采矿产等，村落人丁渐渐增长。该村院落多为一合院，每家每户仅建一座正房用于居住生活，部分在正房一侧建小仓房用于农用器具的存储，前院较大，多堆放生活杂物或木材，后院多为自家耕地用于种植蔬菜等自给自足。

该村现存的民居形式有两种，一种是井干式民居；另一种是板夹泥民居。该村现存的一座井干式民居是海林市文物保护单位，是海林地区第一个党支部旧址，已有百余年的历史。该建筑建在半山坡平地上，以石材砌筑地基，墙体依靠圆木层层叠垒搭建，圆木两端刻楞后互相咬合搭接，屋顶采用深银灰色铁皮瓦作为屋面材料，烟囱形式也采用俄式风格搭成尖顶花样。该村现存板夹泥民居四处，为中华人民共和国成立后建造，至今60余年，墙体构造为小杆夹泥墙体，先以石块砌筑地基，立柱后用细木杆钉出框架后填泥夯实筑成墙体（图6-30）。

4. 黑龙江板夹泥民居文化区

（1）基本概况

如图6-31所示，黑龙江板夹泥民居文化区位于黑龙江省部分地区，分布较为分散，行政区划上涵盖黑龙江省宾县、延寿县、方正县、尚志市、桦南县、鹤岗市、萝北县、饶河县、伊春市、五大连池市、吉林市辉南县等地；区域内民居选址主要以丘陵为主，包括小兴安岭与松嫩平原、三江平原交界处丘陵地区及松花江冲积平原与长白山脉交界处丘陵地区以及完达山脉丘陵地区，少部分选择在山地及平原地区，区域内丘陵地区海拔高度为200~500米，局部山地海拔高度为500~1000米；区域内主要河流有松花江、讷谟尔河、汤旺

七里地村村落布局　　　　　　　　　　　　　井干式民居形态

井干式民居形态　　　　　　　井干式墙　　　　　　　　悬山山墙

井干式民居室内空间　　　　　板夹泥民居形态　　　　　木构架承重结构

图6-30
七里地村传统民居文化景观

河、蚂蚁河、倭肯河、挠力河、乌苏里江等。

　　该文化区内汉族移民呈现明显的由南向北逐步迁徙发展的特点。从移民时间上，清末时期大量闯关东移民沿松花江及东清铁路北上进入黑龙江地区，首先进入宾县、延寿县、方正县等地区，北部及东部地区仍为荒蛮之地，民国初期移民黑龙江地区的人渐渐增多，继续沿松花江北上开垦了桦南县、鹤岗市、萝北县等地区，但这些地区汉族人口大规模增长是在伪满时期，大量关内移民被日本"招骗""掠夺"到黑龙江地区，这些移民以劳务为主，进入工矿企业，使得工业城市带动周边村落大规模发展。由于当时该黑龙江地区人口激增，而土地开发较少，建筑资源匮乏，土资源丰富而木材料较少，而板夹泥墙体用较少的木材和土就能建筑墙体，非常经济，且营造方式较其他墙体更加简单便捷，因此少部分从吉林中部丘陵地区汉族人使用的板夹泥技术向北广泛发展，逐步成为黑龙江丘陵地区最为典型的民居营造方式。

（2）文化景观特征

该文化区以辉南县、宾县、延寿县、方正县为文化核心区，桦南县、鹤岗市、萝北县、饶河县、伊春市、五大连池市为文化扩散区。

该文化区内的民居选址主要集中在小兴安岭东西侧低山丘陵地带、大青山及张广才岭北侧浅丘陵地区及完达山脉东侧低山丘陵地区；在建村年代上，辉南县地区历史较久远，在清代以前就有村落形成，清末时期宾县、五大连池地区有大量村落形成，民国时期区域内大量新兴村落建成，也是这一区域村落主要的形成时期；在营造方式上，民居墙体为板夹泥砌筑，先用砖或石砌筑基础，在基础上立木柱，在立柱上钉木板或细木棍形成木框架，木材资源丰富的地区常用材质较好的木板，木板排列也较为紧密，木材资源欠佳或经济发展贫穷的地区则采用较差的细木棍，木棍排列也较为稀疏，再在木框架里填泥夯实，正房墙面会将夯泥刮平，再在墙体外抹黄泥抹平，外观与土坯房或土打房无异，厢房或仓房则墙外不再抹泥而直接暴露木框架；民居屋面形式为双坡屋顶，屋面材料多为草苫顶；山墙类型以悬山山墙为主，承重结构均为木构架承重，民居装饰程度非常低，绝大多数没有装饰（图6-32）。

黑龙江板夹泥民居文化区

图6-31
黑龙江板夹泥民居文化区

（3）典型村落

北山屯位于黑龙江省尚志市鱼池乡，位于蚂蚁河北岸，靠近绥满线公路，位于张广才岭西麓老爷岭，村落位于山间谷地，三面环山一面靠丘陵，北侧为埋汰顶子山，南侧为杜草顶子山，东侧为北虎岭，村落北侧为低山南侧为山间谷地为耕地。村落呈现树枝状的组团分布，一条南北纵贯全村的主干道为村落主轴，房屋围绕主干道形成小的组团分布。该村落于中华人民共和国成立后建村，由于公路穿过交通便捷，发展较快。

北山屯民居院落多采用一合院或二合院形式，较少人家采用三合院的形式。采用一合院的民居形式多为正房处在院落正中心位置，设前后院，正房前设一条进入正房的甬道，在院落东或西一侧贴近正房的位置开大门，前院甬道南侧为耕地，后院多用木栅栏围合且不设门，用作自家耕地。通常这样设置可以使院落空间得以最大化利用，一方面保证了院落的通行功能，另一方面增加了自家耕地面积。二合院或三合院的民居，正房位于院落中心，大门开在南侧，正对正房的大门形成明显的中轴线，厢房位于轴线一侧，另一侧多为

板夹泥民居形态　　　　　板夹泥墙体　　　　　　悬山山墙

草苫顶屋面材料　　　　　木构架承重结构　　　　汉族传统室内空间

图6-32
黑龙江板夹泥民居文化区景观特征

耕地且与后院连在一起，院落活动区域仅为正常前的硬质平地。

民居开间多为三开间，也有民居进行扩建后改为四开间，建筑地基多为夯土或砖，墙体采用板夹泥营造方式砌筑，村落中部分民居也采用土坯墙的营造方式砌筑，但板夹泥的营造方式为该村落主要的营造形式。一合院的民居常在正房山墙一侧设置仓房，仓房也采用板夹泥的方式进行砌筑，但通常外侧不抹泥找平。二合院民居的厢房多为仓房用，极少用来居住，厢房采用板夹泥的方式砌筑，墙体外侧可抹泥也可不抹泥。屋顶多采用宽木板替代椽子铺设屋面，再在上层苫草，随着发展大多数民居改为铺设红瓦或彩钢瓦。有的民居也采用土坯墙的构造方式，但村落民居营造技艺以板夹泥墙为主（图6-33）。

5．大小兴安岭-长白山脉井干式民居文化区

（1）基本概况

如图6-34所示，大小兴安岭-长白山脉井干式民居文化区位于黑龙江省北部及吉林西部山区，集中分布在长白山脉地区和大兴安岭北部地区，行政划分上涵盖黑龙江省漠河县、塔河县、汤原县、桦川县、吉林省敦化市、靖宇县、白山市、抚松县、临江市、长白县；区域内选址主要以山地为主，包括大兴安岭山脉北麓、青黑山与小兴安岭南麓、长白山脉的威虎岭、龙岗山脉西麓、长白山脉主脉，区域内海拔高度在1000~2000米，部分低山地区海拔高度在500~1000米；区域内主要河流有黑龙江、额木尔河、盘古河、呼玛河、松花江、汤旺河、牡丹江等。

该地区自古以来都是少数民族发源发展的地区，长白山地区为满族的发源地，后来也为朝鲜族聚居地，大兴安岭地区为鄂伦春、达斡尔等民族的聚居地，清代以前这些地区很少有汉人活动，由于该地区是边境苦寒之地且多为山区，不符合传统汉人农耕渔织的传统

北山屯村落布局

板夹泥民居形态

板夹泥民居形态

板夹泥墙构造细部

土坯墙构造细部

悬山山墙

图6-33
北山屯传统民居文化景观

生活习俗，但却是少数民族采集狩猎的生活乐园。清末民国初时期东北边境地区动荡，加
之大批闯关东汉人大量涌入东北地区，辽宁与吉林南部早已人满为患，再无荒地可垦，汉人便从辽东和吉中地区为中转，一部分向北到黑龙江中部地区，一部分向西走向山林，开垦山间荒地或与少数民族融合适应山林生活。而在大兴安岭地区的汉人，则是一部分流人被流放至齐齐哈尔地区后充丁戍边，逐渐向北迁移来抵御沙俄侵略，另一部分是少数穷苦汉人作为蒙古族贵族的奴仆，随封地移至大兴安岭地区。中华人民共和国成立后，由于这些地区资源丰富，大量汉人涌入山林从事采矿、伐木等工作，逐渐汉族成为该地区的主要民族，但有个别少数民族自治县、乡等少数民族占多数，但也都有汉人的分布。这种与少数民族相互抗争又相互融合的民族文化碰撞，更加激发了该地区文化的多元发展，同时促进了不同民族的传统民居文化景观的碰撞与交流。

（2）文化景观特征

该文化区以抚松县、临江市为文化核心

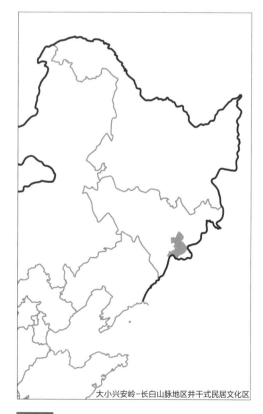

大小兴安岭-长白山脉地区井干式民居文化区

图6-34
大小兴安岭-长白山脉井干式民居文化区

区，漠河县、塔河县、汤原县、桦川县、敦化市、靖宇县、白山市、长白县为文化扩散区。

该文化区内的民居选址主要选择在背风向阳的南坡或两山之间的谷地，民居往往依山就势而建，多选择山坡上的向阳缓坡、台地或谷地，村落布局上多依山势走向而布局，布局密度相对较小，主要受地形和采光的限制；在建村年代上，该文化区内大兴安岭地区、抚松县、长白县地区在清代就有村落初建，民国时期新建村落扩散到抚松县、临江市、白山市、汤原县地区，敦化市主要建村年代都在中华人民共和国成立后时期；在营造方式上，民居墙体营造技艺以井干式为主，井干式墙面筑成后往往先在圆木之间抹泥嵌缝，然后再抹厚厚的黄泥包住木墙体，仅露出四角的圆木头，有的民居则连圆木头也不外露，完全用黄泥抹平，外观则看不出井干式的结构了。另外，该文化区内还存在少量的板夹泥和土坯墙营造方式；在屋面形式上，在屋面均采用双坡屋顶，不同的是，长白山地区坡度较缓，一方面坡度适宜部分积雪滑落不至于积压过多压毁屋面，另一方面由于长白山地区风力较强，较缓的屋面可以减缓风对屋面的侵袭，保护屋面瓦不被吹落，而在大兴安岭地区民居屋面相对较陡，主要是大兴安岭地区地处东北最北端，冬季降雪期长，降雪量大，而相对处于低山山区风力不如高山区强劲，因此增大屋面坡度有利于积雪滑落保护屋面；民居的屋面材料采用木材，将木材加工成木瓦顶或木板顶铺设屋面，主要是林区木材较多，而用于建筑墙体的圆木经过切割后往往剩余大量余料，是制作木瓦的好材料，长白山地区多采用木瓦顶，将木材劈成木瓦片，铺设方式为一层压一层的逐层铺设，然后再在易被风吹落的边角处压上石块固定，而在大兴安岭地区屋面则常采用木板瓦铺设，木板瓦就是圆木劈成长而窄的木板条，自一侧山墙面一层压一层向另一侧山墙面铺设；民居的山墙类型以悬山式为主导，承重结构以墙体承重为主，部分存在墙架混合承重方式，民居装饰程度非常低（图6-35）。

（3）典型村落

北极村位于黑龙江省大兴安岭地区漠河市漠河乡，是国家5A级旅游景区，也是我国最北城镇。北极村位于大兴安岭北麓七星山脚下，南邻光头山、元宝山、老爷岭，面向黑龙江，与俄罗斯隔江相望。村落选址于山间河谷的台地上，虽处于山地地区，但民居多建在平地。北极村处于全国最高纬度地区，夏季白昼长达17~18小时，冬季白昼时长短至6~7小时，全村年平均气温低至-5摄氏度，冬季最低温可达-50摄氏度。

北极村村落布局为棋盘式的网格状布局，村落以沿江主干道和沿江广场为纵轴，民居布置在西侧。民居院落多采用一合院或二合院的形式。采用一合院的民居院落多在院落的一侧开院门，设一条小路通向正房门前，门前设一小块硬质空地用作日常劳作空间，院子内其余土地均开垦后用作耕地，后院较前院面积小些，也同样用作耕地，仅依靠正房一侧有条羊肠小道可绕至前院空地，前后院的耕地往往相连统一耕作。二合院的院落则是在靠近厢房的一侧开一条小路，连接大门、厢房门和正房门，其余空间均用作耕地。三合院的院落前院通常不设耕地而铺设硬质空地作为生活劳作空间，院门在院落中心，与正房形成中轴线，后院作为耕地。民居院落大多用木栅栏进行围合。

井干式民居形态

井干式墙

悬山山墙

井干式民居形态

木片瓦

木板瓦

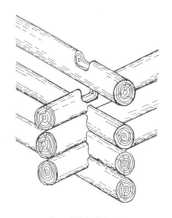

井干式转角结构图

井干式民居剖面图

井干式民居室内效果图

图6-35

大小兴安岭-长白山脉井干式民居文化区景观特征

北极村村落布局　　　　　　　北极村村落鸟瞰　　　　　　　井干式民居形态

井干式墙　　　　　　面阔三间民居平面　　　　　　面阔三间民居立面

图6-36
北极村传统民居景观形态

　　北极村的民居开间多为三开间，少部分民居有五开间，一合院民居旁常设仓房，仓房构造较正房更加简易，往往用圆木竖直排列围合一圈固定即可作为墙体，二合院民居设厢房，厢房可采用一开间的木刻楞形式，也可采用仓房的构造形式。民居正房墙体采用井干式营造技艺建筑，外面抹一层厚黄泥，有的仅露出木刻楞端头的圆木头，有的将圆木头也包裹住形成突出墙体表面的棱。民居屋面大多采用木板瓦铺设，木板瓦尺寸不　，大多数长为80~100厘米，宽为10~15厘米。大片的木屋顶和木刻楞房构成了北极村独特的浓郁乡土气息，展现了北极村人民民风淳朴、静谧清新的乡村风貌（图6-36）。

6. 辽东混合民居文化区

（1）基本概况

　　如图6-37所示，辽东混合民居文化区位于辽宁省的中东部地区，位于千山山脉西麓，行政区划上涵盖辽宁省西丰县、开原市、铁岭市、沈阳市、灯塔市、辽阳市、辽阳县、本溪市、本溪县、鞍山市、海城市、大石桥市、营口市、盖州市、瓦房店市；区域内民居选址主要位于辽河平原与千山山脉交界处的低山丘陵地区，区域内低山丘陵海拔高度在200~500米，局部山区海拔高度达到500~1000米，平原地区海拔在0~200米，区域内地势西低东高，走向为东北-西南，与千山山脉走向一致；区域内主要河流有辽河、浑河、太子河等。

　　清初满族八旗几乎全部的臣民从东北南部的辽沈地区迁往北京，导致东北地区人口稀薄，于是清初实施辽东招民开垦政策以重建辽东经济，巩固其后方根据地。顺治八年（1651年），明确提出"民人愿出关垦地者，山海关造册报部，分地居住"，此条政令开启顺治时期积极奖励汉人到关外开垦土地致使关外移民的浪潮涌起。顺治十年（1653年），清廷正式向全国颁布了《辽东招民开垦条例》，对当地官员的官职授权规定采用招民的多寡为政绩，一方面鼓励当地官员积极招民垦荒，另一方面发放耕地、种子、口粮等优惠政策以吸引汉人迁返，以破格奖励的行政手段鼓励关内汉人出关开垦。顺治六年（1649年）清廷谕令"自兴兵以来，地多荒芜，民多逃亡，流离无告，深可悯恻。著户部都察院传谕各抚按，转行道府州县有司，凡各处逃亡民人，不论原籍别籍，必广加招徕，编入保甲，俾之安居乐业。察本地无主荒田，州县官给以印信执照，开垦耕种，永准为业"。自此清政府开始鼓励关内各省原籍为关外的原辽东汉人回籍兴建。也是这一政策促使辽东地区的汉族人口激增，一部分汉族人原本世居在辽东地区而迁返，同时还有大批山东、直隶地区汉人广迁于辽东。

（2）文化景观特征

该文化区北邻土坯墙文化区与吉中混合民

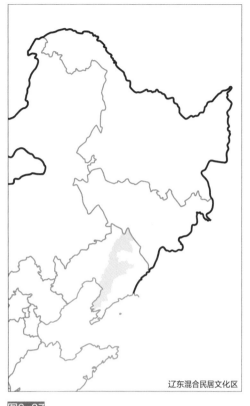

辽东混合民居文化区

图6-37
辽东混合民居文化区

居文化区，西邻碱土囤顶民居文化区，通过主导文化因子的叠合分析发现该区域内营造技艺复杂多样且互有交叉，受到多种因素影响，存在多种营造文化并存的状态，将文化区整体列为一个文化过渡区。该文化区内本溪市、开原市、盖州市地区在清代以前就有汉族人建村建镇聚居，清时期涌入大量汉族人兴建了大量村落，该区域内大部分村落建村于清代，民国时期新建村落非常少，聚集在海城地区，中华人民共和国成立后则在开原市、铁岭市、西丰县、盖州市、营口市兴建了大量村落；该文化区内民居选址非常复杂，从平原、丘陵到台地、山地均有；在营造技艺上，民居屋面大部分地区采用双坡屋顶，在营口市、盖州市地区则出现碱土囤顶和双坡屋顶混合存在的状态；在山墙类型上，大部分地区采用硬山山墙，在本溪地区多采用五花山墙，在开原市、西丰县等地区则硬山山墙与悬山山墙混合存在，呈现出越往东北方向采用悬山山墙越多的趋势；在建筑承重结构上，则采用木构架和墙架混合承重两种结构类型，在北部地区采用木构架较多，在南部地区则有木构架和墙架混合承重结构混合分布；在屋面系统材料选择上，青瓦材料在整个区域内广泛分布，木材料则在清原县有少量分布，草材料则在海城市、营口市、大石桥市有分布。

该文化区内呈现了多种营造技艺混合的文化景观状态，从主导文化因子的分布情况来看，金包银民居主要分布在南部的营口市、盖州市、大石桥市及开原市，石砌墙民居主要分布在盖州市和清原县，砖石混砌民居主要分布在瓦房店市、盖州市、辽阳市、灯塔市、清原县及本溪市，砖砌墙民居主要分布在辽阳市、沈阳市和铁岭市，土坯墙民居主要分布在大石桥市和海城市，土打墙民居分布在辽阳县。通过分布可以看出，盖州市分布的民居营造类型最为丰富，有金包银、石砌墙、砖石混砌三种营造方式（图6-38）。

金包银民居　　　　　　　金包银墙构造　　　　　　　木构架承重

石砌墙民居　　　　　　　石砌墙细部　　　　　　　　木构架承重

砖石混砌民居　　　　　　砖石混砌墙　　　　　　　　青瓦屋面

青砖砌筑的碉楼　　　　　木构架承重　　　　　　　　山墙盘头

图6-38
辽东混合民居文化区景观特征

（3）典型村落

西关村位于辽宁省营口市鲅鱼圈区熊岳镇熊岳古城旁，作为熊岳古城的一部分，共同被列为辽宁省第九批省级文物保护单位，该村落原始风貌保存良好。该村落位于辽东半岛中部，渤海辽东湾东岸，距离海岸线6.3公里，村落依傍在熊岳河北岸，地处沿海平原地带，该村的建村年代在清代以前，村落有着悠久的历史。村落布局为密集的棋盘式网格状布局，道路纵横交错，民居院落排布也非常紧凑，村落周围无耕地。

西关村民居院落形式非常复杂。沿主街的民居大多没有前院正房而直接对着街道，正门直接开向街道，很多人家将沿街的民居用于开设店铺。位于次街的民居多采用一合院、二合院的形式，民居院落较小，往往只有前院没有后院，民居后横墙直接与街巷连接，前院多为硬质铺地，院内搭窝棚用于储物，空地上停放三轮车等交通用具，有的人家则在院内一角种植一棵果树。院落大门在院落正面轴线设置，与正房正门对应，院落中间铺设一条硬质道路，整个院落形成明显的中轴线布置。院落围墙采用砖砌、石砌或砖石混砌的围墙与外部进行分隔，有的人家院落则与其他人家房屋的山墙或后横墙相连而不砌院墙，这种情况在村落中心民居密集的区域分布最多。有的民居之间挨得非常近，就形成了巷，通过巷子可以从次干道绕进院落内而不设院墙。二合院的民居厢房的后横墙直接与院墙相连，后横墙外便是街巷空间。

民居开间多为三开间，也有两开间或五开间，民居地基多为石砌地基，该村落的民居墙体比较丰富，采用了金包银、砖石混砌、石砌筑三种营造方式。金包银民居多分布在沿街地区和一部分大户人家，砖石混砌民居则广泛分布在村落的各处，石砌墙多用于砌筑民居后横墙。金包银民居用大的横条石砌筑地基，采用平砖顺砌错缝加多层一丁法砌筑外层青砖，即砌筑多层顺砖之后再放置一层丁砖，而砌筑的顺砖也采用错缝的砌筑方式，也有采用侧砖一丁一顺砌筑法砌筑，即将砖按照墙面面阔方向，砖的侧立面朝下，砌筑完一块丁砖，再接着放一块顺砖，丁砖和顺砖交错砌筑的方式，这样的砌筑方式可以最大限度地节省青砖用量。金包银墙体外侧为青砖，内侧为土坯砖，这样的墙体一来节约青砖材料，造价低廉，二来复合的墙体材料保温性能更强，适宜冬季寒冷气候。砖石混砌民居则多用砖石混砌技艺砌筑山墙与后横墙。这主要是因为砖石混砌的墙体不便挖洞开门开窗，而砖石混砌墙体的结构稳定性更加优良，用于不开门窗的山墙面或者厢房的后横墙是不错的选择。北关村虽位于平原地区，但村落东侧即为长白山脉余脉千山山脉延伸过来的丘陵地区，盛产片麻岩与花岗岩，取材便捷且运输方便，同时可以节约青砖的使用量，因此石材也成为该村落大量使用的建筑材料之一。砖石混砌墙体在山墙部位则多为五花山墙的砌筑形式，墙角采用青砖砌筑，墙身中段采用石材砌筑，石材可以是未经切割的不规则形，也可以是经过切割的长方形。石材砌筑的墙体多作为民居后横墙的砌筑方式或院墙的砌筑方式，石材砌筑时仅经过简单修整而不进行切割，石材多为不规则形，通过拼凑的方式进行相互咬合砌筑，砌到顶端的石材进行切割砌平后再砌筑两层砖进行收檐。西关村的民居屋面形式

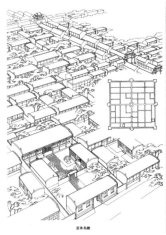

熊岳古城鸟瞰图

西关村村落布局

金包银民居形态

金包银民居形态

碱土囤顶

双坡屋顶

青瓦顶

图6-39
西关村传统民居文化景观

多数为碱土囤顶，少部分为双坡的青瓦顶或红瓦顶，近年来有部分民居将碱土囤顶上直接建了双坡屋顶。青瓦屋面为仰铺，在端部用两三垅合瓦收尾，以强调屋面的边界轮廓。房檐处铺一层滴水瓦压边，既可以加速屋面排水，又起到了较好的装饰效果（图6-39）。

7. 黑西-吉北拉哈墙民居文化区

（1）基本概况

如图6-40所示，黑西-吉北拉哈墙民居文化区位于黑龙江省中北部与黑吉省界地区，分

布较为分散，行政区划上涵盖黑龙江省克山
县、克东县、孙吴县、五大连池市部分区域、
五常市部分区域、吉林省榆树市、舒兰市部分
区域；区域内主要以平原及丘陵为主，涵盖小
兴安岭东西两侧低山丘陵地区及松嫩平原东部
与老爷岭交界的平原及浅丘陵地区，区域内平
均海拔高度为200~500米，局部山地海拔高度
为500~1000米；区域内主要河流有逊河、讷谟
尔河、乌裕尔河、拉林河、松花江等。

　　该区域在清代以前少有汉人居住，多为
土著满族，大片地区都为荒地待垦，清军入
关后，该地区人数更少，仅存少数满族、鄂
温克族、达斡尔族等少数民族游猎生活。直
至清末时期，光绪年间放垦榆树市、五常市、
哈尔滨市双城区等地，榆树地区才涌入大量
汉人进行垦荒，这些汉人大多是从辽宁北部
地区向北二次迁徙而来，而在民国时期人烟
稀少的黑龙江中北部地区吸引了更多汉人北
迁至五大连池地区，再加上民国政府全力移

图6-40
黑西-吉北拉哈墙民居文化区

民实边，缓解关内人地矛盾，致使黑龙江中北部地区汉族人口大量增加，由于这部分地区
自清代以来就有很多满人居住生活，加之远离了中原文化区，汉人千里迢迢逃荒而来，汉
文化的传播影响力也逐渐失落，这部分汉人性格上也更加豪放包容。

　　（2）文化景观特征
　　该文化区以榆树市、五常市为文化核心区，克山县、克东县、孙吴县、五大连池市、
舒兰市为文化扩散区。

　　该文化区内的民居选址主要集中在小兴安岭西侧低山丘陵地带、小兴安岭中部低山丘
陵地带及老爷岭西侧与松嫩平原交界的浅丘陵及平原地区；建村年代上，克东县的村落建
村年代在清代以前，是该区域内村落建村最早的地区，但村落数量和规模都较小，在榆树
市、五常市的村落建村年代多为清代，民国时期在进一步兴建榆树、五常地区的村落的同
时，在克山县、五大连池部分地区也迅速兴建了大量村落，该地区的村落大部分是在民国
时期建村，孙吴县的村落建村年代则为中华人民共和国成立后；营造方式上，民居墙体为
拉哈墙营造形式，拉哈墙最初是满族民居常见的民居营造方式，随着满汉文化的相互融合
该营造方式也逐渐被汉人所用，汉人叫这种墙体为"草辫墙"，墙体的砌筑形式也较满人有
所区别，草辫墙是在地面立木柱后，以柱为骨架直接在木柱上缠绕草泥和好的草辫而不再

钉挂横木板，这种技艺则在调研时发现多出现于汉族民居中，但也有少部分汉族民居采用满人的"拉哈墙"的营造形式，草辫墙的草辫是采用谷草或乌拉草拧成，建造时先将谷草加入泥土后，将草和泥卷在一起拧成草辫，这种墙体非常耗费谷草，因此往往房屋规模都不大；民居屋面形式为双坡屋顶，屋面材料在榆树市采用青瓦和草材料，在其他地区则采用草材料；山墙类型以悬山山墙为主，承重结构均为木构架承重，民居装饰程度除榆树市等地区的青瓦顶民居稍有装饰外，其他民居则均无装饰（图6-41）。

（3）典型村落

吉林村位于吉林省长春市榆树市泗河镇，位于拉林河西岸14.4公里，距离泗河镇3.1公里，村落选址在松嫩平原东部边缘的平原地区，四面均为耕地，在村落西侧有矮坡。村落为行列式布局，一条乡道从村落中间贯穿，民居大部分分布在乡道西侧，少量分布在乡道东侧。该村于中华人民共和国成立后建村，虽建村较晚，但民居营造技艺保存较好，有价值的传统民居留存也较多。

吉林村民居院落多采用一合院形式，较少采用二合院，村落内的大部分民居院落面积相似、规格一致。采用一合院的民居形式为正房处于院落的中心，进入院落的村道一般设在院落侧面，大门开在前院侧面靠近正房的位置，院内直接设一条小路连接院门与正房门，前院其他空间则作为耕地，后院面积过小而往往用于堆放杂物或开垦少量的耕地，旱厕一般设置在后院角落位置，有的人家后院与别人家的前院相连，用栅栏进行分隔。院落的院墙采用木栅栏或秸秆栅栏，不少人家也开始用铁栅栏或砖砌围墙。该区域民居营建的轴线意识已经淡化，很少有民居在营造时特意强调院门、院落、正房的中轴线关系，院门开的

民居形态

拉哈墙

拉哈墙细部构造

悬山山墙

承重结构

屋面材料

图6-41
黑西-吉北拉哈墙民居文化区景观特征

吉林村村落布局

拉哈墙民居形态

拉哈墙民居形态

拉哈墙

草苫顶

传统民居室内空间

图6-42
吉林村传统民居文化景观

位置也以使前院耕地面积最大化的趋势设置而不拘泥于具体方位。

民居开间多为三开间，建筑地基多为夯土，少部分为砖，墙体采用草辫墙的营造方式建筑，村落中的民居后期修缮也大量用红砖砌墙加固房屋四角而墙体仍用传统的草辫墙。该村的草辫墙则是在山花下面的山墙部分采用横向缠绕的方式缠绕于承重柱上，山花部分则采用竖向缠绕的方式缠绕在梁上，空隙部分则填入黄泥。墙体构筑时，立柱后，一边缠绕草辫一边将缝隙填泥，一层一层向上缠绕，等待草编泥干透后墙体就变得坚固异常，最后再在内外两侧抹黄泥抹面，既能保护草辫又能保温防雨。民居的北横墙通常不开窗或开小窗，民居的正门有的在正中间开，有的则在东侧开，类似满族民居的口袋房，民居屋顶大多采用草苫顶，也有少部分人家改为红瓦顶或彩钢瓦顶。正房内部天花板为玉米蒿秆捆扎铺设在横梁上，上面再铺设一层煤灰渣用于保温，有的民居仅铺设一部分天花而屋架直接裸露，天花上部空间用于储物（图6-42）。

8. 吉中混合民居文化区

（1）基本概况

如图6-43所示，吉中混合民居文化区位于吉林省中部地区，地处长白山系张广才岭山脉余脉吉林哈达岭、老爷岭山地及丘陵地区，行政区划上涵盖吉林省吉林市、永吉县、磐石市、东丰县、梅河口市、集安市；区域内民居选址主要集中在吉林哈达岭山脉分布的丘陵地区与老爷岭南部的山区，集安市位于长白山脉南端，属典型山地地区，区域内低山丘陵海拔高度在200~500米，老爷岭南部山区部分海拔高度达500~1000米，集安市所在长白山脉地区海拔高度达到1000~2000米，区域内地势中间高，南北低，但在集安地区为地势最

图6-43
吉中混合民居文化区

高；区域内主要河流有松花江、饮马河、辉发河、浑江、岔路河等。

该地区汉族人主要是清末移民而来，清末之前，吉林地区一直是清朝封禁最严厉的地区，迁入的汉人多为流放的罪犯，而闯关东的汉人由于封禁严苛而很少能闯入封禁区。咸丰年间吉林地区只有少部分地区已经放垦，如吉林、阿勒楚喀（今哈尔滨市阿城区）、伯都讷（今松原市扶余区）等，其余仍处在清廷严格的封禁条令下禁止汉人出入。主要封禁地区有三大部分：第一部分为西部蒙公贵族的围猎场和牧场；第二部分为东部地区的山林参场；第三部分为中部地区的狭长形丘陵地区。第一、第二部分统称为"官荒"，第三部分称为"夹荒"。夹荒地区封禁不如官荒严格，流入了大量的闯关东移民，同时该地区河道、铁路畅通，交通便利，更加便于移民北上。咸丰到光绪末年，清政府逐渐放垦"官荒"禁地，吉林地区遂有大量移民迁入。光绪初年，东北地区局势剑拔弩张，沙俄和日本逐渐骚扰东北地区，清廷为加强边防力量，加速了吉林东部官荒的放垦。1905年，在多方压力下，清政府将吉林全省的土地封禁令全部解除，并且颁布多道"移民实边"的政令，吸纳人口迁入吉林地区以抵制日、俄的侵略和骚扰。从此吉林省各地区的移民和土地开垦进入了高潮，大量关内汉人迁入"夹荒"地区。

（2）文化景观特征

该文化区北邻拉哈墙民居文化区、南邻辽西混合民居文化区、西北邻碱土囤顶民居文化区、东北与西南邻土坯墙民居文化区，该区域内民居受到周围不同文化区的影响，通过主导文化因子的叠合发现该区域内营造技艺形式丰富且存在交叉分布，将该文化区整体列为一个文化过渡区。在建村年代上，梅河口市地区在清代以前就有汉人建村居住，是最早兴起的地方，随后清代时期在集安地区和吉林市部分地区汉人大量建村分布，其他地区则未开始发展，民国时期东丰县、永吉县等地有大量汉人移居而来并建村发展，在中华人民共和国成立后发展更多，尤其是磐石市的汉族人主要是在中华人民共和国成立后开始建村发展；吉林哈达岭地区由于常年遭受侵蚀，山地已逐渐风化转变为低山丘陵地形，因此民居选址上则主要是丘陵地形，而永吉县位于老爷岭南端高山地区、集安市位于长白山脉地区，因此这两个区域民居选址则为山地地形；在营造技艺上，民居屋面以青瓦顶和草苫顶均有分布，山墙类型上则以悬山山墙为主，仅在磐石市与吉林市部分地区出现了硬山山墙形式，梅河口市出现了少量五花山墙形式；民居承重结构则均采用木构架为承重结构类型。

该文化区内混合了金包银、石砌、砖石混砌、拉哈墙、土坯墙、土打墙多种营造技艺混合的文化景观状态，从主导文化因子的分布情况来看，金包银民居主要分布在吉林市西部地区，石砌墙民居主要分布在东丰县及集安市地区，砖石混砌民居主要分布在集安市，拉哈墙民居主要分布在永吉县及吉林市南部地区，土坯墙民居则在各地区均有分布，在磐石市和梅河口市南部地区分布较少，土打墙主要分布在东丰县、梅河口市地区。通过分布可以看出，虽然该文化区主要以土坯墙民居为主要营造方式外，其他营造方式则在不同地区存在交叉分布，其中重要的分布是受邻近文化区的文化景观影响而在吉中地区形成了广泛的文化景观混合（图6-44）。

（3）典型村落

大甸子村位于吉林省通化市集安市榆林镇，地处长白山老岭南麓，属老岭余脉低山区，海拔在400~500米左右，位于鸭绿江支流榆林河西岸，属边境地区，距离中朝边境线5.7公

金包银民居形态

石砌墙民居形态

砖石混砌民居形态

拉哈墙民居形态

土坯墙民居形态

土打墙民居形态

木构架承重结构

秫秸天花板

图6-44
吉中混合民居文化区景观特征

里，公路集丹线从村子中间穿过。村落背靠毛家沟山，面临榆林河，选址在依山傍水的最佳地段，民居建在山脚下与河流间的缓坡上，布局为行列式布局，村落布局非常有规律，通常每两行民居一组，前后设村道，每个地块5～8列民居不等。该地区于清末便有汉人居住，村落建村于清末民初时期，但由于历史久远且村名变更频繁，历史资料非常少。

大甸子村民居院落多采用一合院的形式，少部分人家采用二合院形式；位于村子边缘的民居有的也不设围合的院落。采用一合院的民居形式多为正房位于院落中心，由于在每两行民居前后设村道，则前户人家的大门开在前院中心位置，后户人家的大门开在后院中心位置，后户人家的前院与前户人家的后院相连，通常开大门的院落作为家庭活动的院落空间，用作生产劳动和储藏农用具等，封闭的院落则开垦用作耕地。采用二合院的民居则在前院建厢房或仓房用于存储。这两种民居院落通常采用石砌墙的围墙进行封闭式的围合，形成较强的院落私密空间。另外不设围合院落的民居存在在村落外缘地区，这种地方通常房屋间距离很远，耕地较多，正房四周均为耕地，仅有一条小路从村道延伸至正房门前，房屋所占的地块仅由耕地的地块界限进行模糊的分界。

民居开间多为三开间，也有民居采用两开间或五开间的形式。该村民居墙体多用石材砌筑或砖石混砌的形式砌筑。石材砌筑的墙体多是不规整的花岗岩石块进行拼合砌筑而成，石块之间用掺沙的黏土进行粘合嵌缝，凝固后使石块牢固的粘结在一起，这种石砌墙民居多采用墙架混合的承重形式，主要是石砌墙墙体刚度强，同时节省木料。正房用于石砌形式时，有的民居还在墙体外抹掺草黄泥，一是可以防雨，二来也使房屋显得简洁美观。不过原始的石砌房子裸露出石块原本的形状和肌理，也体现了东北民居粗犷朴素的风格和乡野气息浓郁的豪放之美（图6-45）。

|大甸子村村落布局　　　　　石砌墙民居形态　　　　　石砌墙|
|金包银民居形态　　　　　砖石混砌墙民居形态　　　　　悬山山墙|

图6-45
大甸子村传统民居文化景观

6.3.2 满族文化区的文化景观特征

1. 黑龙江省拉哈墙民居文化区

（1）基本概况

黑龙江省拉哈墙民居文化区主要包括黑龙江省除宁安市之外的其他满族聚居地以及吉林省吉林市的满族分布地。具体包括黑龙江省哈尔滨市的双城区、阿城区、五常市，齐齐哈尔市的昂昂溪区、富裕县，黑河市的爱辉区，绥化市的望奎县、北林区，吉林省吉林市的昌邑区、龙潭区。区域内地形以台地为主，其次也有平原、山地、丘陵地形的分布，该文化区相对其他文化区整体地势最为平坦。主要河流有黑龙江、松花江、嫩江和牡丹江。区域内河流密布，土壤肥沃，耕地连片集中，有着东北浓厚的农耕文化内涵。同时，该文化区位于东北区域内最北部的边缘地带，远离传统文化核心区，是典型的大陆边缘区域，拥有特殊的地域文化影响条件（图6-46）。

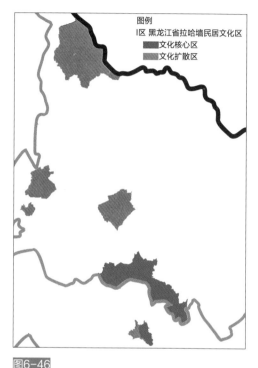

图例
I区 黑龙江省拉哈墙民居文化区
■ 文化核心区
▨ 文化扩散区

图6-46
黑龙江省拉哈墙民居文化区

该区域的满族构成大体可分为三部分：从肃慎、挹娄、勿吉、女真一脉相传而来的东海女真人，也称土著满族；自乾隆九年（1744年）从京城、辽宁、吉林迁徙而来的八旗闲散，也称屯垦满族；顺治十年（1653年）为保卫边疆从全国各地征调而来的满洲八旗军及其家属，也称驻防满族。该文化区虽为满族主要的集中区，但汉族仍是除其之外最主要的群体，其余还有达斡尔族、鄂温克族、鄂伦春族、赫哲族等少数民族。

该文化区以五常市和龙潭区为文化核心区，双城区、阿城区、昂昂溪区、富裕县、爱辉区、望奎县、北林区、昌邑区为文化扩散区。

该文化区内的民居选址主要集中在松江东部洪积台地，少量集中在平原与低山丘陵地带；传统民居建造年代多为中华人民共和国成立后，仅在拉林满族镇、乌拉街满族镇、双城镇等历史上较发达的满族地区有清代、民国时期民居遗存，其中要数乌拉街镇清代满族民居数量最多，至今还保留着"后府""萨府""魁府"等古建筑和诸多传统民居；传统民居全部采用双坡屋面形式；山墙类型以悬山山墙占主导地位，硬山山墙仅在青砖青瓦式民居中使用；民居装饰程度除了上文提到的几个镇区内的清代民居较高外，其他地区民居都没有装饰，房屋往往"素面朝天"，丝毫不加修饰；屋面系统材料主要以覆草为主；墙体也多为十分厚重的草泥墙；房屋承重类型为满族传统的枢檩式木构架居多，尤其是在清代建造的都是典型的五檩五枢式。吉林市的满族民居也有许多为了省去大坨与二坨的建造，而在山墙正中设立"排山柱"；墙体砌筑类型主要以拉哈墙为主，而齐齐哈尔地区的满族民居使用土坯墙的也很多。在调研时发现，绥化地区的满族民居甚至创造出将拉哈墙与土坯墙结合使用的方式，即在建房时一层土坯一层拉核辫逐层垒砌墙体，这主要是因为建造拉哈墙所需的谷草一般比较难得，但用拉哈墙建的房屋因墙身自成一体，异常坚固耐久，出于节省造价的考虑，于是产生了这种建造方式。

整体而言，黑龙江省拉哈墙民居的建筑形象艺术处理简单、质朴，建筑材料多是就地取材，技术思想更是直接以实用为主要特征（图6-47）。

（2）典型村落

三家子村隶属齐齐哈尔市富裕县友谊达斡尔族满族柯尔克孜族乡管辖。地处广袤的松嫩平原，西邻黑龙江，东靠嫩江。三家子屯满族于清朝初年随萨布素将军抗击沙俄迁徙而来，在康熙二十八年（1689年）定居与此，主要包括计布出哈喇、托胡鲁哈喇、摩勒吉勒哈喇三个姓氏，这也是"三家子"名字的由来。该村是东北地区唯一还使用满语的村落，被誉为"满语的活化石"。

村内还保存着多处清代建造的满族老屋，其中有为加强北京与黑龙江和边境联系而设立的驿站住所。这些传统民居多采用坐北朝南的合院式布局，院落外围有低矮的围墙环绕。处于主体地位的正房一般为三开间，明间为厨房，两个暗间作为卧室，保留着满族老屋典型的万字炕格局。院落中的厢房一般用来储物，很少有人居住。烟囱为土坯或砖砌成上小

民居形态　　　　　　　悬山山墙　　　　　　　民居装饰

围护墙体　　　　　　　户牖格栅　　　　　　　木结构承重体系

图6-47
黑龙江拉哈墙民居文化区传统民居建筑形态、材料及构造技术

村落景观

民居形态

民居室内

图6-48
三家子村民居文化景观

下大的跨海烟囱。

三家子村的满族老屋墙体多为用黄泥和草制成的土坯墙，墙身厚度由上至下逐渐增加，底部最厚处约达1米，有非常好的保温效果，在调研时通过与当地居民交谈得知，以前在建房子时会在泥浆中掺杂玉米糊、红糖水等作为粘结材料使墙体更加稳固。中华人民共和国成立后，村中房屋也有使用拉哈墙建造的，形制外观与土坯墙民居基本一致，但都没有任何的装饰细节（图6-48）。

（3）主要成因分析

该文化区内整体地势平坦，土壤肥沃，适宜农业发展。四季分明，夏季温热多雨，冬季寒冷漫长。森林总覆盖率高，木材资源丰富，为拉哈墙民居提供了大量原材料。东部和北部由黑龙江、乌苏里江、松花江作屏障，水系发达植被茂盛，山林茂密，适合渔猎生活，自古以来就是满族先民繁衍生息的地区。建屋选址时为了防范野兽，多依山而居，民居建造材料上也形成了多以草木为主的传统。在《黑龙江述略》中记载了光绪年间黑龙江省民居的构造："江省木植极贱，而风力高劲，匠人制屋，先列柱木，入土三分之一，上复以草加泥涂之，四壁皆筑以土，东西多开牖以延日，冬暖夏凉，视瓦椽为佳"。从该描述中可以看到依托当地丰富的林木资源，黑龙江地区在清末就已经广泛使用拉哈墙建造技艺。

历史上，黑龙江省的满族发展水平一直较吉林省与辽宁省的缓慢，在明代时生活在黑龙江、松花江流域的东海女真因其落后的生产技术而被称为野人女真。而清代以后，清政府出于巩固战略后方以及解决入关后京旗满族日益严重的生计问题，先后调回大量八旗官兵返回黑龙江驻防，从事农业开垦活动。也正是在这一时期，大大扩充了黑龙江的满族人口。而移民而来的满族以八旗制度为核心建立的满族聚居的旗屯，每旗建头屯、二屯、三屯等村落。这样的村落较以往以氏族为中心的部落聚居模式布局更为规整，显现出明显的人为规划特征，这也是该文化区内集中式布局村落大量存在的重要原因。满族移民的大量到来，促进了以其为代表的"京旗文化"与"土著文化"的融合，大大推进了黑龙江省满族的发展。同时在清代，吉林省的行政范围要比现在大得多，五常市、阿城区、双城区都属其管辖区域，因而使这些地区在民居建造上有很多的相似性。

随着清政府采取的"移旗就垦"措施，以及后来闯关东移民的迁入，满城同旗屯遍布黑龙江各地。其区域80%以上的农业面积是从这一时期之后得到开发的，90%以上的农业人口是在这一时期之后形成的。这也从侧面反映了黑龙江大部分地区农耕文化区域的历史基奠期是相同的，也是比较短暂的，在内部相似的自然环境与社会文化环境下，自然难以形成较大的区域文化差异。其次，黑龙江地处版图的最外围，往往是文化传播的最末端，中原核心文化辐射至此已经十分微弱。加上该文化区极端的气候条件，使得一切外来文化首先要适应该区域内的环境。这些都对区域内文化的分化与变异产生了制约，致使黑龙江地区的满族民居建造技术在区域大范围内趋于一致。

2．长白山井干式民居文化区

（1）基本概况

长白山井干式民居文化区（图6-49）分布于吉林省长白山主峰山脉附近以及黑龙江省境内的长白山向北延续的张广才岭与老爷岭山脉附近，主要包括吉林省白山市的临江市、靖宇县、抚松县、长白县以及黑龙江省牡丹江市的宁安市。地处长白山腹地，境内山峰林立，绵亘起伏，沟谷交错，河流纵横。主要河流有流经白山市的鸭绿江、头道松花江、二道松花江、浑江以及流经宁安市的牡丹江。区域内有肥沃的土地、丰富的森林资源，种类繁多的山珍土特产。

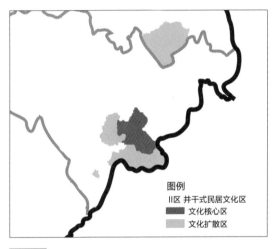

图例
II区 井干式民居文化区
文化核心区
文化扩散区

图6-49
长白山井干式民居文化区

自古以来，长白山地区就是满族及其先民世代生息繁衍之地，同时满族也是长白山所孕育出来的最古老的土著民族。在满族入关后，视长白山为发祥重地，将民族根脉系于白山，将盛世启运肇于白山。

如今，长白山井干式民居文化区的满族构成主要以土著满族为主，牡丹江地区也有一部分驻防满族的后裔。同时，区域内也有朝鲜族、回族、蒙古族、壮族、锡伯族等少数民族。

该文化区以抚松县为文化核心区，长白县、靖宇县、临江市、宁安市为文化扩散区。

由于地处山地，村落多选择背风向阳的南坡，在山林深处的村落一般会沿着山体走势呈现东西发展，民居采用松散的布局也为获取更多的阳光。传统民居建造年代多为民国时期与中华人民共和国成立后。其中要以抚松县民国时期满族民居遗存最多；传统民居均为双坡式屋面，坡度较缓，屋檐挑出山墙较长以保护墙体；民居普遍没有装饰细节，最直接地反映材料本身建造时的质感，而房屋外部缀满金色的玉米、鲜红的辣椒却给朴素沉稳的民居带来了生机与活力；屋面材料方面，叉泥墙与土坯墙民居以覆草为主，井干式民居除了使用草作为屋顶，也更多使用木板瓦；墙体维护材料以木、土为主，其余材料很少使用；房屋承重类型可分为墙体承重和木结构承重两种，而有的井干式民居为了增加房屋进深，而在房屋内部设立中柱支撑脊檩，形成一种混合承重的结构形式；墙体砌筑类型以井干式民居为主，同时也有土坯墙和叉泥墙的使用（图6-50）。

（2）典型村落

锦江村位于白山市抚松县漫江镇内南侧2.5公里的丛林中。原名"孤顶子村"，以附近一处孤立突出的山峰而得名，后因为此村靠锦江，"文革期间"改为锦江村。该村建于1937年，至今有70多年的历史，是长白山保存最好的一处木屋村落，具有浓厚的民族特色与极高的美学价值，有"长白山木屋第一村"的美誉。整个村落坐北面南，负山向阳，沿东西向呈带状式布局，幢幢木屋缘山而建，高下错落。

锦江村的房屋基本都是在民国时期建造的，一般为一合院或者二合院布局，院落用约1米高的木樟子围合，内部有小菜园、玉米楼、柴火垛等附属设施。

正房开间1~5间不等，室内面积小的有10平方米左右，大的接近30平方米，房屋内部布置与传统满族老屋并无差别。木屋的烟囱则是选用林中木心腐烂枯倒的大树，其外涂上泥巴，立于檐外并在其下端用一空心短木与炕灶相连。

满族的木刻楞房屋就地取材，利用山间丰富的森林资源，砍到即用，不雕、不琢、不锯、不钉，略施加工，古朴天成。这种原木建屋所用的红松本身具有良好的耐腐蚀、耐潮效果，使木屋可经百年风雪而不朽，同时在墙体内外抹泥又可有效抵御严寒。

村落布局

民居形态

民居装饰

围护墙体

井干式

墙体承重体系

图6-50
长白山井干式民居文化区传统民居建筑形态、材料及构造技术

村落景观　　　　　　　　　　民居院落　　　　　　　　　　民居室内

图6-51
锦江村民居文化景观

这种古朴的满族木屋在群山密林的环境中显现了浓郁的原始风情，作为长白山井干式民居文化区中最为鲜明的文化景观已被列为长白山非物质文化遗产，是满族传袭下来的宝贵财富（图6-51）。

（3）主要成因分析

长白山是满族先世主要的生息繁衍之地。生活在这里的先民世代以狩猎和采集为主要生产方式。他们的衣食住行均取之于山林江河，依靠自然作为生活之源。井干式民居是由最初满族先世勿吉、靺鞨所居住的"地窨子"和"马架子"发展演变而来，而这些无不都是利用长白山漫山遍野的林木为房屋建造提供了源源不断的材料。由此可见，满族木屋文化景观的形成是与所在环境相互选择的结果。

与此同时，长白山地区山势崔巍，地形复杂，周围为千里林莽覆盖，自古以来外人极难进入，险峻及封闭的环境一度使这里与外部世界联系很少。而在清代满族入关后，清政府为保护本族龙兴之地以及独占长白山丰富的物产，使得这里曾在两百年里一度被列为封禁之地，直至光绪年间开禁。虽然封禁期间就有私闯林中采猎的现象，解禁后流民更多，但居住在这里的移民，受于严寒的自然气候环境在建房时不得不加以改变适应，也延续了当地满族的居住习俗，砍树造屋，代代相袭。

长白山地区的长期封禁，一方面使得该地区满族文化变革的速度缓慢，文化扩散的时间增长；另一方面，也使得长白山地区满族中本民族的传统文化积淀较为醇厚，因而在民居建造中能够较好地保持早期的本原特征。这可以从《三朝北盟会编》中记载的一段描述"依山谷而居，联木为栅，屋高数尺。无瓦，覆以木板或以桦皮或以草绸缪之，墙垣篱壁率皆以木，门皆东向。环屋为土床，炽火其下，与寝食起居其上，谓之炕，以取其暖"中看到，自金代以来，长白山井干式民居并未发生巨大变革，仍然延续着女真时期的传统。

3. 辽北土坯墙民居文化区

（1）基本概况

辽北土坯墙民居文化区（图6-52）位于辽宁省北部，东部紧邻长白山余脉、南邻辽河平原。具体包括辽宁省沈阳市的康平县、铁岭市的开原市、清河区、西丰县以及吉林省四平市的伊通满族自治县以及辽源市的东辽县和东丰县。区域内地形由东向西依次为低山丘陵和台地，整体地势东高中低、北高南低。境内河流密布，河流主要为辽河水系与松花江水系的支流。

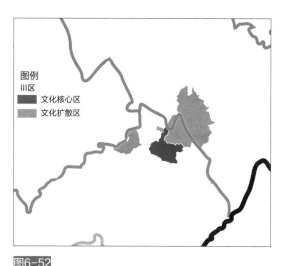

图6-52
辽北土坯墙民居文化区

辽北地区由于特定的地理条件，曾是明代的"九边重地"之一。北部的伊通满族自治县、叶赫满族镇等地是历史上海西女真叶赫部落的故城，是满族重要的发祥地之一。历史上的辽北地区，人口经常处于流动状态。在清代，这里一度是中原犯人流放关外的主要地区之一，由于地处辽宁与吉林的过渡地区，也曾是历史上闯关东的主要到达地之一。大批流人与移民者的到来，曾为中原文化在辽北的传播起到了重要的推动作用。

辽北土坯墙民居文化区满族的主要为清朝入关后回拨的"佛满洲"，以及后编入满洲八旗的"新满洲"。

该文化区以清河区和开原市为文化核心区，西丰县、康平县、伊通满族自治县、东辽县、东丰县为文化扩散区。

区域内民居选址主要集中在长白山西小起伏低山丘陵；因受民居本身构筑材料的影响，文化区内清代的土坯民居遗存较少，多数为中华人民共和国成立后建造的；而民居屋面形式除了开原地区有少量囤顶式样，其余地区均为双坡式；土坯或叉泥墙民居普遍装饰很少，仅有少数民居在山墙的博封板处十分节制地绘刻了一些简单的图案；屋面材料主要以覆草为主，青瓦仅在少数地区的青砖建筑中使用；民居墙体材料以土为主，用石材在墙基部分围护加固，也有少量民居用青砖砌筑；房屋承重类型以枕檩式为主，由于区域内的木材资源并不是十分丰富，民居的梁架木径普遍较小，以七檩七枕者居多。同时在文化核心区内也有"硬搭山"的构架，即仅保留前后檐柱，其余柱子与两山处的梁架一并省去，这种混合承重的共同承重的结构体系，大大节省了木料的支出；墙体砌筑类型以土坯墙为主，同时在黏土中加入草可以使砌块空隙率增大，具有弹性，即使内部残留的水分结冰，也不至于使墙体开裂。除此之外，文化区内也有叉泥墙民居的分布，但金包银式民居较少。

实际上土坯民居并不为辽北地区所独有，只不过辽北地区的满族传统民居主要以土坯建造。土坯房简单直接、朴素的建筑形式，反映了原始的建筑意象，成了辽北大地上一道的壮阔文化景观（图6-53）。

（2）典型村落

石家堡子村位于铁岭市清河区张相镇东侧11公里处，紧邻清河水库，村落被低矮的丘

民居形态   民居装饰   屋面围护材料

围护墙体   土坯墙   木结构承重体系

图6-53
辽北土坯墙民居文化区传统民居建造技术

陵环绕呈带状式布局。村落所在的清河区，古代名为尚阳堡，曾是清朝在东北地区的三大流放地之一。如今，村落内已看不到那段历史所遗留下的印记。近年来，清河区政府为推动该地区旅游产业发展，将石家堡子村打造成满族民俗特色村，但大量仿古围墙的修建以及统一的民居装修却使村落景观变得虚假而生硬。

　　在其附近没有被旅游开发的村屯反而还有许多古老的土坯房保留下来。在调研的过程中得知这些老房子多是中华人民共和国成立后建造的，一般为一合院或二合院布局，院落围墙用草泥夯筑而成，即满族俗称的"土打墙"。主体多是三开间的"口袋房"，房屋外部仅在南向开大窗，北向不开窗或开小窗，屋面虽为双坡悬山式，却出檐很小，可能与当地的降雨量有关。而在屋内保留了满族传统的"万字炕"格局，顶棚形式为满族民居中常用的船底棚，地面为不加任何材料的素土夯实地面（图6-54）。

土坯墙民居   屋面构造   民居室内

图6-54
石家堡子村民居文化景观

（3）主要成因分析

辽北地区曾是明清代以来关外流民通往柳条边外吉林等处的必经之路，开发历史早，人口稠密。该地区的开原、铁岭与辽西的锦州、兴城一带在乾隆年间一度成为流民最多的聚集地。他们中或是发配到此进行垦田开荒的流人，或是背井离乡为谋求生路的"闯关东"者。而移民的到来往往伴随着地区的开发以及文化的传播，原有居住地的建造传统也以人为载体而得到扩展，并与新的地域环境不断结合发展，逐渐促成了这些地区民居建造类型多变混杂、建造文化层叠深厚的特点。

土坯作为农耕经济下的产物，最早是在汉族民居中使用，而随着满汉杂居的现象日渐普遍，其房屋建造技术逐渐受到影响，使得满族的居室由原始的地穴、木屋居室转变为以草房土屋为主的建筑，房屋的布局与室内陈设也逐渐形成了浓郁的民族风情。这种土坯砌墙垣、以茅草苫盖的茅屋较砖房成本低且百姓易于施做，加上辽北地区的碱性泥土黏性极强，在土坯制作时往往只需在黏土中加入起到拉筋作用的稻草，就可以使坯块达到很高的强度，因此，后来被满族所广泛使用。

此外，土坯民居在辽北广泛的分布与其所处的地理环境密不可分，该文化区位于长白山西丘陵地带，土资源与石材资源都相对丰富，因此，这里的满族民居往往在房屋墙身1米以下的部分用毛石堆砌半截"虎皮墙"，上面再砌土坯或用叉泥的方式建造。这种"土石混搭"的方式，因墙基部分得到了很好的保护，而坚固耐久。

4. 辽东混合民居文化区

（1）基本概况

辽东混合民居文化区（图6-55）位于辽宁省东部，东临吉林省，南接以千山为首的小起伏地山区，西部紧邻辽河冲积平原。区域内地貌属长白山系龙岗山脉，地势南高北低，北部为小起伏低山丘陵区，南部为平均海拔500米的中低山区。境内山岭连绵，峰峦叠嶂。区域内主要河流有浑河、太子河、浑江、草河。

历史上，在元末明初之际，在"白山黑水"之间崛起的女真，由黑龙江、吉林到辽宁，南徙至浑河、苏子河流域定居，逐步发展成为当时最为先进的满族群体——建州女真。1616年其部落首领努尔哈赤统一海西女真东海女真各部，最终形成满族共同体。与此同时，辽东自古以来就是接受中原文化较早的地区，文化上的

图例
Ⅵ区 辽东混合民居文化区
文化过渡区

图6-55
辽东混合民居文化区

长期交融加上其独特的历史背景，使这里曾一度成为满族政治与文化的中心。

该文化区北邻辽北土坯墙民居文化区，南接辽南砖石混砌民居文化区。具体涵盖的区域包括抚顺市、本溪市的全部范围，以及沈阳市的东陵区、苏家屯区。

文化区内满族主要为清代入关后回拨的八旗驻防满族，分为从北京派驻的"佛满洲"和从乌拉（今吉林市）迁来的"新满洲"。

该文化区内民居建造年代除新宾满族自治县最为久远外，其他地区民居多为中华人民共和国成立后建造；传统民居均为双坡式屋面；山墙类型以悬山山墙居多，硬山民居虽整体装饰水平较低，但较吉林与黑龙江省的绝大多数传统民居更加注重在房屋细部上的艺术化处理，仅在新宾一带满族民居户牖的栅格样式就十分多样，装饰趣味浓厚；在屋面材料与墙体围护材料选用上，除新宾与沈阳一带青瓦、青砖用量较多，其他地区普遍用草覆顶，以石、土砌墙；房屋承重类型均为木结构承重体系。

文化区整体为一个文化过渡区。在此区域内没有主导的建造技术类型，而是出现了多种建造文化并存的状态，虽然石材砌筑建造类型在该区域出现较多，但整体来看各相邻文化区典型的民居建造类型在其区域几乎都有出现。但这种混合状态并非均匀，而是靠近辽北土坯墙民居文化区的民居以土坯建造为主要方式，而南部与辽南砖石混砌民居文化区相邻，拥有丰富的石材资源，则石材砌筑民居较多。与此同时，即使南部地区石材砌筑类型较多，但在区域间的使用上也并不完全一致，如靠近西部本溪县的传统民居在用石材建造时，因其石块本身较为规整，在墙体砌筑完成后通常表面不做处理。而东部桓仁县的满族民居因石料选择的受限，形状、大小往往极不均匀，在墙体砌筑时一般将稍大的石块置于底端，随高度增加石块逐渐变小，墙体呈现明显的下宽上窄趋式，最后在垒好的石墙外抹上一层厚厚的黄泥，一是起到稳固石块的作用，二是起到保温的作用。除此之外，新宾满族自治县与沈阳地区入关前曾作为满族的政权中心，因此这一带的满族民居普遍建造形制较高，金包银式民居分布较为广泛，同时也有辽南典型的砖石混砌民居（图6-56）。

（2）典型村落

赫图阿拉村位于抚顺市新宾满族自治县永陵镇西侧3.5公里处。村落形成于元代以前，在汉朝的时候隶属于玄菟郡，到明朝时期，女真族在苏子河两岸定居，后金时期作为清太祖努尔哈赤建立大金政权时的第一个都城。1644年清朝迁都北京后，称北京为"新城"，赫图阿拉为"老城"，老城村因此而得名。整个村落分为内外城，内城主要有关帝庙、书院、衙门等行政机构，外城主要有点将台、校场、酒馆等附属建筑。

村落的房屋多建造于明末清初，满族典型的三合院四合院居多，院落的东南方向仍保留着满族祭祀所用的索罗杆。杆子的地点，一般在宅院东南方正对屋门的位置，因杆子较高，很远就可以看到，因而成了满族人家的标志，丰富了建筑的视觉信息。屋顶为典型的满族硬山式，房屋南侧大面积开窗，且仍为传统的窗户纸糊在外的支摘窗，北侧

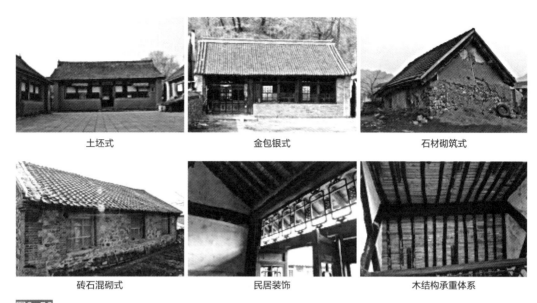

图6-56
辽东混合民居文化区传统民居建造技术

　　仅在厨房留有小窗。室内多为三开间，卧室采用"万"字形炕的布局。赫图阿拉村内的民居很好地诠释了满族民居"四大怪"的说法：口袋房、万字炕、窗户纸糊在外、烟囱出在地面上。

　　村落内保留的传统民居基本都是典型的金包银式，也有少数是叉泥墙建造的。采用传统杴檩式木构架，民居普遍装饰元素较少，但整体建造质量极高，多数房屋已屹立几百年仍熠熠生辉，体现了满族早期老屋注重实用性的技术思想与直白的审美取向（图6-57）。

　　（3）主要成因分析

　　该文化区是辽北土坯墙民居文化区与辽南砖石混砌民居文化区的过渡地带，区域特殊的历史沿革与地理环境使这里形成了多种民居建造方式相混合的状态。

　　一方面地理环境的丰富性对辽东满族民居建造方式产生了深远的影响。该文化区是除黑龙江省拉哈墙民居文化区与辽西囤顶民居文化区外，另一个区域内地貌环境差异较大的文化区，北部地形以长白山西小起伏低山丘陵为主，南部主要为长白山台地中山区，且两

金包银民居　　　　　支摘窗　　　　　民居室内

图6-57
赫图阿拉村民居文化景观

种地貌类型在区域内分布比例相当。整体来看，南部地区的石材资源要比北部更为丰富，这也促使了靠近北部地区的满族民居以土坯建造居多，而南部则以石材砌筑居多。另外中部的新宾满族自治县、沈阳市一带则因其历史上独特的建制背景，金包银式民居较多，这也进一步增进了该文化区民居建造景观的丰富性。

辽东如今为东北地区范围最大、人口最多的满族聚居区，与历史上中原文化较早地就在该区域内传播密切相关。元明之际从"白山黑水"间来到这里的建州女真很快地就接受了早已在此发芽生根的先进汉文化对自身产生的影响，使其逐渐发展成为东北地区满族群体中文化技术水平最为先进的一支。而北部的海西女真与东海女真此时仍过着以采集、渔猎为主的游猎生活。不同地区发展的不平衡也促使辽东地区在历史上成为南部发达的中原文化与北部较为原始的满族文化之间过渡的中间区域。而清代以来，辽东地区几次大规模的关外人口移民的迁入，更是带来了其他地区不同的建造传统，文化的交融也催生了该区域满族民居建造技术多元化的发展。

5．辽西囤顶民居文化区

（1）基本概况

辽西囤顶民居文化区（图6-58）位于辽河以西辽宁省的西部地区。西南接河北省东部的秦皇岛市，西北依松岭山脉，南临渤海辽东湾，东北接辽河平原。地形地貌主要以丘陵台地为主，其次为平原。整体地势由东南向西北逐渐升高，西北部以海拔300～400米的低山丘陵为主，山区森林植被稀少，水土流失严重。向东南逐渐过渡到海拔50米以下的由河流冲积而成的滨海平原，地势平缓，起伏极低。区域内主要河流有大凌河、绕阳河、六股河、宽邦河。

辽西自古以来就是满族、汉族、蒙古族等民族的交汇地带，这些民族或起源或迁徙于此，同时也是历史上东北地区接受中原文化最主要的通道之一，素有"辽西走廊"之称。扼关内外之咽喉，作为东北地区最早的移民文化圈，不同时代不同民族的人们所创造的游牧文化、农耕文化、渔猎文化和海洋文化。这些丰富的文化在辽西的土地上相互融合发展，对辽西满族不断影响并赋予其文化中的多元属性。

辽西满族构成是东北地区满族最为复杂的，主要分为两大类：一是清入关后的驻防满族，他们中的一部分是北京派驻的"佛满洲"，另一部分是从吉林迁来的新满洲；二是因罪被贬、避难、卸任、结亲、"三番"之嫌以及受牵连被迫迁居辽西的，

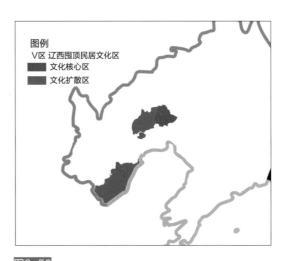

图例
V区 辽西囤顶民居文化区
■ 文化核心区
■ 文化扩散区

图6-58
辽西囤顶民居文化区

这些人有的原来就是在旗之人，有的是在这里定居后入旗，他们在这里世代繁衍。

该文化区以兴城市和北镇市为文化核心区，绥中县、义县为文化扩散区。

传统民居选址主要集中在辽西丘陵台地，少量位于辽河下游冲积平原。文化区内清代建造的满族民居遗存较少，在民国时期的民居数量较多且在区域内分布均匀，其次中华人民共和国成立后的民居数量仍为最高。

民居屋顶形式主要以囤顶为主，其次在绥中县西部靠近秦皇岛市的区域以及北镇市的东南部地区的民居为双坡式屋面；民居山墙类型主要以五花山墙和硬山山墙为主，悬山山墙仅在北镇市的东南部地区分布；民居装饰程度除了区域内少数富裕的民居雕饰种类较多、题材丰富外，其余普遍装饰较少，一般仅会在山墙或窗下槛墙处用石和砖颇为精心地组砌成简单的图案。

传统民居建筑材料就地取材，屋面材料方面囤顶民居主要以麦秸泥顶为主，一般会在前后屋檐部加设仰覆板瓦两层，以便更好地将雨水排出檐部，双坡屋顶民居用青瓦和草覆顶的均有；墙体以石材为主，有的也会结合青砖、红砖进行混合砌筑，其次也有少部分民居以土为主。与此同时，由于辽西特殊的移民现象致使该地区社会秩序较为混乱，很多民居通常出于防卫性的考虑将墙体建造得较宽以便战事发生时躲在墙内，同时厚厚的墙体也可以防止盗贼的侵入。

民居以木构架承重为主，只是囤顶民居由于其屋面形式的特殊性，取消了瓜柱、梁枋等构件，仅以坨墩承接檩件，并通过改变其高度调整屋面的曲度；墙体砌筑类型上采用砖石混砌的民居很多，清代建造的多以青砖为主体，中华人民共和国成立后建造的多用红砖与石材混合砌筑，其次直接采用石材进行垒砌的民居比例也很高，多利用附近山丘开采的石块简单加工后逐层砌筑，一般也会在石材内侧砌土坯形成外生内熟的复合型墙体。除此之外，北镇东南地区以土坯墙为主要建造形式（图6-59）。

民居院落

民居形态

硬山山墙

民居装饰

砖石混砌

木结构承重体系

图6-59
辽西囤顶民居文化区传统民居建造技术

（2）典型村落

华山村位于北镇市大市镇西南方向7公里处，坐落在医巫闾山北脉的一处缓坡丘陵上。该村于清代年间建造，全村满族人口占90%以上。村落整体布局依循地形沿着等高线呈带状式分布，形成了与自然环境十分和谐的格局，道路蜿蜒起伏，房屋布局顺应地势错落有致。

民居一般设前后两院，前院为传统的二合院或三合院，一般用1.5米左右的石砌围墙围合，有些民居还保留着从事生产的石碾、石磨。后院往往在正房内厨房的后墙开门进出，院内种植一些作物供家庭使用，同时后院的围墙往往比较低矮，有的甚至直接利用道路与房屋的高差而不设围墙。

民居开间多为3~5间不等，多为门开在东侧的传统口袋房。有的在正房一侧增设耳房，厢房一般用作储物。民居外墙均用当地盛产的花岗岩砌筑而成，白色的石墙与在檐口处叠砌的红砖形成了鲜明的对比。部分民居还保留着古朴的支摘窗，同时烟囱不同传统的跨海烟囱，而是直接砌在山墙部位。室内采用南北炕布局而不用万字炕，地面主要为素土夯实。

整体来看，华山村依山就势顺应地形，空间层次十分丰富，曲折的道路、错落的房屋、高矮的院墙构成了生动活泼的村落景观（图6-60）。

（3）主要成因分析

辽西囤顶民居文化景观的形成与该地区独特的自然地理环境以及历史文化背景密不可分。

文化区位于辽河以西，地形以低山丘陵为主。西部除崇山峻岭与原始森林外，便是与蒙古相连的大草原，然而历史上该地区草原的过度放牧与森林资源的过度砍伐，使这里丘陵土地沙化明显。木材资源相对短缺，致使民居构筑发展逐渐以石材为主。区域内盛产的花岗岩、玄武岩等天然石材是该区域内民居主要的建筑材料。而囤顶民居的大量出现与当地严酷的气候环境有着直接的关联。辽西在大陆性季风环境下，形成了典型的风沙半干旱气候，是有名的风口地带。古时对于辽西地区的描述就有"旷野狞风，每有拔屋之患"，因此若采用人字起脊屋面有被掀翻的隐患，而囤顶形式则可以有效地减小风的阻力。同时，该区域平均年降雨量在500~700毫米，70%~80%集中在夏季6、7月份，人们只要在雨季

村落巷道

民居院落

民居山墙

图6-60
华山村民居文化景观

前修理一次屋面，便无漏雨危险。

除此之外，历史上辽西地区的经济发展水平普遍较辽东地区落后，囤顶的使用可以节省梁架的木料，而麦秸泥顶较瓦顶更能节省建造成本。因此该地区的大部分满族村落都是用这种囤顶。可见，辽西囤顶民居的建筑式样和结构特点是由气候与经济条件共同决定的。

同时，辽西地区作为古老的移民走廊，是北方少数民族与中原地区直接接触的交汇地带，同时也是中原文化传进东北地区最主要的通道之一。特殊的地理位置使这里在历史上战乱、戍边、移民等现象不断发生，形成了独特的移民文化圈。可以说辽西地区的满族构成可以说是东北整个地区源流最为复杂的，他们在融合到满族群体的过程中也把各自的文化带进了满族的机体。反应在民居建造上则表现为文化的涵化现象要远大于东北其他文化区，这也使得辽西地区的满族民居在建造方面与其邻近的华北平原更为接近，但同时又保留满族老屋很多的典型特征，如火坑的使用、口袋房的布局、支摘窗的样式等。文化的融汇促使了民居建造的多元化，最终形成了独具一格的辽西满族囤顶民居文化景观。

6. 辽南砖石混砌民居文化区

（1）基本概况

辽南砖石混砌文化区（图6-61）位于辽宁省南部，占据辽东半岛的大部分地区。北邻辽东山区，南邻黄海。地形地貌以海拔在500米以下的低山丘陵为主，间有小块冲积平原和盆地，主要山脉为长白山余脉千山山脉从南至北横贯整个区域。地势由西北丘陵逐渐向东南过渡为平缓的沿海平原。境内林木茂盛，资源丰富。区域内主要河流有鸭绿江、浑江、哨子河、英那河。受海洋影响较大，气候温暖湿润，属暖温带季风气候类型。

辽南由于地理位置和自然条件的优越性，在东北地区政治、军事、文化、航运方面一直占据重要的地位。历史上该地区随着满族民系的流入，广泛融会吸收了悠久的中原文化、海洋文化和流域文化，逐步形成了独具特色的辽南满族文化。

该文化区北邻辽东混合民居文化区。具体涵盖的区域有：辽阳的辽阳县、鞍山的岫岩满族自治县、丹东的凤城市、宽甸满族自治县、大连的庄河市以及周边各市内分散的满族乡镇。

文化区内满族构成为主要为分为三部分：一是清入关后回从北京派驻的"佛满洲"；二是从乌拉（今吉林市）迁来的

图6-61
辽南砖石混砌民居文化区

图例
VI区 辽南砖石混砌民居文化区
文化核心区
文化扩散区

"新满洲"；三是战争中的被俘人员中被编入八旗满洲的"包衣满洲"。前两者都属于八旗驻防满族，是辽南满族构成的主体。

该文化以岫岩满族自治县为文化核心区，辽阳县、庄河市、凤城市、宽甸满族自治县为文化扩散区。

满族民居主要分布在辽东小起伏低山区。区域内清代民居数量是所有文化区中遗存最多的，在所统计的村落样本中，60%以上的村落都有清代建造的民居，以清中后期居多。其次民国时期的民居保留也很多，可以看到该区域整体民居建造年代历史最为悠久。

民居屋顶形式除了营口市内部分满族镇采用囤顶外，其余均为双坡屋面，屋脊处以小式瓦作的清水脊居多，简单朴素没有复杂的饰件，大多只是在两端雕刻花、草、龙纹等装饰；民居山墙以砖角石心的五花山墙居多，其次将条石砌基，青砖到顶的硬山山墙也有出现，相对来说悬山山墙在该区域分布最少，主要在经济条件较差的民居中使用；民居整体装饰水平较高，石雕、砖雕、木雕数量众多，不乏精美者。装饰题材主要有吉祥图案、山水风景、花草动物等，大户人家在院落围墙的炮楼处多设石雕的射击孔，以葫芦、钱币等形式，表达吉祥如意的同时也兼具防御功能。其次辽南地区由于受到西方文化影响，满族民居中出现了东北其他地区极其少见的中西合璧式装饰元素。

民居屋面材料以青瓦为主，其次用草覆顶的民居也很多，土仅出现在西部地区的少量囤顶民居中；墙体材料主要以区域内盛产的各类石材为主，其次青砖的用量也很高，多与石材进行混合砌筑。土材使用相对较少，一般仅在部分地区石材砌筑的墙体表面做抹面处理。

民居承重类型以传统枀檩式木构架为主。墙体砌筑类型以该区典型的砖石混砌为主，民居建造时多在地基以上1米左右的墙身砌筑条石，且这些条石尺度规整、多采用丁斗式垒砌，或对缝，或留有灰口，整体给人以敦实端庄之感。其次采用石材砌筑的民居也很多，或在墙体外表面仅做勾缝处理，或用黄泥做整体抹面（图6-62）。

（2）典型村落

坎子村位于岫岩满族自治县石灰窑镇向西16公里处，坐落在千山山脉太平岭的狭长山谷之间，后有漫岗，林木葱茏，前有山溪，流水潺潺。村落整体坐北朝南，民居顺应地形而呈自由式布局。该村建于清代，村落现保存有多处清代年间所建的满族民居，如姜家大院、孙家大院等（图6-63）。

村落民居以传统的三合院、四合院为主，同时也有形制较高的多进院，如姜家大院原系三进三出四合院。院落整体布局严谨，开阔，左右厢房沿中轴线对称分布，可以明显看出受汉族民居院落形制的影响较大。部分院落门前还保留有上马石和下马石，但曾经存在的影壁墙与索罗杆都已不在。

民居无论正房还是厢房多为五开间或七开间，进深以三间为主。主体正房檐下地面多设以"丁斗交错"方式铺砌的条石台阶。窗下槛墙多以四层青白色大青石砌筑，第四层即为窗台板，石材石质精良，制作规整。山墙前后出檐，即俗称的"前出狼牙，后出梢"。在

图6-62
辽南砖石混砌民居文化区传统民居建造技术

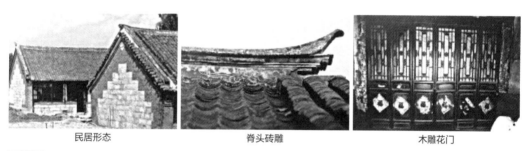

图6-63
坎子村民居文化景观

下部砌块石，上部为转角石心五花式结构。民居室内一般为典型的对面屋格局，中间作为厨房，两侧房间作卧室使用，卧室内均为传统的万字炕，地面主要以铺砖或铺石为主。很多民居在西侧山墙仍保留着满族祭祀所用的祖宗匣子。

村落传统民居雕饰精美，种类丰富。在抱鼓石、门枕处和墩腿石等部多绘刻吉祥符纹样或植物纹样的石雕。在脊头、腰花、博风头等处的砖雕多以阴阳刻同时结合透雕。在隔扇、栏板、户牖上亮部位的木雕更是选料精严、图案丰富、寓意吉祥。

（3）主要成因分析

辽南砖石混砌民居文化区地形以低山丘陵为主，境内土地肥沃、气候温暖、林木丰富、石质优良，且经济水平较高，建造材料多以砖石为主。该区域盛产的花岗岩、青石、黄白石等各类石材是文化区内满族民居最主要的建筑材料，典型民居均在山墙或檐墙处将其与青砖混合砌筑。且石材多质地优良，色泽纯白，取材便利，在民居建造中深受辽南满族人喜爱。

与此同时，辽南地区由于发达的海运交通，自古以来就有较为深厚的文化积淀。在交通不发达的年代，河运要比陆运方便得多，当时通过水路来东北的中原移民，主要路线为先乘船到达辽东半岛的大连或营口，然后沿着辽河逐步向内地扩展。辽南也是除了辽西走廊外，历史上其他地区移民关外的另一重要通道。中原文化的长期渗透使这里成为东北地区开化较早的地区之一，同时其优越的地理位置也促进区域内与西方外来文化的交流。这些也逐渐地对该区域内的满族民居建造产生深远影响，以致整体形制更为接近成熟、完善的汉族民居建筑模式。除此之外，在部分民居中也融入拱形门、拱形窗、罗马柱头装饰等舶来的西方建筑文化。

此外辽南满族民居整体极高的建造水平，更是与该地区的满流源流密不可分的。他们多是当年随龙入关，后从京回拨派驻的满族贵族或在战场立功的有功之士，多有较高的社会地位、文化背景和经济基础，因此有能力实现对自身房屋建造品质的追求。且从区域内民居中普遍使用的万字炕、跨海烟囱、西屋祭祀神龛等元素来看，辽南满族在房屋建造中既借鉴了汉族的先进文化，同时又很好地承袭了自身传统文化。

总体来说，辽南地区满族民居整体建造体系之成熟、房屋用料之考究、装饰元素之精美是其他文化区所不能媲美的。而其文化景观的形成，不仅受到其自然地理环境影响，更多的是与该区的历史人文背景紧密相关。

6.3.3　朝鲜族文化区的文化景观特征

1. 黑龙江省拉哈墙民居文化区

（1）基本概况

黑龙江省拉哈墙民居文化区（图6-64）主要分布在东北地区黑龙江省的朝鲜族聚居区，吉林省和辽宁省部分地区也有少量分布。该文化区具体范围包括：黑龙江省黑河市北安市，绥化市北林区，鹤岗市萝北县，佳木斯市桦川县、汤原县，鸡西市密山市、鸡东县，哈尔滨市五常市、尚志市，吉林省长春市榆树市，辽宁省盘锦市盘山县、大洼县。研究范围内平均海拔相对较低，主要地形环境以平原和台地为主，黑龙江少量的朝鲜族聚居村分

图6-64
黑龙江省拉哈墙民居文化区

布在山地和丘陵地区，该文化区整体来说海拔较低，地势相对平坦。区域内水系丰富，河流密布，主要河流包括嫩江、松花江、乌苏里江、辽河以及兴凯湖。平坦的地势环境和丰富的水资源造就了东北地区的农耕文化，水稻等农作物的耕种也为拉哈墙的建造提供了基础材料，也是形成黑龙江省拉哈墙民居文化区重要因素。

黑龙江省拉哈墙民居文化区的朝鲜族人主要是从朝鲜半岛迁徙过来的，根据移民形式大致分为两种类型：一部分是早期开垦农田的自由移民，如鸡西市地区的朝鲜族人，他们的原籍主要是朝鲜咸境道，迫于生计，通过海运北上到达我国鸡西市及附近地区；而另一部分是日本侵略时期的强制移民，如黑龙江省内部的朝鲜族人由于政治因素，被迫进行强制移民，这个时期的朝鲜族人主要是来自朝鲜半岛南部的庆尚道，部分地区如黑龙江省南部和吉林省北部的交界地区则来自平安道。

（2）文化景观特征

黑龙江省拉哈墙民居文化区以鸡西市鸡东县为文化核心区，其文化扩散区为北安市、北林区、萝北县、桦川县、汤原县、密山市、五常市、尚志市、榆树市、盘山县、大洼县。

该文化区的民居村落选址主要为平原和台地，黑龙江省东部和北部民居的地形环境则为山地和丘陵地形，但是整体地形环境相对较低。因为该研究范围内的朝鲜族人大多是在1931年以后由于日本的移民政策而被迫迁入的，文化历史较短，因此该文化区的民居建造年代多集中在中华人民共和国成立以后，仅在鸡东县、密山县、尚志市等朝鲜族人生活时间较长或者相对偏远的地区还保留有民国时期的民居建筑，由于建筑材料耐久性较差的原因，该文化区内年代久远的朝鲜族民居越来越少。传统朝鲜族民居的屋顶形式为四坡屋顶和双坡屋顶，在鸡西市及附近地区还大量地使用和保留朝鲜族特色的四坡顶，但是深入黑龙江省腹地，传统民居的屋顶形式则为双坡屋顶，在吉林省与黑龙江省的交界区，由于紧邻朝鲜族核心区延边又受自然气候等条件的影响，出现了双坡屋顶和四坡顶的混合使用区。山墙类型有悬山山墙和合字山墙两种，但是以悬山山墙为主。屋面材料以草为主，在边境地区少量建筑使用灰瓦。该研究范围内民居建筑结构做法均为木构架，其中传统四坡顶建筑结构体系为小材架构整幢房屋的木构架，在主体结构的梁、柱、屋架的选材上都要比汉族的小，而内陆的双坡屋顶木构架与我国传统木构架没有太大的区别。鸡西市及附近地区民居保留有传统的建造技艺，采用外墙面抹白灰、内墙面糊白纸的传统做法，而其他地区的朝鲜族民居直接用黄泥抹墙。调研发现，该文化区内的部分地区民居内少量运用土坯或夹心与拉哈墙混合使用，主要在建筑正立面窗台底下使用土坯或在门框和窗框上的局部区域使用夹心墙，因为拉哈墙房屋墙体自成一体且坚固耐久，又因为该文化区位于农耕区，墙体建造材料谷草、稻草方便易得，所以还是以拉哈墙为主。

总的来说，该文化区的核心区还基本保留了朝鲜族传统民居的建造技艺，其他地区由于受到气候环境和其他民族生活方式的影响，建筑形式产生了很大变化，更多的是在生活方式上保留了朝鲜族传统特征（图6-65）。

双坡屋顶民居形态

四坡顶民居形态

围护墙体

悬山山墙

合字山墙

木构架承重体系

图6-65
黑龙江省拉哈墙民居文化区传统民居建筑形态、构造形式示意图

（3）典型村落

勤劳村位于黑龙江省绥化市兴和朝鲜族乡，这一地带属于平原地区，一望无际，勤劳村北侧有一条河流穿过，便于水稻种植。该村居民84.4%为朝鲜族，其原籍大部分是朝鲜半岛南部的庆尚道。据村里的老人们讲述，迁徙之初他们生活条件比较艰苦，所以直接住在原有汉族或满族的空房屋内，因此满汉文化对他们的生活方式产生了很大的影响。直到如今，他们仍然在汉族和满族的民居建筑中生活，但是这些建筑相比原来内部空间却有了很大的变化。

院落布局秉承了传统朝鲜半岛庶民阶层民宅的院落形态，院落有院门、前院、后院，前院较为宽敞，用于种植庄稼，厕所位于住宅后院，四周有低矮的围墙，部分院落则为直接敞开的开放性院落，整体布局具有很强的灵活性。

勤劳村的朝鲜族民居墙体多为黄泥和稻草制成的拉哈墙，部分民居建筑的南侧墙体窗台底下采用的是土坯墙的砌筑方式，由于材料的导热性差，因此具有极好的保温效果。由朝鲜半岛南部的庆尚道迁徙过来的朝鲜族人部分居住在汉族或满族的民居建筑中，由于该地区气候寒冷，传统意义上的一列型民居形式已经无法适应当地气候环境，所以应在原有空间布局上做出改变，将厨房和仓库这些对热量需求较小的附属空间布置在建筑北侧，形成二列型平面形式，从而增强卧室的防风和保温作用。由勤劳村可知，朝鲜族传统民居的发展演变过程也与时俱进地创造出更加宜居的居住空间（图6-66）。

民居形态　　　　　　　　屋顶构造　　　　　　　　民居室内

图6-66
勤劳村民居文化景观

2.延边夹心墙民居文化区

（1）基本概况

延边夹心墙民居文化区（图6-67）主要分布在东北地区吉林省东部的延边朝鲜族自治州，东部与俄罗斯的哈桑区相邻，南隔图们江与朝鲜的咸境道和两江道相望。该文化区具体范围包括延边朝鲜族自治州延吉市、图们市、珲春市、龙井市和龙市、敦化市、汪清县、安图县。该文化区研究范围位于长白山地区，长白山山脉由东向西贯穿全州，海拔500米以上的山地占全境的80%以上，因此延边州内的朝鲜族民居地形环境大多为山地地形，平均海拔较高；延边朝鲜族自治州地处河源地区，众多河流的发源地便位于此地，水资源相当丰富，共有三大水系：绥芬河水系、图们江水系、松花江水系。延边地区森林覆盖面积占80%，合计约322.8万公顷，丰富的植被资源为朝鲜族人民的房屋建造提供了基础材料，也是形成延边夹心墙民居文化区重要因素。

延边地区为多民族聚集区，包括朝鲜族、汉族、满族等在内的多个民族混合区，其中人数最多的为朝鲜族，形成我国最大、最集中的朝鲜族人民聚居区，居住在这里的朝鲜族人口数量达到84万多人，约占我国朝鲜族人口总数的1/2。延边朝鲜族自治州与朝鲜半岛隔江相望，气候与朝鲜半岛北部的咸境道相似，而且居住在延边地区的朝鲜族人大部分是19世纪80年代后期至20世纪30年代初期从朝鲜咸境道迁入，由于移民初期延边地区为荒芜的原始

图例
延边夹心墙民居文化区
文化扩散区
文化核心区

图6-67
延边夹心墙民居文化区

森林，交通极为不便，无法与其他民族进行文化交流，因此延边地区的朝鲜族人民很多生活习俗继承了朝鲜咸境道的特点，包括村落选址、居住形态与院落模式、建筑与自然环境的结合等，因此很好地继承和保留了其民族的文化特征，民居依旧采用朝鲜半岛咸境道式建筑的建造技艺，延边地区的朝鲜族民居也是在其基础上发展演变而来。

（2）文化景观特征

该文化区以延吉市、龙井市、图们市为文化核心区，其中，龙井市是最主要的聚居区，也是朝鲜族传统民俗文化保存最完整的地方；文化扩散区为珲春市、敦化市、和龙市、汪清县、安图县。该文化区紧邻朝鲜半岛，文化景观特征鲜明，是研究范围内保留朝鲜族传统建造技艺最完整的区域。

朝鲜族聚居区村落的选址与布局方面：延边地区冬季盛行西北季风，气候寒冷，朝鲜族传统民居选址遵循的基本原则为背山面水，以南低北高的向阳坡地为最佳，这样的村落选址既能最大程度地争取日照，又利用地形优势抵御西北季风，同时也能解决防洪和排水等方面的需求。朝鲜族民居布局特点为沿街道布置，有别于东北地区汉族民居坐北朝南的布局特征。民居建筑大多数以单体为主，没有明确划分院子和园子，没有院墙围合。

该文化区的民居村落选址主要为山地。由于延边地区是朝鲜族在我国的核心区，建筑形态和构造技术等都传承和延续了朝鲜族传统民居文化特征，同时该文化区是朝鲜族人最早迁入的地区之一，具有100多年的历史，因此该文化区民居的建造年代也是涵盖清代、民国、中华人民共和国成立后三个时间段，但是由于建筑材料的耐久性较差，建筑使用的年限较短，所以民居建造时间还是以中华人民共和国成立后为主。该文化区的朝鲜族传统民居的屋顶形式有双坡屋顶、四坡屋顶、歇山屋顶三种类型，因为该地区基本保留了朝鲜半岛咸境道式民居特征，因此传统民居还是以四坡屋顶和歇山屋顶为主。山墙类型以合字山墙为主，少量建筑则为悬山山墙。屋面材料以草为主，部分民居采用具有民族特色的灰瓦或者黑瓦，但是20世纪80年代以后，随着国家对农村的改造，部分地区民居的草屋顶被红瓦所代替。该文化区的民居主要是木构架承重，地基用土垫起30厘米高的台基，周边用石块砌筑。外墙构造做法是先立起木框架，两面编织秸秆或者柳条，外抹泥浆，白灰抹面，其间填充沙土，或者不填沙土，做成空心墙。建造历史悠久的民居则保留朝鲜族传统民居的特征，门窗口的尺寸相同，往往是门窗不分，都可以作为建筑的入口，使得本来低矮的房身给人以挺拔秀美之感。

总的来说，该文化区是我国朝鲜族的核心所在，传承和沿袭了其民族文化特征，是保留朝鲜族传统民居的建造技艺最完整的地区（图6-68）。

（3）典型村落

白龙村位于图们市月晴镇，东侧与朝鲜半岛隔图们江相望，该村是东北地区唯一一个中国历史名村。白龙村始建于清光绪初年，时处第二次朝鲜族大规模移民期间。初期移居至此的朝鲜族人经常受到老虎的迫害，并多次发布驱虎告示，所以该村最早取名为"布瑞坪"，朝鲜语解释则为发布告驱虎，但是在朝鲜族的民间传说中白龙可以驱虎，故改名为

歇山顶民居形态

四坡顶民居形态

村落布局

墙体砌筑类型

屋面材料

木构架承重体系

图6-68
延边夹心墙民居文化区传统民居建筑形态、构造形式示意图

民居透视图（正面）

民居正立面图

民居透视图（背面）

图6-69
白龙村民居文化景观

"白龙村"。

村落选址上，白龙村秉承了传统的民族思想，背山面水，在较为平缓的山脚处建设房屋。院落布局上，建村初期，该村的院落形态基本保持了朝鲜半岛传统的院落形态。后期受汉族和满族文化的影响，逐渐转化为半封闭的院落模式，院内正房呈单层"一"字形布置。

村内还保留为数不多的清朝修建的朝鲜族民居建筑，如距今130多年的白龙村百年民居，使用土木瓦等材料，采用榫卯结构，无一根钉子，历经百年风雨，依旧保存完好。白龙村的民居延续了朝鲜族的灰瓦白墙的木结构特征，多采用夹心墙的构造方式，沿用了"庑殿式""歇山式"等屋顶形式（图6-69）。

3. 长白山井干式民居文化区

（1）基本概况

长白山井干式民居文化区（图6-70）主要分布在我国吉林省东部长白山主峰山脉附

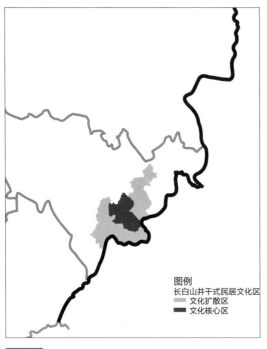

图6-70
长白山井干式民居文化区

近。该文化区具体包括：白山市抚松县、长白朝鲜族自治县、临江市、江源区、靖宇县、延边朝鲜族自治州安图县。该研究范围内的民居地形环境多为山地地形，山区内拥有肥沃的土地，丰富的森林植被资源，树木林立，全市有林地面积14761平方公里，境内森林覆盖率达到83%，井干式民居建筑的分布和山林树木息息相关，同时丰富的森林资源也是形成井干式民居的必要条件。茂盛的植被资源必然少不了河流，该文化区内山脉连绵不断、沟谷交错、河流纵横，该研究范围内的河流有鸭绿江、松花江、浑江等。丰富的植被资源为朝鲜族人民建造井干式建筑提供了可能，也是形成长白山井干式民居文化区的重要因素。

白山市地区同样也是多民族聚居区，包括汉族、朝鲜族、满族等在内的多个民族，其中长白朝鲜族自治县是朝鲜族人居住密度最大的地区。白山市与朝鲜民主主义人民共和国隔江相望，居住在该地区的朝鲜族人同样是在19世纪80年代后期至20世纪30年代初期从朝鲜半岛迁入，该地区的朝鲜族人其原籍不同于延边朝鲜族自治州，他们大部分是朝鲜平安道出身及他们的后人，因此在生活习俗或者民居建造技艺方面沿袭和保留了平安道式文化特征。

（2）文化景观特征

该文化区的文化核心区是抚松县，全县林地覆盖率高达89.6%，现有的长白山井干式民居主要分布在抚松县境内，文化扩散区为长白朝鲜族自治县、临江县、江源区、靖宇县、安图县。

由于该文化区内的民居地形环境多为山地地形，所以朝鲜族传统村落的布局一般沿着山体走势按东西方向延展，同时为了争取到更多的日照，且能抵御西北季风，民居呈带状形松散的分布在阳坡的不同位置，排布的列数不多，一般在2~5列。由于该文化区是朝鲜族人较早迁入的地区之一，同时井干式民居的木材料耐久性远超其他形式的土材料，因此井干式民居的建造年代相对久远，多集中在民国和中华人民共和国成立后，清代遗留下来的民居少之又少。该文化区域内的传统土著民居采用的是双坡式屋面形式，但是随着朝鲜族人进入该地区以后，他们继承朝鲜族传统民居屋顶形式的同时又受到当地土著人民居建筑形式的影响，产生了双坡屋顶和四坡屋顶混合使用的现象。山墙类型同样是悬山山墙和合字山墙两种形式，但是无论采用哪种形式的山墙类型，屋檐挑出距离较长，防止雨水冲刷保护墙体。长白山井干式民居文化区内民居以井干式民居为主，其中含有少量的夹心墙民居建筑，在屋面材料的选择上，井干式民居除了用草之外，木板瓦的使用更多，文化区内少量的夹心墙民居则是以覆草为主。井干式建筑的墙体维护材料以圆木为主，再加上抹墙的草泥以及粉刷外墙的白灰，很少使用其他材料，甚至烟囱都是圆木制成的。房屋的承重结构为墙体承重，建筑的进深和开间受木材长度的影响，为了增加房屋的进深，在房屋的中间设柱支撑脊檩（图6-71）。

（3）典型村落

水田村位于安图县南部的利图镇，地处长白山北面的倾斜地带，南高北低，西侧紧邻二道白河，村前有小溪穿过，后面靠着山，是典型的朝鲜族临水靠山型自然村落，当时参加独立运动的人士打破"不产水稻的汉族人"的观点，栽出水稻，故命名为水田村。该村所在地区气候寒冷湿润，5~9月的温度一般为22~24.5摄氏度。无雪期为95~120天左右，年降水量为530~550毫米。

院落布局方面，水田村民居设置有前后院落，仓库位于主房的一侧。建筑单体方面，由于水田村四面环山，因此木材相当丰富，建筑墙壁都是用原木砌筑，木架两端刻"井"字模样，相互垂直咬合，无需钉子，外面用黄泥抹面，部分建筑表面粉刷白漆，沿袭朝鲜族传统民居特征，房子大约有3米高，地面比炕低0.5米，门高1.5米，所以出入房间需要弯腰。库房同样用原木砌筑。水田村的朝鲜族民居屋顶秉承传统建筑技艺，依旧采用庑殿顶的形式（图6-71）。

双坡屋顶民居形态

四坡顶民居形态

井干式

木板瓦

围护墙体

图6-71
长白山井干式民居文化区传统民居建筑形态、构造形式示意图

4. 辽东石材墙民居文化区

（1）基本概况

辽东石材墙民居文化区（图6-72）主
要分布在辽宁省东部的朝鲜族聚居区，该
文化区具体范围包括：辽宁省丹东市宽甸
县，本溪市桓仁县。地形地貌以海拔在
500~1000米的山地为主，而丹东市宽甸县
南部海波相对较低，海拔高度为200~500
米，主要的山脉有老岭山、花脖山、四方
顶子山、老秃顶子山，整体地形呈现出北
高南低，由北侧山地向南侧的沿海平原逐
渐过渡。由于该文化区邻近沿海区域，水
资源丰富，区域内的主要河流有鸭绿江、
瑗河、大洋河、桓仁水库、浑江、哈达
河、大雅河、蒲石河。研究范围以山地为
主，石材和植被资源丰富，为石材墙民居
文化区的形成提供了基础材料。

图例
辽东石材墙民居文化区
文化扩散区
文化核心区

图6-72
辽东石材墙民居文化区

该文化区位于鸭绿江的中下游，与朝
鲜半岛的平安道地区隔鸭绿江相望，他们
大部分人是平安道出身及他们的后人。该研究范围内朝鲜族民居在历史发展中保留了朝鲜
族原有的传统性、民族性，同时不同的地域环境也使它拥有特殊的地域特性，因此该文化
区内的民居建筑在保留有朝鲜族传统建造技术的基础上，结合当地特殊的建筑材料，形成
独具特色的朝鲜族民居石材墙文化区。

（2）文化景观特征

辽东石材墙民居文化区以丹东市宽甸县为文化核心区，其文化扩散区为本溪市桓仁县。

该文化区的民居村落选址类型主要为山地和丘陵地形，区域内民居建造年代为中华人
民共和国成立后的数量是遗存最多的，其次少量民居则是民国时期的建筑。屋顶形式以双
坡屋顶为主，部分中华人民共和国成立后建造的民居则采用歇山屋顶，因此建筑的山墙形
式则以悬山山墙为主导。建筑的屋面材料主要运用草和瓦片，随着新农村的改造，大量的
草屋顶被瓦屋顶或者彩钢瓦所代替。墙体围护材料以石材为主，其次青砖和土也大量使用，
墙体砌筑一般有两种：一种民居以石材进行基础砌筑，一般在地基以上1米左右或者石材砌
筑在窗台之下，这种石材尺度规则、形体方整，这种建筑石材多采用丁斗式垒砌，石材之
上用砖砌筑；另一种民居的砌筑墙体采用形状、大小不规整的石材，一般将较大的石块砌
于底部，随着墙体的高度不断增加石块逐渐减小，而墙体明显呈现下宽上窄的形态，最后

石材墙民居形态　　　　　　石材墙民居形态

屋架形式　　　　　石材基础　　　　　墙体构造节点

图6-73
辽东石材墙民居文化区传统民居建筑形态、构造形式示意图

在砌好的墙体外抹上厚厚的黄泥，不仅起到稳固粘结石块的作用还能起到墙体保温的作用。研究范围内的大多数民居建筑采用的是木结构承重体系（图6-73）。

（3）典型村落

三道河通江村位于辽宁省丹东市宽甸县下露河朝鲜族乡，露河水在这里拐了第三道弯，故名三道河，村庄北侧除了露河水以外还有浑江穿过，该村位于二道沟山峰南侧较为平缓的地带，三道河村是一个太极图型的小山村，山环水绕，风光秀丽。他们百年前从朝鲜半岛来到这里，村内保留着朝鲜族百年老屋和庭院，是辽宁省现存最完整的民俗风情村落。

三道河通江村顺应地形而呈自由式布局，院落布局上基本上保留有传统的前院，用于种植庄稼，正房呈"一"字形布置，一侧设有库房和牲口圈，四周设有低矮石材或木材的院墙。

建筑单体砌筑基本上使用石材，石材的选材有两种，一种是较大且规整的石材；另一种则是选用碎石。大块且规整的石材一般作为建筑的基础材料使用，砌筑高度一般达到建筑的窗台底下，且多采用丁斗式垒砌，然后石材上则再砌筑碎石或者少量使用土坯砌筑。碎石砌筑的墙体将石头由大到小砌筑，砌筑过程中用土找平，墙体呈下厚上薄的形态，最后用黄泥在墙体表面做抹面处理。虽然依旧保留朝鲜族传统的生活习惯，但是室内传统的满炕已发生改变，出现了地炕（图6-74）。

5. 吉中-辽中土坯墙民居文化区

（1）基本概况

吉中-辽中土坯墙民居文化区（图6-75）主要分布在东北地区吉林省和辽宁省中部的

石材基础

石材墙体

石材牲口棚

图6-74
三道河通江村民居文化景观

图6-75
吉中-辽中土坯墙民居文化区

朝鲜族聚居区，黑龙江省部分地区有少量分布。该文化区具体范围包括：黑龙江省齐齐哈尔市昂昂溪区，吉林省长春市双阳区，吉林市永吉县、磐石市，四平市公主岭市，辽源市通辽县、通化市梅河口市、柳河县、辉南县，沈阳市东陵区、于洪区、沈北新区，抚顺市抚顺县、清原县、顺城区，鞍山市千山区、铁西区。该文化区内水系丰富，河流密布，主要河流包括浑河、辽河、松花江水系。区域内地形环境由东向西为低山、丘陵、台地、平原，整个研究范围地势由东北向西南逐渐降低，低矮的山区丘陵地区具有丰富的土资源，为土坯墙的大面积应用提供了基础材料，也是形成吉中-辽中土坯墙民居文化区的重要因素。

该文化区位于东北地区的中部，这个区域内的朝鲜族人主要是由日本帝国主义集团移民政策迁入而形成的朝鲜族聚居区，为东北地区变成日本侵略大陆的军事基地，于是设立了"鲜满拓殖株式会社"和"满鲜拓殖有限株式会社"，开始实施强制移民，辽宁和通化居住的朝鲜族大部分是朝鲜平安道出身及他们的后人，吉林省吉林市、磐石市等内陆地区的朝鲜族，则来自朝鲜庆尚道及全罗道等朝鲜南道。大批移民者的注入，为朝鲜半岛文化在吉南和辽北地区的传播发展起到了重要推动作用。

（2）文化景观特征

该文化区的文化核心区是抚顺市清原县、抚顺县、顺城区、沈阳市，文化扩散区为齐齐哈尔市昂昂溪区、长春市双阳区、永吉县、磐石市、公主岭市、通辽县、梅河口市、柳河县、辉南县、鞍山市。

　　该文化区主要分布在长白山西侧，民居村落选址主要为丘陵以及低山区，部分土坯墙民居则分布在台地和平原地区。由于建筑材料耐久性较差的原因，该文化区内的民居建造年代以中华人民共和国成立后为主，民国时期的土坯墙民居遗留较少。民居的屋顶形式在该文化区内较为多样，在黑龙江省的齐齐哈尔地区出现了囤顶形式，在吉林省中部出现了双坡屋顶和四坡屋顶混合使用的现象，其余地区则是双坡屋顶形式，总的来说，整个文化区的屋顶形式还是以双坡屋顶为主。囤顶与双坡屋顶都是悬山山墙，四坡屋顶则是合字山墙，无论民居建筑采用哪种屋顶形式，挑檐尽可能向外延伸，以防止雨水冲刷墙体。屋面材料以覆草为主，部分建筑选择瓦作为屋面材料，但是囤顶的材料则以土为主。该文化区内的民居建筑墙体围护材料以土为主，用石材或者砖砌筑作为建筑的基础。研究范围内民居承重类型以杊檩式为主，由于区域内林木资源较山区相对匮乏，民居的梁架木径相对较小，所以建筑以七檩七杊为多，同时为了节省木材的使用，文化区内也有"硬搭山"的构造，在建筑的前后纵墙内保留檐柱，而在两侧山墙内柱子和屋架一并省去，采用这种混合承重的结构体系，以达到节省木材的效果（图6-76）。

　　（3）典型村落

　　朝阳村位于吉林省辽源市东辽县安石镇，北侧紧邻路河水库和金满水库，符合朝鲜族人传统的村落选址，便于水稻种植，村落被低矮的丘陵环绕。车家大院便位于朝阳村中，近几年，安石镇政府为推动该地区的旅游产业的发展，将朝阳村打造成朝鲜族民俗特色村。

　　朝鲜族民居院落布局沿袭了朝鲜族半岛传统的院落形态，院落有前院、后院，前院临街且宽敞，用于种植庄稼，后院较前院狭小，厕所位于后院当中，正房位于宅基地中呈

双坡屋顶民居形态

囤顶民居形态

歇山顶民居形态

墙体围护材料

承重体系

悬山山墙

图6-76
吉中-辽中土坯墙民居文化区传统民居建筑形态、构造形式示意图

土坯墙体　　　　　　　　室内满炕　　　　　　　　室内北炕

图6-77
朝阳村民居文化景观

"一"字形布置，两侧有通往后院的走道，整体布局较灵活，院落四周没有院墙围合，为敞开的开放性院落。

　　建筑单体则完全选用土坯墙的砌筑形式，墙面用黄泥抹面，部分建筑墙体刷白，传承朝鲜族传统民居特征。建筑屋顶受气候和汉满文化的影响采用的是悬山式双坡草屋顶，后来随着条件改善部分建筑将草屋顶改为瓦屋顶，或者在原来的草屋顶上盖石棉瓦。民居建筑基本上是两开间或者是三开间，北侧开窗，为了增大室内空间，顶棚采用的是"船底式"吊顶形式。室内火炕较传统朝鲜族满炕有所改进，三开间中，鼎厨间位于中央，东侧的房间则保留朝鲜族传统的满炕，西侧房间采用的便是北炕且没有地炕出现（图6-77）。

6.吉南混合民居文化区

（1）基本概况

　　吉南混合民居文化区（图6-78）研究范围包括吉林省的南部及辽宁省北部部分地区。该文化区南邻辽东石材墙民居文化区，西临吉中-辽中土坯墙民居文化区，东邻长白山井干式民居文化区，其中文化区内的集安市与朝鲜半岛隔江相望，具体范围包括：吉林省通化市集安市、通化县、柳河县、东昌区、二道江区，辽宁省抚顺市新宾县。该文化区是井干式、土坯墙、石材墙过渡的混合区，民居村落的地形环境选址以山地为主，西部部分地区则是低山丘陵区，地势海拔多在500～1000米，主要山脉有大壹沟山、老岭、龙岗山等，整体地形由东南向西北逐渐降低。区域内的

图6-78
吉南混合民居文化区

主要河流有鸭绿江、浑江、统河、云峰水库。

该文化区东侧紧邻朝鲜半岛的平安道地区，研究范围内的朝鲜族人民大部分是平安道出身及他们的后人，因此，他们的生活方式和风俗习惯很大程度上保留了平安道的特征。随着朝鲜族人们不断向内陆扩散，同时由于自然气候、资源、地理环境以及生产生活方式的影响，该研究范围内的朝鲜族传统民居的建造技术逐渐发生改变，形成了我国朝鲜族民居井干式、土坯墙、石材墙的墙体砌筑类型的混合过渡区域。

（2）文化景观特征

该文化区民居地形环境主要是山地地形，部分地区的地形环境为丘陵地形。该文化区内的民居建筑墙体砌筑类型较为多样，建筑材料也有所区别，使用木材的井干式民居、石材墙民居和利用土资源的土坯墙以及少量的夹心墙民居。不同的民居建筑材料的民居使用年限也有所不同，研究范围内的井干式建筑的建造时间最为久远，多集中在民国时期和中华人民共和国成立后，而土坯墙和石材墙民居则以中华人民共和国成立后为主。该文化区内的民居屋顶形式受其他文化影响较为严重，以双坡屋顶为主，少量建筑使用四坡屋顶。山墙形式以悬山山墙为主。屋面材料以草和瓦为主要材料，但是受地理环境和建筑材料的影响，该研究范围内的瓦与朝鲜族传统民居的灰瓦有所区别，使用的瓦是更接近我国传统民居的灰瓦和红瓦。该文化区内的民居建筑墙体围护材料较为多样，不同建筑材料决定着不同的墙体砌筑类型，所包含的墙体围护材料主要有圆木、石材、土。建筑的承重结构也非某一种单一的承重形式，井干式民居则为墙体承重，土坯墙则为混合承重结构，石材墙和少量的夹心墙民居则选择的是木结构承重体系。

本区域作为文化过渡区，相邻文化区内的墙体砌筑类型在本文化区内均有出现，呈现出多种墙体砌筑类型并存的情况，而非以某一种墙体砌筑类型为主，但是依旧呈现出一定的规律，邻近不同文化区的民居则以附近文化区内墙体砌筑类型为主，例如邻近长白山井干式民居文化区的通化县部分地区则以井干式民居为主，辽宁省的新宾县则以土坯墙民居为主，而通化市的集安市则采用石材作为墙体外围护材料，即使在石材运用较多的地区，区域间的使用也不完全一致，靠近白山市的地区则采用石材砌筑基础，部分到达窗台底部，上面采用夹心墙的墙体构造形式，但是邻近通化县的地区则选用的是土坯墙的砌筑方式。因此，该文化区内的多种墙体砌筑类型共存，并呈现各建造技术之间相互过渡的联系（图6-79）。

（3）典型村落

河鲜村位于通化市快大茂镇，村庄前面有罗九河江穿过，后面有母子山，是典型的朝鲜族临水靠山型自然村落。村落始建于1910年，距今已有100多年的历史，全村都为朝鲜族人，主要是从庆尚道迁徙到此的。

河鲜村内民居建筑墙体砌筑以夹心墙为主，部分墙体则选用石材砌筑，外面用黄泥抹面，表皮刷白漆，沿用了朝鲜族传统白色墙体的民族特征。建筑屋顶大部分以悬山山墙的双坡屋

石材-夹心墙民居形态

土坯墙民居形态

石材墙民居形态

悬山山墙

朝鲜大炕

室内屋架

图6-79
吉南混合民居文化区传统民居建筑形态、构造形式示意图

墙体混砌

夹心墙

民居室内

图6-80
河鲜村民居文化景观

顶为主，屋顶材料为瓦和茅草。该村的朝鲜族人依旧保持传统的生活方式，但受到气候和满汉文化的影响，建筑的房间和厨房分开，厨房与库房相邻，或将厨房分隔，一部分作为库房，从而减少不必要的户外活动，以抵御严寒的气候。与延边传统朝鲜族满炕有所区别，该村内的房间又分为地炕（地室）和炕，地炕与炕相差50厘米，比汉族式的炕稍微低一些，比延边朝鲜族传统满炕要高，地炕上铺地板并放置床，可用作起居室兼作客房（图6-80）。

7. 牡丹江拉哈-夹心墙混合民居文化区

（1）基本概况

牡丹江拉哈-夹心墙混合民居文化区（图6-81）主要分布在东北地区黑龙江省牡丹江市及其周边地区的朝鲜族聚居区。该文化区南邻延边夹心墙民居文化区，西邻黑龙江省拉哈墙民居文化区，是夹心墙向拉哈墙过渡的混合区，具体范围包括：黑龙江省牡丹江市宁安市、海林市、西安区、爱民区、东安区、阳明区。该文化区内的地形环境以山地为主，主要山脉有长白山山脉、老爷岭与张广才岭等山脉，研究范围内地势海拔多在500~1000米，平均海拔较高。区域内水系丰富，河流密布，主要河流包括松花江、牡丹江。该文化区内土壤肥沃，树木林立，森林植被资源丰富，为拉哈-夹心墙混合民居文化区的形成提供基础。

图例
牡丹江拉哈-夹心墙混合民居文化区
文化过渡区

图6-81
牡丹江拉哈-夹心墙混合民居文化区

该文化区内朝鲜族人主要是从朝鲜半岛迁徙过来的，他们大部分是咸境道出身及他们的后人，他们经图们江流域到达黑龙江省牡丹江市及周边地区。因为该研究范围与我国朝鲜族核心区延边朝鲜族自治州相邻，北侧几乎又与朝鲜半岛隔江相望，因此，他们的生活方式和风俗依旧沿袭朝鲜半岛咸境道地区的习惯，但是由于该文化区深入东北地区腹地，为了适应东北地区严寒的气候，又受到该地区其他民居建造技术的影响，因此该研究范围内的民居既保留了朝鲜族传统民居的建造特色又融合了其他民族民居的建造技术，成为我国朝鲜族民居夹心墙向拉哈墙过渡的混合区域。

（2）文化景观特征

该文化区内民居村落选址主要为山地。因为该研究范围内的民居墙体砌筑类型为拉哈墙和夹心墙两种形式，受墙体材料的影响，民居建造年代以中华人民共和国成立后为主，少量民居建于民国时期。由于该文化区为混合文化区，受到不同建造技术的影响，因此屋顶形式在该文化区内较为多样，不仅有朝鲜族传统的四坡顶，还有大量的双坡屋顶，部分建筑则保留有歇山屋顶形式。由于屋顶形式的多样性，所以整个文化区内的山墙形式为悬山山墙和合字山墙两种形式。屋面材料则以覆草为主，歇山屋顶以瓦为主，但是随着国家对新农村的改造，很多草屋顶上直接覆盖彩钢瓦，或者是有瓦直接代替草作为屋面材料。该文化区内民居建筑墙体围护材料以土为主，分别保留拉哈墙和夹心墙的特征。研究范围内的民居建筑均采用的是木结构承重体系。

该文化区是一个文化过渡，不同于其他文化区内单一主导的墙体砌筑类型，在此区域内出现多种墙体砌筑类型，该研究范围内出现了夹心墙和拉哈墙两种墙体砌筑形式，少量民居建筑还使用了土坯墙，总的来说，相邻文化区内的墙体砌筑类型在本文化区内均有出现。但是这种混合状态并非均匀，单体建筑内两种建造技术有单独使用的也有混合使用的，而在文化区内两种建造技术的分布情况，邻近延边夹心墙民居文化区的民居以夹心墙为主，而邻近黑龙江省拉哈墙民居文化区的民居建筑则以拉哈墙为主要墙体砌筑方式。

　　总的来说，该研究范围内多种墙体砌筑类型并存，邻近各文化区的区域内又以相邻文化区内墙体砌筑类型为主要墙体砌筑方式，文化区中心的混合区内各种类型混合使用，没有主导形式。因此，该文化区是我国朝鲜族民居夹心墙建造技术向拉哈墙建造技术的过渡区域（图6-82）。

　　（3）典型村落

　　江西村位于黑龙江省东南部的宁安市，全村共1580人，其中朝鲜族有1397人，使得江西村成为宁安市目前朝鲜族人口最多的朝鲜族村屯，由于万年以前的火山喷发，这里形成了大片的熔岩台地，而江西村刚好坐落在这片台地上，长期以来江西村人受到火山文化和民族文化的熏陶，孕育了独具特色的文化内涵。村庄东侧是牡丹江，水稻种植历史悠久，为朝鲜族传统民居提供建筑材料。

　　江西村所在文化区与朝鲜族传统民居的核心区域相邻，基本沿袭朝鲜族传统建造技艺，院落布局上采用自由式布局，有前院和后院，院内种植庄稼，四周无院墙围合，建筑正房呈"一"字形布置，坐北朝南（图6-83）。

　　建筑单体的建造技术大体保留朝鲜族传统民居的特征，白色墙体上覆盖草顶，但是部分建造技艺已经有所改进，墙体采用夹心墙和拉哈墙混合使用。为了适应寒冷的气候环境，窗户也将原来的直棂门窗改为小窗。室内活动依旧秉承朝鲜族传统的生活方式，但是建筑

四坡顶民居形态

双坡屋顶民居形态

草材料屋面

夹心墙

拉哈墙

朝鲜大炕

图6-82
牡丹江拉哈-夹心墙混合民居文化区传统民居建筑形态、构造形式示意图

村落景观

民居形态

民居室内

图6-83
江西村民居文化景观

的建造方式已经开始改变，将原来的满炕改为"炕"和"地炕"两部分，地炕一般比炕低10～15厘米，由于高度不同又称为"上炕"和"下炕"。在使用上，下炕一般单独设置焚火口，夏季作为就寝、起居、就餐等空间使用，冬季则烧火用作火炕。这种建造方式更加适应当地环境，体现了我国朝鲜族人民的创造智慧。

07

东北传统村落及民居
文化区的形成因素

- 自然因素与文化区形成
- 社会人文因素与文化区形成

将东北传统村落及民居文化区划与自然、社会人文因素的区划进行对比，得出影响东北传统村落及民居区划的直接因素与间接因素，以及自然、社会人文因素对文化区形成的综合决定机制。

7.1　自然因素与文化区形成

7.1.1　地形与文化区形成

东北地区幅员辽阔，地貌多样，整体形似山环水绕的马蹄，它的西、北、东三面均被海拔高度在800～1500米的低山、中山环绕，中部则分布着广阔的东北大平原及其周围的冲积台地。

按《中国地形图》中将东北地貌划分为：IA三江平原区、IB长白山中低山地区、ID小兴安岭低山区、IE松辽低平原区、IF燕山——辽西中低山地区，而每个区域又可以划分为若干个次一级的地貌分区。其中从满族的村落选址分布来看，分别有27％、13.7％和25％的传统村落分布于IB的辽东小起伏地山区、长白山熔岩台地中山区、长白山西小起伏低山丘陵区；3％的传统村落分布于ID的小兴安西部小起伏低山区；分别有9.6％、4％和2.3％的传统村落分布于IE的松辽东部洪冲积台地区、辽河下游海冲积平原区和松嫩冲积平原区；15.4％的传统村落分布于IF的辽西丘陵台地区。

由此可见，东北地区满族传统村落在中低山地选址的最多，其次为丘陵台地，平原相对最少。之所以呈现如此的分布状态主要与满族先民以采集、渔猎为主的经济文化类型有关。虽清代以来，满族逐渐从山林走向平原，但其主体仍保留着"依山做寨、聚其所亲居"的居住传统。朝鲜族传统村落同样是以中低山地选址为最多，丘陵平原相对少一些，这样分布情况主要是以朝鲜半岛相邻的延边朝鲜族自治州和长白朝鲜族县为中心向外呈放射状分布。而汉族传统村落的分布则相对广泛，东北三省几乎都有覆盖。同时村落景观则也主要以不同地区的环境特征为切因而形成：

东部和北部水系发达植被茂盛，有较多的丛林，是捕鱼打猎的集聚区，为了防范野兽，多依山而居，聚落错落有致。民居建造材料上也形成了多以草木为主；西部丘陵土地沙化明显，森林资源在历史上曾遭到过度开发，民居构筑逐渐以石材为主；南部低山区土地肥沃、林木丰富、石质优良，且经济水平高，建造材料多以砖石为主。

7.1.2　气候与文化区形成

东北人民在长期的建筑活动中，根据地域的地貌气候条件和环境资源因地制宜积累下丰厚的建造经验，这些建造经验中无不体现出在与自然的争斗和共存中体现出朴素的自然观，大量原生建筑材料的应用也有意无意地让东北人民形成了朴素的生态观。

东北地区人们朴素的自然观形成与四季分明、严寒多变的气候和广袤无垠、地形多样的地域环境有着密不可分的关系。东北地区的气候条件和地形地貌是影响民居营造的重要影响因素之一。东北地区地处北纬40°～50°，属于高纬度地区，跨越暖温带、中温带至寒温带，纬度跨度越大，气候变化明显，属于典型性温带大陆性季风气候。东北地区四季分明，冬季严寒且霜冻期长，夏季温热且降雨量大，高纬度太阳照射角低，太阳辐射热量大，太阳能资源比较丰富。传统民居在其不断演进发展过程中逐渐依据对自然的理解和适应而逐渐适应极端的寒地气候，形成具有地域特征的寒地传统村落形态和民居营造技艺。

东北气候寒冷，日照作为主要考虑的因素，东北地区平原居多，平原地区的村落位于地势平缓的地带，村落中的主要道路大多沿东西向呈带形分布，户与户之间的间距较大，南北向的道路较少，主要起辅助交通作用。北方寒冷地区对日照的要求比较高，所以通常会加宽街道以获得更多的阳光照射。东北传统村落建筑多采取行列式布局。这种布局的特点是绝大部分建筑物都可获得良好的朝向，从而有利于建筑争取良好的日照、采光和通风条件。而且东北地区地广人稀，土地资源相对丰富也是采用行列式布局的一个原因。行列式布局的地形适应性也比较强，但它不利于形成完整、安静的空间和院落，建筑群体组合也比较单调。

东北民居为了能够最大程度地利用阳光能量满足在漫长冬季的采光需求，在院落布局上往往采用松散的布局形式，正房与厢房在东西向和南北向之间均留有较大的空间，避免厢房遮挡正房而影响采光，而在朝向选择上正房的长轴方向尽量垂直于冬季主导风向，让开窗少且墙体厚实的北横墙抵挡部分寒冷季风来降低热损耗。

如图7-1所示，建筑形体上为了减少能耗增加保暖性以适应自然环境而逐渐形成横长方形平面的规整建筑形态，一方面可以最大程度地降低体形系数，另一方面单位面积墙面积下南北向比东西向墙体获得的日照热量更大，因此长轴方向东西布置也能够让南侧空间获得最大日照收益。另一方面从屋顶形式上来看，主要考虑雨雪和风对建筑产生较大影响。在东北地区的东部，冬季降雪量大且夏季降雨量大，双坡屋顶虽然增加了一定的体形系数，但是利于夏季排雨，而坡度通常较为适中是为了避免坡度过陡而造成雨雪快速冲刷而损毁屋面材料，坡度过缓导致积雪不能及时滑落而堆积压垮屋面。屋面展开面大，散热快，民居也常有在屋内做吊顶顶棚的习惯，在顶棚和屋架间形成隔寒层，有的民居在顶棚上铺满锯末子或者草木灰，顶棚下再糊纸数层，可进一步提升保温效能。

在墙体的营造上，通常为了抵御西北向冬季季风增加建筑保温性能，北墙最厚，南墙次之，山墙厚度再次，但有的山地地区背山而建则山墙面则为最厚，以抵挡山间冷风。这样的营造做法更多反映了汉族人民对于自然环境的适应和解读，不断通过营造技艺的更新和改进来提高居住环境质量。东北地区外墙用大料，内隔墙由于不承重多用边料，营造外墙时多用几种材料混合而建，或某种材料为主要建筑材料，外侧抹草泥保护墙体。传统民

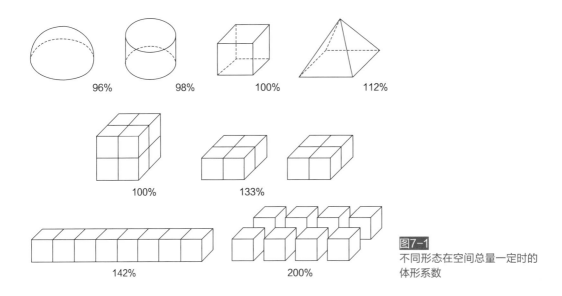

图7-1
不同形态在空间总量一定时的
体形系数

居的墙体构造通常都比较低廉，砖墙墙体多内外两侧砌砖而中间灌进白灰浆粘结碎砖填缝，这种构造形式一方面节约成本，另一方面节约资源，重复利用建筑材料，在一定程度上有利于生态修复，而土墙、板夹泥等墙都是采用的天然材料，不仅取材容易而且有利于环保，房屋拆毁后材料也能直接回归自然，这便是东北劳动人民最朴素的生态思想。

俗话说得好："一方水土养一方人"。自然环境提供给人以生存发展和生产生活的各种物质资源，民居的建造在很大程度上受到当地地域环境的制约和影响，这种制约和影响改变着人们的生活方式，人们对环境的适应和改造则是最原始自然生态观念的具体展现。伴随着移民浪潮，汉族人从中原地区的温润气候和拥挤的空间中逐渐迁徙到东北气候极端但广袤无垠的大地上，遭受了自然的折磨也受到自然的馈赠，最终孕育了拥有东北特色的生产生活方式，展现着一代代人在变迁中的古老而质朴的朴素思想。

7.1.3　材料与文化区形成

地域性民居的建造与独特的自然建筑材料有着密切关联，从传统营造材料来看，各地域的不同自然面貌产出了不同的天然建筑材料，东北人民在早期生产力低下的时期就能够熟练使用自然材料建造屋舍，能够因地制宜利用自然、改造自然，从自然中获取生产资料和生活物资。东北地区地域广阔、地形多样，在平原地区盛产各种土和草，民居多为土筑，各种土质可就地取材，不仅造价低廉运输方便，而且土类材料性能优良，保温隔热效果均较佳，搭配纤维草类材料或木材可以营造如"土坯房""碱土房""夯土房""板夹泥房"等多种典型的土房类民居；在山林地区，林木资源丰富但土类资源较少，因此汉族民居多利用木材或者木、土结合材料来营造民居，其中"井干式"民居是山地典型的民居形式；在丘陵地区，土资源不如平原地区丰富，但石材资源充足，因此许多丘陵地区民居多采用石材或砖材、石材结合的营造形式，而且石材砌筑的山墙可直接采用"硬搭山"的结构形式，进一步节省木材节约成本。

　　无论何种营造形式都不能缺少大木料和草类材料。因此木材和草类是东北民居运用最为广泛的材料。大木料通常用作民居建筑的受力承重骨架，是大木作中的柱、梁、檩、椽、枋中必需的营造材料，其余的小木作中如门窗、隔墙和家具等，则采用次一些的大木料或边角料制作，东北地区盛产良木，种类多、品质好，尤以长白山地区盛产的红松木品质最好，木材纤维紧密，抗拉、抗压性能优良，不易虫蛀不易变形等，因此常用松木作为梁柱等重要的结构材料。草类材料种类繁多、分布广泛，如秫秸可以用来铺设屋面或顶棚，也可捆扎后用来建造院墙，芦苇和羊草既可以用来苫屋面，也可绞碎与泥混合用来制作草泥土坯，以增加土坯或夯土的拉结力，或与黄泥混合用作抹墙面材料以保护墙体，其他草类如高粱秆、谷草、乌拉草、沼条等也广泛使用。草苫屋顶多用稻草、羊草或乌拉草等，各地区不同，苫草屋顶保暖性好，防雨御雪能力佳，处理优良的草类苫一次可用20年之久，但目前来看大多民居屋顶3～5年则会修缮一次，不出10年则会重苫，也是因为草类易得且便宜，替换成本低。土类材料也是仅次于木和草类被广泛运用的重要材料之一，垛泥、打坯、夯土、筑墙、抹面都需要土材料，不同的土类如黄土、沙土、碱土都有其独特的结构性能，用于不同营造工序中，而土类也是烧制砖类和瓦类的主要材料。东北民居在其自身的发展中不断适应寒地的气候，广泛利用本土自然的建筑材料，逐步形成了具有东北特色的民居形态特征和独特的营造技艺特点（图7-2、图7-3）。

　　正是由于这些丰富的有着本土特色的建筑材料，东北人民对这些材料经过加工和改良，形成具有地方特色的营造技术。比如草苫顶的构造形式上，先立柱架梁搭起屋架后，在檩木上挂椽子，通常为三道椽子，通常根据当地的木材情况屋架结构也有所变化，木材多、质量好的地区则檩下置枋，木材匮乏或贫穷人家则檩下置枕。在椽子上铺设柳条、芦苇或秫秸秆，再在这些间隔物上铺一层厚约10厘米的"望泥"，也叫巴泥，如果地区寒冷可再铺设一层草泥辫可使屋顶更加防寒耐用，最上层铺设草类，根据当地的草的种类可选择稻草、谷草或羊草，屋檐处苫草薄，屋脊处苫草厚。不仅是草屋顶民居，东北民居的每

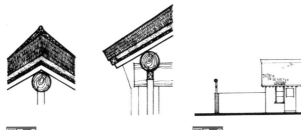

图7-2
草屋顶构造

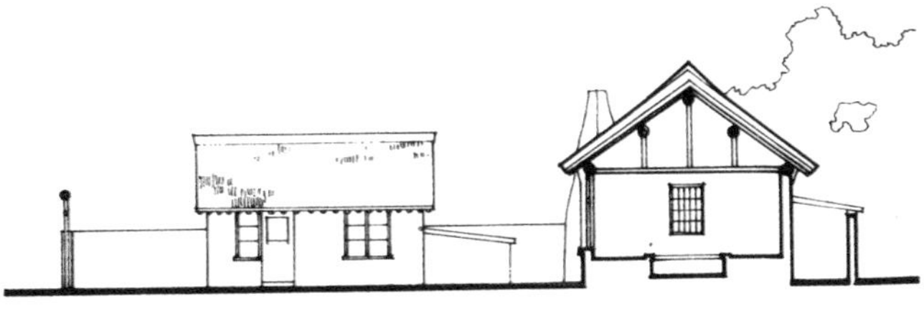

图7-3
草屋顶建筑剖立面

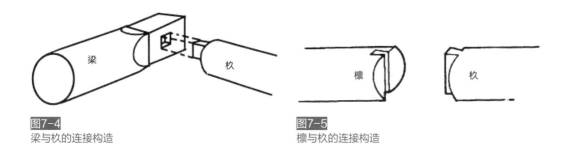

图7-4
梁与杈的连接构造

图7-5
檩与杈的连接构造

一种营造技艺无不是建立在精准地掌握了本土材料的优势与劣势而取长补短形成的，充分体现了其努力适应环境、扎根于东北地区的文化特质（图7-4、图7-5）。

7.2　社会人文因素与文化区形成

7.2.1　移民迁徙与文化区形成

1. 汉族的迁徙历史与分布地区

传统民居的发展具有"流变"本质，匠人根据自然、社会和文化环境变迁完成自我更新。目前被认为经典的民居不过是发展到某一阶段而形成的比较稳定的形态表征。汉族民居在院落布局、建筑形态、整体装饰、构筑材料上相比北京四合院和山西大院的精致，逐渐从中原的精致转变为简单粗犷的原始性古朴气质，主要是由于民居建筑形制和中原文化的影响力在移民过程中出现萎缩，而复杂的历史进程、迁徙路径和民族文化融合都影响了民居营造的发展。

（1）"闯关东"文化线路

闯关东进程从清初陆续开始，在乾隆年间中原地区大旱，清朝廷无暇顾及东北地区的封禁，逐渐形成闯关东的移民浪潮，尤以山东、河南、河北地区输出人口最多，闯关东逐渐成为一种社会习俗被中原地区广泛接受。移民的路线影响着东北地区文化的传播和民居营造技艺的传入，早期移民路线有两条：一条是经过海路，主要移民是山东人，从胶东半岛跨越渤海登陆大连港，最早一批移民定居在辽宁东部，后期移民则经由辽宁北上，定居在吉林、黑龙江东部长白山脉山区；另一条是经过陆路，主要移民是山东人和河北人，其中也有一些河南人，经由山海关沿辽西走廊最先定居辽西，后期逐渐北上经由奉天抵达吉林和黑龙江西部地区，人口的扩散主要是经过海陆两条路线的移民继续深入腹地不断融合的结果。据估计清末时期东北地区的常住人口中由山东、河北、河南三省移民的农民可达1000万人，其中山东约占比70%～80%是人口输出省份的首位。民国初期关内各地闯关东浪潮更加汹涌，特别是山东地区的农民更是大量移民至关东地区，其中先期移民的关内人口口相传、邻里相帮的宣传带动作用对后来者的吸引力和推动作用非常大，清末移民到关东的山东人回乡探亲或传递书信带回良好的反馈信息，先来到东北的移民先行驻扎建村，同时号召家乡人共同闯关东，以致后来迁入东北的关内人大多是投奔亲戚朋友而来，大家共同建村建舍，彼此唇齿相依，在东北形成了具有关内生产生活特色的村屯，如"山东屯""河南屯""山西屯"等。各地也纷纷建立起同乡会，而山东移民作为占据闯关东移民数量高达70%的比例，山东同乡会在东北地区的同乡会中势力最大，而山东的文化传播也最为广泛。

（2）"流人"文化线路

流人是指被古代中原政治政权流放关外的犯罪之人。流放之风盛起于清，早期流人中多为反抗清朝统治的前朝遗老和回教徒，也有追随三藩叛乱而战败的反叛之人，清代后期则多为为官不正、失职落罪的官员，以及因科场案和文字狱而获罪的文人。流放这种罪罚是清代《大清律》中笞、杖、徒、流、死五类刑罚之一，流放距离上近的发配2000里，远的可发配至4000里。流人的生活与流民不同，他们通常是被官方遣送至东北地区，分配到官庄、驿站、边台等充当站丁或充当采摘、捕猎等贱役。东北地区著名的流放地有尚阳堡（今辽宁铁岭）、宁古塔（今黑龙江宁安）、伯都纳（今吉林扶余）、齐齐哈尔、瑷珲等，流人的生存环境非常艰苦，为赚取生活费用流人常兼职教书和经商。著名的流人郝浴可谓是流人中的代表。他因疏劾吴三桂被流放至奉天，随后遇赦迁居至铁岭，因其家中较为富裕在铁岭兴建宅舍，而后他在宅舍内设帐办学、传道解惑，此宅舍如今现存于铁岭市银冈小区，为郝浴故居，也称"银冈书院"，是东北地区唯一保存下来的清代书院（图7-6、图7-7）。以郝浴为代表的大批清初遭受文字狱和其他残酷思想统治而降罪的大批翰林学子、儒文雅士、名宦名仕被发配至东北地区，这些"流官徙民"在东北地区积极推进中原汉族文化，将规制严格的汉族营造手法传入东北，这一阶

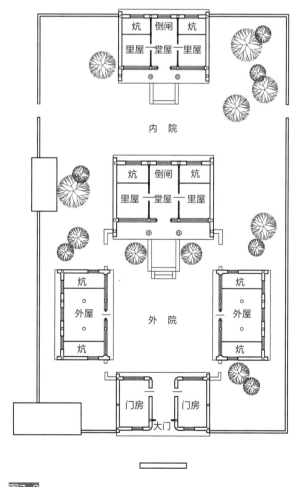

图7-6
铁岭市郝浴故居平面图

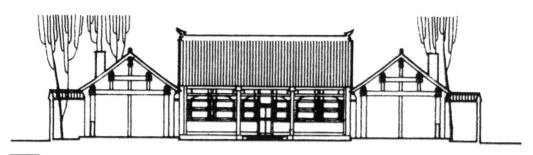

图7-7
铁岭市郝浴故居剖立面图

段对于东北民居营造的推升和发展起到了一定的促进作用。但流人毕竟社会政治地位低下，在"八疆骇甄脱（荒凉、人稀），山川疑开辟"的严寒边疆地区生存都难以为继，其对于中原核心文化传播的能力和影响也较为有限。流人文化对东北民居影响最为深远的则是他们生活的一些大院和书院等，仍采用了关内民居严格的院落和等级制度，精致的青砖青瓦房和雕梁画栋体现了关内文化对东北地区文化的影响。

（3）"中东铁路"文化线路

中东铁路干线的遗留保护建筑已经入选了中国工业遗产保护名录，中东铁路干线也作为东北地区最为重要的一条文化线路而受到广泛的关注和研究，这段历史过程对于铁路沿线人民的生产生活和社会风貌都产生了重大的影响，同样也影响了沿途区域的民居的营造形式。

最初铁路兴建之前，十线周边的村屯人烟稀少，各个车站和重镇还未建立，此时的黑龙江地区除了一部分早期闯关东的流民和被流放的流人之外，别无其他劳力，虽然东北地区资源丰厚，但是劳动力大大短缺，想要修建铁路是非常困难而艰苦的。随后沙俄与清廷签订条约兴修铁路，为此沙俄采取了哄骗、引诱和掳劫的方式招募了大量关内农民和手工业者，一时间大量劳动力沿铁路规划的线路一路北上四散到黑龙江南部各地。铁路的修建大大带动了东北地区的经济，同时也极大地开发了东北地区的资源，加大了东北地区的土地开发进程，同时大量的关内移民也促进了其他行业的发展。随着铁路修建的逐步完成和通商口岸的开放，辽东沿海地区更加繁荣发展。

民国时期由于铁路的兴起和运营，交通更加便利，越来越多的移民涌入黑龙江地区，主要是由于黑龙江地区偏远开垦较晚，并且面积广阔，相比较早开发的辽吉地区人口日渐稠密，黑龙江地区成为更多穷苦农民的选择。根据统计，民国时期黑龙江省成为移民最主要的输入地，吸收了最多的中原移民，从1911年辛亥革命到1931年，虽然仅有短短的20年但黑龙江省的人口数量相比清末时期增长了1倍多，除一部分为自然增长外，90%以上为移民。中东铁路的修建大大促进了东北地区人口的移动和文化的传播，特别是俄罗斯文化的传入对中东铁路沿线的民居产生了重大影响。

中东铁路文化线路主要带来了中国传统文化与俄罗斯文化的涵化碰撞，主要是由于外来民族的侵略性质导致的强制性涵化。最主要的则是俄罗斯人对东北地区变相的资源掠夺导致东北地区出现了大量俄式风格的民居。俄式住宅比较突出的风格是他们采用了铁皮顶的屋顶营造形式和砖木混砌的结构形式，在调研中发现特别是在牡丹江地区，传统的民居虽然墙体仍然采用了土坯墙、拉哈墙、板夹泥、井干式等中国式的营造方式，但是屋面却采用了铁皮顶的营造方式，这种中西结合的营造方式是俄罗斯文化对中国传统文化涵化的最直观的体现。特别是在中东铁路修建沿线地区，不仅存在着大量的俄式建筑，同样中国传统文化受到俄罗斯文化的影响，促使东北人民也向当时更为先进的俄罗斯文化学习，将民居的营造技艺更加完善，从而更好地改善居住环境。

2. 满族的迁徙历史与分布地区

移民历来就是文化传播最活跃的主体，同时也以最直接的方式促进文化间的交流与采借、形成与发展。

东北地区移民历史悠久，自汉、三国、北魏到辽等诸朝代都有关内汉人移居东北的现象，但移民数量都不算太多，人口比例上仍以土著民族占主导。而对东北满族文化发展乃至东北地区历史进程真正起到巨大而深远影响的要数清代以来所形成的巨大的"闯关东"移民浪潮，同时这也是中国历史上最大规模的人口流动之一。

（1）清代东北地区移民

清代移民大致可分为三个阶段：一是初期的招民开垦政策；二是中期的封禁政策；三是后期的开禁放垦政策。

第一阶段：1644年，清军入关，都城由盛京（今沈阳）迁都北京，大部分满洲族"随龙入关"，仅有少数满洲居民和兵丁留守东北。加之满洲贵族在入关夺取政权的过程中，持续的征战致使辽沈地区的城邑村落遭到了严重破坏，聚落残破、土地荒芜，一度变成"荒城废堡，败瓦颓垣，沃野千里，有土无人"的荒凉景象。同时清政府意识到清朝初年在尚未完成对全国的统治之时，应该巩固战略后方基地的重要性。于是在顺治元年至康熙六年（1644—1667年）的23年间，又调回部分八旗官兵返回东北驻防，并从事农业开垦活动。并于1653年颁布了辽东招民令，以破格奖励和优待的办法，鼓励人们出关垦荒。进而出现了"燕鲁穷氓闻风踵至""担担提篮，或东出榆关，或北渡渤海""成群结队出关觅食"的景象。这期间大约有200万的移民来东北垦荒，迅速形成了颇具规模的移民潮。

第二阶段：关外人口增长之迅速一度使清政府感到忧患，遂以"盛京、吉林为本朝龙兴之地，若听流民杂处，殊与满洲风俗攸关"为由，于1668年废止了行之有年的辽东招垦令。转而对东北实行封禁政策，并修建边墙，即后来闻名的"柳条边"，严防汉族移民进入禁地。尽管之后禁令日渐严厉，但仍有数以万计的流民迫于日趋沉重的生活压力和连年不断的自然灾荒而私自闯入东北。他们或泛海偷渡到辽东从大连营口进入东北，或私越长城经辽西走廊一路北上。据统计，到乾隆四十一年（1776年），大约有180万关内移民来到辽河及吉林、黑龙江一带谋生。

此外，由于满族的举族入关致使后来八旗军饷成为清政府一笔巨大的财政开支，并随着战争的减少，士兵多"谋生无术，坐食俸饷"。乾隆九年（1744年）清政府在迫于解决京旗满族生计问题日益严重的压力下，采取了"移旗就垦"的措施，将八旗闲散人丁，宜分置边屯，以广生计。并在之后的100多年里，又分批陆续从京调入大量满族来东北三省进行移驻屯垦。也正是在这一时期，使清初东北地区满族人口大幅减少的现象得到缓解，满城同旗屯遍布东北各地。

第三阶段：咸丰十年至宣统三年（1861—1991年），清朝社会危机日益严重，清政府迫于太平天国和捻军起义、沙俄蚕食东北边疆等内外交困形势，对内为了缓和阶级矛盾，增加国家收入，对外为了实行防御，巩固边防，于是开禁对东北地区的开垦，移民浪潮再次形成。直到光绪二十三年（1897年）对东北实行全区开禁，致使关内移民"蜂攒蚁聚，终年联属于道"。汇成一股洪流迁入东北。这一度使得关内人口从1891年的500余万在不到20年的时间里增长了近4倍之多，进而东北各地区进入了全面开发建设的阶段。

（2）民国时期东北地区移民

1911年中华民国成立后，政府深知"移民实边"对于国家发展的重要性，进而在积极鼓励支持与社会各界对移民的帮助救济之下，东北地区的移民运动在清末的基础上再次掀起高潮。

在1912—1930年的近20年里，移居东北的移民数量激增，盛况空前。并于20世纪20年代形成了闯关东移民的最高峰，是东北地区世代以来移民最为壮观浩荡的一个阶段，据东省铁路局调查"1927年1月间，直鲁灾民之北来者，约八九十万，竟超过20年来之总额。"仅此一个月，移民的数字竟达如此之高，可见移民活动已如一种狂潮，汹涌澎湃地卷向关外。到1930年，东北人口已达3000余万人，比清末增长了1倍还多，这一方面有原住人口不断繁衍的结果，然而更多的是由移民者持续迁入所形成的。

民国时期，迁入东北的移民大多数沿中东铁路进而北上，到达吉林、黑龙江以及鸭绿江流域一带垦荒就食，这些区域地广人稀，劳动报酬较高。而辽宁因开发较早，人口稠密，已没有过多可开垦的荒地。

综上所述，清代以来大量的中原人口迁入东北地区，逐渐形成了满族聚居区内满汉杂居的现象，打破了东北地区原有的人口分布格局。而移民的迁入对东北地区满族文化发展更深远的意义在于加速了满族先民以渔猎游牧半农耕的经济类型向以农耕定居生产为主的经济类型的过渡。

然而，在这一发展进程中，移民作为中原建筑文化的传播载体，对东北地区满族传统民居的异化作用却是十分温和的，满族民居建筑在保留其很多传统建造技术的同时，也有效地吸取了一些中原建筑的先进做法，而不是完全被汉族民居所同化。同时汉族民居也在模仿满族老屋盖起房子，如在黑龙江地区的很多汉族民居中也使用跨海烟囱，以及拉哈墙的建造。总的来说，随着清代以来移民的不断迁入，使满族与汉族在民居建造中，在保持自身优势特征的同时又能积极吸取彼此建造技术中有利的因素，进而推动区域民居文化的不断发展。

3．朝鲜族的迁徙历史与分布地区

我国的朝鲜族有1923842人（2000年人口普查统计），主要分布在吉林、黑龙江、辽宁三省和长白山一带，其中，吉林省有1145688人，主要分布在吉林省延边朝鲜族自治州、长白朝鲜族自治县和吉林省中部地区；黑龙江省有388458人，主要分布在牡丹江市、佳木斯市、松花江地区；辽宁省有241052人，主要分布在丹东市。其余朝鲜族人散居在内蒙古自治区、北京、天津、河北省、山东省等地。

中国朝鲜族移民过程在很多情况下是出于政治、军事等被迫移民。朝鲜族移民按照移民性质可以划分为三个阶段：①19世纪中叶至1910年的移民主要是经济生活困难寻找生计的灾民；②1910—1931年的移民主要是反对日本侵略的爱国者，开展光复运动的政治移民；③1931—1945年的移民主要是被日本帝国主义殖民政策强制驱使的移民。

第一阶段：从19世纪中期开始，逐渐有朝鲜族人从朝鲜半岛迁入，这时期迁入的朝鲜族人主要因为朝鲜半岛境内经济恶劣，生活困难的灾民非法越境进入我国东北地区进行农田耕作。随着清政府从17世纪初期开始实施的封禁政策的松弛，1840年以后，朝鲜半岛上的劳苦人民不堪忍受其恶劣的生活环境，他们渡过图们江和鸭绿江来到我国东北地区，与汉族和满族人民进行混居，开启向我国东北地区移民的新篇章。1881年，废除禁山围场，设置"南岗招垦分局"，公开招募内地及朝鲜移民。1883年，清政府与朝鲜政府签订《奉天与朝鲜边民交易章程》和《吉林朝鲜商民贸易地方章程》，于1885年将图们江以北的部分地区划分为"朝鲜人专门开垦地区"，从此以后更多的朝鲜人民越过鸭绿江到江北开垦定居。到1910年，图们江以北的开垦朝鲜人达到16.3万余人。

第二阶段：1910年，日本强迫朝鲜签订《韩日合并条约》，朝鲜半岛被日本帝国主义吞并，沦为殖民地。在此后的二三十年的时间里，朝鲜半岛的人民不堪忍受帝国主义的压迫和剥削，大批的朝鲜人民迁入我国东北地区，至1919年不到10年的时间里，朝鲜半岛迁入我国东北的朝鲜人民已经达到36万人。不同于第一阶段迁入我国开垦定居的朝鲜人民，为了生计摆脱贫困的生活。而这一时期的迁入我国东北的朝鲜族人主要是由于政治因素，他们当中的一部分人是为了寻求民族独立解放而来到中国找寻出路的，因此这一时间段迁入的朝鲜移民，不仅仅是贫困农民，还有军人、工人、知识分子等各个阶层的民众。

第三阶段：1931年，日本发动"九一八"事变，从建立伪满国到1936年期间进行集体移民准备，禁止对东北地区自由移民，从而控制朝鲜人和抗日团体的联系。从1936年开始，为使其东北地区变成侵略大陆的军事基地，设立了"鲜满拓殖株式会社"和"满鲜拓殖有限株式会社"，开始进行强制移民。1941年以后，日本为了满足日益膨胀的战争军事物质需求，制定了新的农地开发计划，将朝鲜移民组成"开拓团移民"，强制他们到我国松花江下游以及东辽河一带进行水稻种植，至1945年，在日本帝国主义强制移民政策的驱使下，我国朝鲜族人口数量超过100万人。

1945年，日本帝国主义战败，"八一五"光复后，朝鲜半岛脱离日本帝国主义的统治，成为一个独立自主的国家。原来被强迫的移民和由于政治原因而迁入的中国朝鲜人一部分则返回朝鲜，另外一部分则由于各种原因仍然留着中国生活，经过数次迁徙、定居、繁衍，已有数代朝鲜族人定居在我国东北地区，成为我国56个民族大家庭中的一份子。随着中国改革开放以来，近几年我国东北地区的朝鲜族人赴韩国进行务工劳作，两国人民之间的不断交流，从而使得我国朝鲜族人民保留沿袭朝鲜传统民族文化，对进一步研究朝鲜族传统民居的发展提供了有利条件。

由图7-8可以看出，我国朝鲜族移民中主要是朝鲜半岛咸境道、平安道以及南部地区庆尚道出身及他们的后人。朝鲜人的迁移路线主要有两种方式：海路和陆路。选择海路的移民主要分两部分：一部分朝鲜族移民，主要是生活在朝鲜半岛北部的咸境道人，他们通过日本海，然后经过俄罗斯的海参崴，最后到达我国黑龙江省的边境地区鸡西市的密林和虎林等地区；另一部分移民是来自朝鲜半岛南部的移民，他们则是经过我国黄海到达辽宁省大连市等地，还有一批移民绕过渤海湾直接到达辽宁省的营口市、盘锦市等地区。选择陆路的移民同样大致分为两部分：一部分是朝鲜半岛北部咸境道地区的移民，他们渡过图们江到达我国的东北地区的图们江流域，然后再分散到达我国吉林省的图们、敦化以及牡丹江等地区；另一部分则是在朝鲜半岛南部生活的平安道人，他们同样渡过鸭绿江，定居在吉林省的长白朝鲜族自治县、通化市以及辽宁省丹东市等部分地区。生活在东北地区腹地的朝鲜族人，比如说黑龙江省的绥化市、北安市、吉林省的舒兰市、蛟河市、磐石市等内陆的朝鲜族人，一批人是生活在东北地区边境的移民，不断迁移、繁衍，最后定居在这里生活的，另一批则是作为开拓民，被日本帝国主义强制迁徙到此进行水稻种植等活动，从而在这里繁衍定居生活。

吉林省延边朝鲜族自治州和长白朝鲜族自治县作为我国朝鲜族最大、

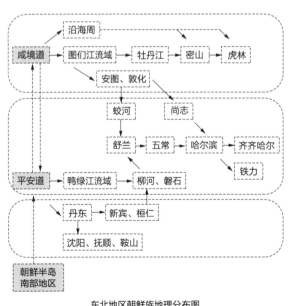

东北地区朝鲜族地理分布图

图7-8
东北地区朝鲜族迁移路线及分布

最集中的聚居地区，朝鲜族人占该地区总人口的一半以上，同时也是朝鲜族传统民俗文化保存最完整的地方。由于移民初期，该地区仍为荒无人烟的原始深林，交通条件有限，交通出行极为不便，更是与周围的其他民族在民俗文化方面不进行交流，外来信息较为闭塞，很大程度上保留了自己独特的民族文化，因此在民居建造技艺方面也是在原来本土建造技术的基础上发展演变而来，最大程度地保留了传统朝鲜族的建造工艺。然而随着移民的进一步迁移，传统朝鲜族民居的建造技术以人为载体进一步发展。但是随着移民不断深入东北腹地，他们受困于更加恶劣的气候环境以和区域的自然材料，因此他们不得不在原来的民居建筑上做出改变，他们将自己的建造技术结合当地汉族或者满族的传统技术来建造房屋，比如，在黑龙江省和吉林省中部地区的朝鲜族民居将传统民居的室外廊道封闭，做成室内空间以应对更为严寒的气候环境，所以随着远离朝鲜半岛，越来越多的传统朝鲜族民居建造文化受到影响。因此东北地区的朝鲜族民居建造技术分布呈现出一定的规律性，以吉林省东部的延边朝鲜族自治州和长白朝鲜族自治县为中心向四周呈发散式分布，并逐渐产生变化。

综上所述，17世纪末开始尤其是19世纪中叶以后，大量的朝鲜移民涌入我国东北地区，逐渐形成多民族混居的现象。虽然，朝鲜移民作为外来建筑文化的传播载体，但是对东北传统民居的建筑文化冲击还是相当缓和的。朝鲜族民居在发展过程中保留了具有优势的传统建造技术，同时引进了东北地区传统民居先进的建造技艺，依旧保留朝鲜族传统民居的特征，而不是完全被当地的建筑所同化，最终发展成适合环境且自身完善的房屋建造体系。

7.2.2　外来文化与文化区形成

1．文化传播对村落布局形态的影响

（1）朝鲜文化的流入

鸭绿江北岸的中国土地，长期处于物产丰饶、罕有人烟的状态，南岸的朝鲜穷苦民偷越边境，以图谋生的行为古已有之。历史上共出现了两次朝鲜移民大量涌入高峰。

朝鲜移民向鸭绿江流域的迁徙，积年甚久，不仅改变了自身的命运，对当地的开发也产生了一定的影响。从分布的情况看，迁入东北的朝鲜移民逐渐形成了鸭绿江、图们江沿岸地区和绥芬河流域等聚居区域，分布十分广泛。其中吉林省逐渐成为朝鲜移民最集中的地区。

朝鲜移民的迁入，对包括鸭绿江流域在内的整个东北地区水田垦殖都起到了重要的推动作用。安东县下汤池子、白菜地、脉起山、小团山等处，皆有水田种植，随着移住人数的增多，朝鲜佃农作为劳动力主体，开拓和利用了原来不适宜耕种旱田而荒废闲置的低洼湿地，对促进水稻生产做出了贡献。水田的开发是东北农作物种植上的一次突破，它不仅使水稻种植在这些地区得到了较为广泛的推广，种植区域逐渐扩大，并且这些地方作为朝鲜移民开发水田较早的地方，农业经济也得到了很大的改善。

水田种植技术优化了这一地区的农业结构，同时也带来了不同的文化风俗，使东北地

区的民风民俗更具有特色，不仅从经济意义上促进了鸭绿江流域的开发，更从文化层次上促进了这一地区的开发。

鸭绿江流域的城镇经济，长期以农业资源为基础。随着经济的发展，形成了农产品初等加工业，如榨油业、酿酒业等；手工业生产从农闲期家庭手工业向完全脱离农业而独立经营演进。农业与手工业日渐分离，产品交易日益繁荣，集市贸易日渐隆盛，从而出现了不同城镇共同发展的局面。

同治朝以来，业农垦荒的移民越来越多，在他们的聚居地，陆续发展成一个个村落，城镇经济的发展带动村落规模的扩大，原始村落开始演变成一批四方辐射的市镇。光绪年间，清廷陆续添设府县，各府县治所所在地逐渐发展为领导本地商业发展的中心城镇。同时，城镇经济的繁荣急需交通航运的辅助，城镇建设水系以解决交通运输的问题，不同于以往村落傍水而居是为满足生计，城镇经济的兴起则是对水系交通航运的利用，建设选址的表象相同，但本质目的已发生深化改变。

（2）外国资本的投向

中日甲午战争后，外国资本竞相进入东北，设厂开矿，俄在东北修筑中东铁路，直接改变了东北的经济局势，促进了铁路沿线城市近代工业的发展。东北地区清末时期的工矿业大多集中于铁路沿线地带，形成以铁路为中心的狭长工矿业地带。大连、长春、哈尔滨这4大工业城市都分布在东北中部铁路干线地带，既是工业中心，又是交通枢纽；同时其他工业部门日益向次级某一地区集中，形成了一些次级工业中心。区域核心与次级核心城市形成，后续城镇与村落的建设规划则以核心区为中心，整体呈由密集到分散的辐射状分布，铁路沿线也逐渐衍生出新的村落组团。与此同时，近代科学技术、规划思想和建造手段也迅速传入东北，建筑层面的精神文明又一次得到提升，建造技术得到完善，村落不再任由自然条件束缚，开始融入专业的规划设计思想在布局形态中，以先进的技术手段解决村落建设的客观矛盾。此时期形成的村落也逐渐具备工业化的味道，行列式布局成为村落的主流布局形态，大大削减了原始传统村落的自然布局形态，布局形式开始变得统一单调。

2. 文化传播对汉族民居建造技术的影响

文化变迁的一个重要内容就是文化的涵化，由赫斯科维茨著作的《涵化——文化接触的研究》一书中具体定义了涵化的概念，他提出："涵化是由个别分子所组成而具有不同文化的群体，发生持续的文化接触，导致一方或双方原有文化模式的变化现象。"因此对于民居而言，涵化指原有民族文化通过与不同民族接触而产生的文化变迁现象，文化涵化的研究主要内容是研究不同民族接触而导致的文化变迁及其过程和结果。

东北地区汉人主要分为土著和移民两类，土著汉族人口基数少，影响范围小，移民汉人人口基数多，影响范围大，移民汉人主要有三种，第一类称为"流人"，第二种为谪戍，第三种是流民，其中人数最多的为闯关东而来的流民，以山东、山西、河北及河南等中原人口密集地区为主要人口输出地，打破了二百多年来东北地区的封闭，将不同地区的汉文化带入东北。中原地区的汉族文化发展悠久、相互交融，传播过程又经历文化的萎缩和与其他民族文化的碰撞，发展成为东北地区以传统汉文化为基础的多元的新型东北文化。在整个东北文化的版图中，中原文化的影响最大，东北汉族传统文化是以中原文化为基础发生、发展，吸收、融合其他文化，有次序地传承下来的。清末以前东北地区为汉文化与少数民族文化相互杂糅交织的状态，清末以后到民国时期，东北地域文化已完全转变为以汉族文化为主体，多民族文化共存的文化状态，多民族文化的融合和多元共生极大丰富了东北地域文化，使东北地区的文化兼容性、包容性、开放性得到极大提高。

汉族传统文化与满族传统文化的涵化是影响最大最广泛的，特别是清朝时期满汉文化的交融达到了前所未有的剧烈碰撞。一直以来汉族传统以农耕文化为主导，而满族则以采集渔猎文化为主导，满清入关后东北地区处于封禁时期东北各方面发展均非常落后，文化的影响非常细微，随后汉族人大量迁入东北地地区，虽然仍旧保持了农耕文化为主导的中原文化，但是对于"礼"文化和"风水"文化的传播则大大萎缩，并且受到了满族文化的冲击，汉族民居的建筑除了一些富庶人家的大院仍保持了严格的汉族礼法形制外，其他的民居则从中原民居的精致、严谨、规整转变为满族民居的粗犷、刚劲、质朴的建筑风格。而在营造技艺上，汉族传统民居受满族文化影响最深刻的则是拉哈墙的营造技法，拉哈墙构筑形式最先为满族民居所使用，是满族民居的传统构筑技术之一，随着汉族人大量涌入满族人的聚居地，在长途跋涉和资源匮乏物质紧缺的情况下，汉族人只能入乡随俗尽快融入当地的生产生活中，因此也大量向满族人学习建筑营造技术，而拉哈墙作为一种因地制宜且坚固耐用的墙体建造技术很快就被汉族人广泛接受并应用，并且汉族人在扎根于东北大地后，又将传统的土坯墙技术与拉哈墙技术进行结合，形成了新的独特技术手段。

汉族传统文化与其他少数民族文化的涵化也是组成汉族文化涵化的重要部分。例如在山林中常见的井干式建筑，它的原型是发源于赫哲族、鄂温克族和鄂伦春族的民居的临时性民居"格拉巴"和"木刻楞"，原本都是用于仓储的临时建筑，后经过满族人的改良成为现在的井干式民居，也叫木刻楞民居，原本的汉族人多在平原和浅丘陵地区进行农耕生活，但是随着中原地区人口爆炸、天灾人祸等原因迫使一部分汉族人进入东北地区，而进入较晚的东北人由于有着良好的耕地资源，人口也逐渐密集而只好走入山林，还有一部分则是因为山林中的矿产、木材、石材等资源丰富，这些人进入山林进行工业化的资源采集工作，由此民居建筑也有平原地区的砌筑形建筑转为向少数民族学习的井干式建筑，这种营造技艺由于木材需求量大因而在木材资源丰富的山林中建筑最为方便，而传统的土坯房、砖瓦房则由于土资源短缺、需要晒干或烧制等复杂步骤而在山林中并不适用，所以井干式的营造方式逐渐被汉族人广泛采用而传承至今。从营造手法和用料规制上可以看出，汉族的井干式民居规制更为严格，用料更为讲究，民居的空间格局仍遵从传统的汉族布局形式，也增加了面阔开间和门窗数，整体建筑更显敞亮气派（图7-9～图7-11）。

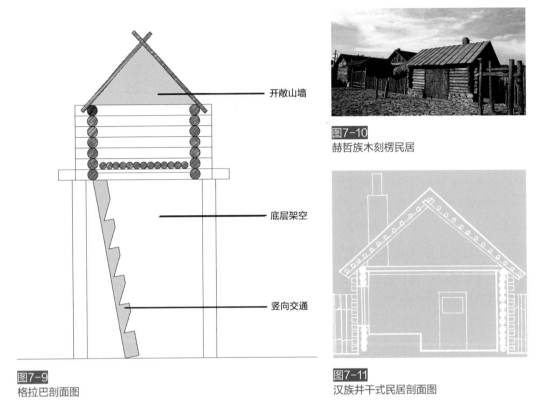

开敞山墙

底层架空

竖向交通

图7-9
格拉巴剖面图

图7-10
赫哲族木刻楞民居

图7-11
汉族井干式民居剖面图

3. 文化传播对朝鲜族民居建造技术的影响

（1）传统民居居住空间特征

本节内容引入原型理论，探寻东北朝鲜族传统民居居住空间的原型，旨在通过与原型比较，探索朝鲜族传统民居这一建造技术在不同文化区内的差异性表现形式，研究其不同表现形式背后的决定性因素，从而探索朝鲜族不同文化区的内在联系和发展规律。

1）原型理论下朝鲜族民居居住空间形式特征

传统朝鲜族民居的居住形式非常简单，正房基本上呈"一"字形布置，功能房间主要分为供人们活动的鼎厨间和供人们休息的卧室，以及库房和牲口棚，本节研究的居住空间主要指的是鼎厨间和卧室，鼎厨间作为朝鲜族人进行炊事、娱乐的公共活动空间，卧室就是相对私密的就寝空间，尤其在传统朝鲜族人的尊卑观念下，卧室的划分则显得更为严格。

传统朝鲜族民居居住空间原型由两部分组成，分别为鼎厨间和卧室，根据"鼎厨"空间的构成分为"通间型"和"分间型"，简单来说，"通间型"即生活空间和生活空间为一室，"分间型"即将炊事空间和生活空间分开。然后这两个形式在空间上进行再分化和扩张，按横向间数扩张为"2间型""3间型"等，按纵向列数分化为单列型和复列型。朝鲜半岛咸境道的地区建筑民居居住空间原型为"通间型"复列型的"田"字形平面民居，延边地区受朝鲜半岛咸境道的影响较大，这里的朝鲜族人民又大部分是咸境道的后人，生活方式和民居建造技术依旧沿袭了咸境道地区的建筑特征，因此延边地区的朝鲜族民居大多数为双间型的"田"字形平面民居，因为其建筑形态保持或接近朝鲜半岛朝鲜族传统民居建筑民居居住空间，所以将延边地区"田"字形的双间型平面形式和"日"字形的单间型平面形式作为我国东北地区朝鲜族传统民居居住空间原型之一。作为朝鲜族传统民居的另一个原型，"一"字形平面形式主要来自于朝鲜半岛的平安道地区，由于平安道地区气候相对温和，所以建筑形式以相对展开的方式构筑，因此，形成了"一"字形、单列型的单间或多间的建筑平面形式，构成了我国东北朝鲜族传统民居居住空间的又一原型。

东北地区朝鲜族传统民居居住空间形式受到地理气候和人文环境因素的影响，不同地区有着很大的差别，但是都与朝鲜族传统居住空间原型有着很大的联系，有的甚至是在原型的基础上稍做调整，形成新的居住空间形式。在调研中发现，东北地区朝鲜族传统民居居住空间形式除了上面所提到的几种原型以外，还存在几种演变后的空间形式。新的空间形式大部分都不再沿用朝鲜族传统的满炕，在卧室内出现了地炕（比炕低，高于地面），或者采用"一"字炕、"["形炕、"L"形炕等形式，出现与鼎厨间地面同高的地面空间。鼎厨间的位置也由原来位于一侧变为在中间布置的情况（表7-1）。

东北地区朝鲜族传统民居居住空间形式原型及演变形式　　　　表7-1

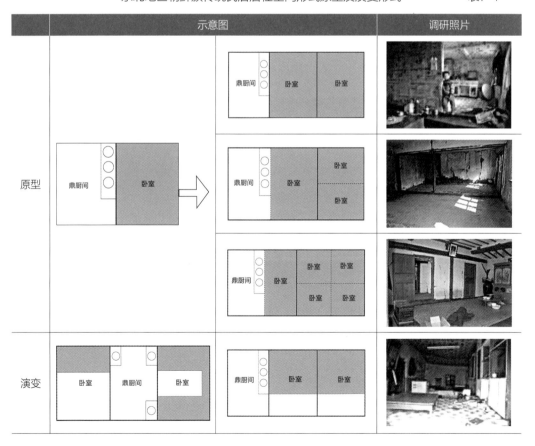

2）朝鲜族传统民居居住空间分布特征

人口迁徙对传统民居居住空间分布影响很大，以"田"字形的双间型平面形式和"日"字形的单间型平面形式作为居住空间的原型主要是分布在我国的延边地区，而"一"字形、单列型的建筑平面形式则分布在我国长白县等地。然而，产生这一现象的与他们的迁徙路线有很大关系，延边地区和长白县的朝鲜族人迁徙主要是前两次的移民潮，第一次移民潮主要从19世纪中期开始，逐渐有朝鲜族人从朝鲜半岛迁入，这时期迁入的朝鲜族人主要因为朝鲜半岛境内经济恶劣，生活困难的灾民非法越境进入我国东北地区进行农田耕作。第二次移民潮是1910年日本强迫朝鲜签订《韩日合并条约》，朝鲜半岛被日本帝国主义吞并，沦为殖民地。在此后的二三十年的时间里，朝鲜半岛的人民不堪忍受帝国主义的压迫和剥削，大批的朝鲜人民迁入我国东北地区。前两个移民潮为个别移住时期，从朝鲜咸镜道迁入的朝鲜人，开始在我国东北图们江沿岸和长白山脚下建设村落，很多生活习俗继承了朝鲜半岛的特点，其中延边朝鲜族传统民居居住空间形式就秉承了朝鲜半岛咸镜道地区的传统特征，而白山市长白县则保留了平安道地区的生活特征。因此，我国延边夹心墙民居文化区保留着"田"字形的双间型平面形式和"日"字形的单间型平面形式作为居住空间的原型。长白山井干式民居文化区采用"一"字形、单列型的单间或多间建筑平面形式。

第三次移民潮主要是由日本帝国主义集团移民政策迁入的朝鲜人，1931年，日本发动"九一八"事变以后，设立了"鲜满拓殖株式会社"和"满鲜拓殖有限株式会社"，开始进行强制移民，以及1941年以后，日本将朝鲜移民组成"开拓团移民"，强制他们到我国东北地区从事水稻种植。这一时期的朝鲜族移民主要分布在东北地区的内陆，包括黑龙江省的大部分地区，吉林省的中部以及辽宁省的东部、中西部等地区。这一部分的民居平面形式在传统的原型下已发生改变，其中黑龙江省拉哈墙民居文化区的朝鲜族人主要是由朝鲜半岛咸镜道地区迁徙而来，居住空间主要是南侧有地炕的平面形式，与之相邻的牡丹江混合民居文化区以及辽东石材墙民居文化区也采用的这一平面形式，北侧黑河市由于远离文化核心区，以及受文化和气候影响较大，基本上采用的是"一"字形北炕，但是地上铺木地板，保留朝鲜族传统屋内光脚的生活习惯。吉林省中部及辽宁省北部的吉中–辽中土坯墙民居文化区主要采用的是东屋"匚"字形或满炕，西屋"一"字形炕，中间设置鼎厨间的平面形式。

因此，东北地区朝鲜族传统民居居住空间形式不仅受到地理区位、自然、人文环境的影响，而且还与其迁移人群有很大联系。

3）环境对居住空间影响

东北地区各民族之间存在着各种影响关系，主要指的是汉族、满族与朝鲜族，其中汉满文化对朝鲜族传统民居的影响最为突出（图7-12、图7-13）。

各民族的民居形式大都类似于三间式，但是满族民居和汉族草屋中厨房位于中央，左右布置"匚"字形炕的3间型基本平面，朝鲜族传统民居受满族民居建筑的影响，也出现

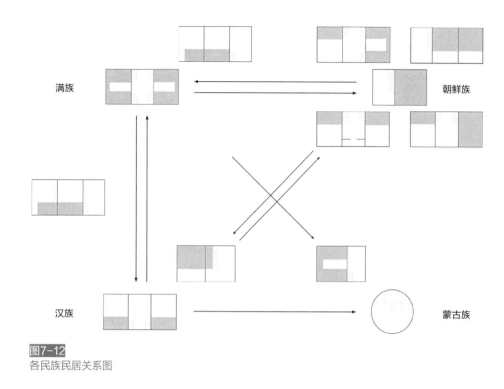

图7-12
各民族民居关系图

"["字形炕，同时受到汉族民居的影响，不仅炕变成"一"字形，而且强调以堂屋为中心的平面形式。总体来说，汉族的民居变化最小，但是对满族、朝鲜族等其他民族的民居影响较大。

　　东北地区朝鲜族传统民居居住空间主要指鼎厨间和卧室，在其他文化及环境的影响下，鼎厨间的变化主要以方位布置为主，个别地区的鼎厨间隔开部分空间作为储藏室。而卧室受影响较大，其中起决定性的便是炕，不仅位置、形式、高度等发生改变，甚至部分地区的朝鲜族人的生活方式也随之发生改变。因此，下文分开说鼎厨间与炕的变化。

　　4）朝鲜族居住空间的炕形式变化

　　朝鲜族人以席居为主要特征的居住行为模式，是形成其传统民居为满炕的主要原因，我国延边、长白等地的民居卧室也是以满炕为主，沿袭了朝鲜半岛的居住空间形式，满炕作为我国东北地区炕原型，以下介绍满炕的形成以及炕演变过程中的条件。

　　自古以来朝鲜族人就沿袭并保留席居的生活方式，最早可追溯到我国商朝，5000多名殷商子民随箕子奔赴朝鲜半岛并建立箕氏王朝，由于人员迁徙原因，当时的民族文化同时被带进了朝鲜半岛，其中最重要的一部分便是我国的居住文化。随着历史的发展，家具等室内装饰逐步改进，在唐朝以后我国中原地区的席居文化逐渐消失，但是据史料《宣和奉使高丽图经》记载，高丽宫廷之内在北宁时期依旧保留了完整的席居制度，"（高丽王府官员）升阶复位，皆脱履膝行"（卷五）。'燕饮之礼'堂上施锦茵，两廊籍以缘席"（卷

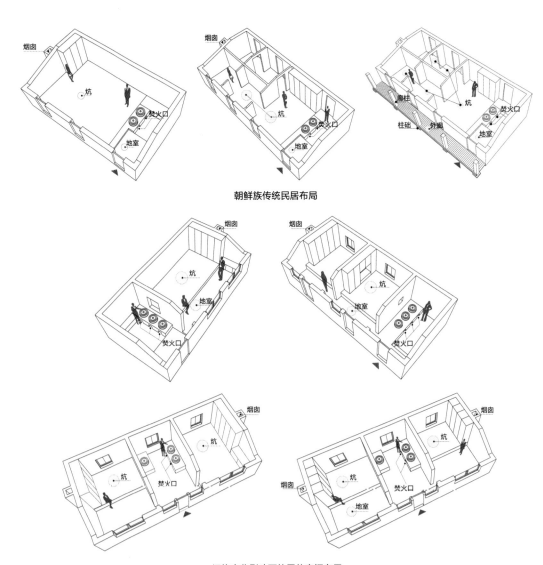

朝鲜族传统民居布局

汉族文化影响下的居住空间布局

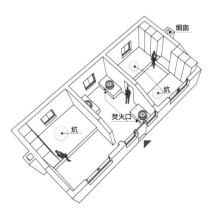

汉满文化影响下的居住空间布局

图7-13
朝鲜族传统民居居住空间发展规律模型

二十六）。"'下节之席'其席不施床桌，唯以小，藉地而坐"（卷二十六）。"文席精粗不等，精巧者施于床榻，粗者用以藉地"（卷二十八）。如今，在朝鲜半岛以及我国部分地区生活的朝鲜族人依旧沿袭了席居的优良传统，正是因为席居文化，才有了如今朝鲜族传统民居中这种炕屋这种居住形式，同时也成为朝鲜族民居的一大特色，因此也有人把朝鲜族文化称之为炕文化，所以火炕也成为朝鲜族人日常生活中主要的供暖方式。

我国东北地区朝鲜族传统民居能够保留席居这一生活方式主要有以下两方面原因：第一是文化的传承，每个民族都会保留并继承自己赖以生存的民族文化，当然居住文化作为其中重要一项也不例外，正如商代箕子奔赴朝鲜半岛一样，朝鲜族人民从朝鲜半岛来到我国东北，同样也将自己的居住文化带到东北地区，因此，在朝鲜族人聚集的核心区——延边地区，朝鲜族传统民居内几乎完整地保留了满铺炕式的取暖方式，除延边以外的其他地区，由于受到其他民族文化或者自然气候等因素的影响，满铺炕式的取暖生活方式或多或少都有所改变；第二是气候条件，东北地区朝鲜族传统村落基本上都处于严寒地带。一方面，我国东北的延边地区跟朝鲜半岛的咸境道地区的气候极其相似，由咸境道迁入延边地区的朝鲜族人几乎完全将满炕文化搬到我国。另一方面，在东北地区严寒地带，室内热舒适度也是很重要的，这对供暖设备有很高的要求，但是在相对落后的生活条件下，人们通过传统的营造技术来解决供暖问题，火炕作为供暖点，依托满炕超大的散热面积，以及室内空间最低处的有利位置，在相对低矮的朝鲜族传统民居中，使热能能够最大程度上被利用，因此即使在寒冷的东北地区，朝鲜族民居的室内温度也比其他民居的室内温度高。所以在东北严寒地区，满铺炕式供暖方式既经济又高效的特征被充分发挥。

因此，朝鲜族传统民居满铺炕式的供暖方式，保留了其几千年的生活习惯，不仅满足了朝鲜族传统的生活方式，更造就了朝鲜族传统民居满炕的建造技艺。而在其他文化区内，由于受其他民族的影响，炕的形式、位置、高度等都发生了改变。

朝鲜族民居在炕的设计上受汉族的影响很大，由原来的满炕转变成南北炕形式，且炕的面积越来越小，炕的高度较汉族炕低，延边地区高度是20～30厘米，辽宁和黑龙江的高度达到50～60厘米，室内生活方式也有所改变，主要是在这些地区朝鲜族的坐式生活和汉族的立式生活相结合，但是还是保持了在室内脱鞋的习惯。

"一"字形炕是在需要暖房的部分设置炕，其他空间是以放鞋或不脱鞋的活动空间来使用，朝鲜族民居中也出现了"一"字形炕。"〔"字形炕是满族民居的基本形式，是为了适应东北地区严寒的气候而设置的，其特点是发热面积大，发热时间长，为更多的人就寝。受满族"〔"字形炕的影响，吉林省中部、黑龙江省的齐齐哈尔等地区朝鲜族传统民居中出现东屋"〔"字形炕、西屋"一"字形炕，或者东屋满炕、西屋"一"字形炕的平面形式特征。

5）朝鲜族居住空间鼎厨间变化

相对于卧室内炕丰富的变化形式，鼎厨间的变化更多地体现在方位布置上，使用上基本保留炊事功能。

朝鲜族和满族及汉族在民居的平面基本形式上，因厨房位置的差异引起不同的平面构筑方式。在厨房的形态构筑上，朝鲜族民居中厨房在一侧，传统满炕朝鲜族民居保留3个灶口，但是演变以后的民居形式，灶口的数量和位置随着炕的大小位置做相应的调整。朝鲜族的厨房地面高度要低一些，并且因为把炕底做成并列式，其优点是能做好整个暖房，同时朝鲜族依旧保留了在鼎厨间做饭、在炕上吃饭的传统习俗。相反，在汉族和满族传统民居中厨房布置在一侧并不多见，汉族和满族草房的厨房位于中央，满族人在生活中非常重视西屋，所以最高位阶的空间是西屋，称之为上屋，上屋较东屋大，故是传统满族民居平面为非对称形式。汉族把中间的堂屋看成最高位阶的空间，强调以堂屋为中心的对称平面，其中还设有祭拜空间，这是其他民族没有的特征，不同于朝鲜族和满族的是，汉族人沿用的是做饭、用餐都在厨房内进行。

因此受到汉族和满族人民生活习惯的影响，以及民居建造技艺的影响，传统朝鲜族民居一侧布置的3个灶口的鼎厨间，出现了中间布置的平面形式，并演化出多种平面形式。总而言之，各民族之间的影响关系没有任何规律性，而是表现为多层次的、复合的关系，这些民族融合的过程中出现的相互影响的形式，在民族间以不同方式表现出来，从而寻求其相关联系及内部发展规律。

（2）文化区外围护结构演化特征

1）传统民居墙体砌筑形式特征

朝鲜半岛国土面的四分之三属于山丘地带，气候为大陆性海洋性气候，四季分明，降雨量年平均1100～1500毫米，这些自然气候条件下，催生出了大量的木材，因此朝鲜族传统民居建筑主要以木材为主，以石材和土为辅助材料。朝鲜半岛传统建筑主要是松树、采树、桧树等，其中松树用得最多，为更有效地利用木材资源，将未经人工加工的木材直接用于建筑物中。朝鲜族传统民居采用的是木构架承重，木柱起到传递荷载的作用，立柱底端设石头柱础，上端架横梁，屋顶荷载通过梁柱结构体系传递至基础，墙体不承重。最初迁徙进入我国境内的朝鲜族先民都是朝鲜半岛底层的贫困人民，生活条件比较艰难，所以选取较为廉价的土和木作为建筑材料，木材和土都是地方材料，取材便利且便于修缮，他们仍沿用朝鲜半岛传统的建造方式，利用草、木和泥作为墙体的主要材料。

传统的朝鲜族传统民居墙体为夹心墙，建筑基础较浅，基础构造是将20～30厘米厚的黄土均匀夯实后四周布满石头，柱子下面设置础石，立柱规格一般为10～15厘米的圆柱或者方柱，立柱两端之间设梁链接，增强建筑的稳定性。立柱之间设置水平的横梁，规格较立柱小，横梁直径大约为5厘米，然后用柳条、秫秸秆编织成网格状板，将其固定在横梁之上，然后在网格状板的内外两侧用草泥抹平，部分民居建筑的墙体中间填入沙土，从而增强墙体的隔声和防寒效果。室内内墙面糊白纸或用墙纸装饰，外墙面用白灰抹面，同时也起到防潮作用。

朝鲜族传统民居多用木骨架，采用木结构承重的结构体系，外墙体起围护作用，不承重，所以墙体很薄且自重很轻，厚度大约有16厘米，数据显示现代砖砌墙体导热系数是传统朝鲜族民居墙体导热系数的3倍，所以说在东北严寒地区，传统朝鲜族民居夹心墙非常有利于室内保温。而夹心墙作为朝鲜族传统民居建筑技术，沿袭了朝鲜族古老的建筑技艺，故将夹心墙作为墙体砌筑原型进行研究。

夹心墙作为朝鲜族传统民居墙体砌筑类型原型主要分布在我国吉林省延边朝鲜族自治州，延边地区作为朝鲜半岛人民第一次和第二次移民潮的主要目的地，延边地区与朝鲜半岛北部的咸境道相邻，因此两地的气候环境也极其相似，且延边地区的朝鲜族人大部分是咸境道的后人，所以在生活方式上基本保留了咸境道地区的风俗习惯，早在朝鲜族移民初期，延边还是一片荒无人烟的原始森林，交通十分落后，出行很不方便，基本上都是区域性的活动，所以与外界其他民族也没有文化交流，仍沿用了朝鲜北部地区咸镜道式的墙体砌筑类型，因此延边地区朝鲜族传统民居仍然采用夹心墙建造技术。

东北地区朝鲜族传统民居墙体砌筑形式受到自然地理因素的影响，或多或少产生了一些变化，形成新的墙体砌筑形式，但是基本保留了朝鲜族传统的土、木、石材的建筑选材砌筑形式，与朝鲜族传统民居墙体砌筑原型有着很大的联系。调研中发现，东北地区朝鲜族传统民居墙体砌筑形式并非全部沿用传统的墙体砌筑建筑技术，除了传统的夹心墙以外，还出现了拉哈墙体、土坯墙体、井干式墙体以及石材墙体四种演变墙体（图7-14）。

四种演变墙体分布在东北三省不同的地区，正如上一章所描述，拉哈墙主要分布在黑龙江的大部分地区，土坯墙分布在吉林中部和辽宁北部，石材墙则分布在辽东地区，井干

夹心墙民居形态

夹心墙

拉哈墙

土坯墙

石材墙

井干式

图7-14
东北地区朝鲜族传统民居墙体砌筑形式原型及演变形式

式主要在白山市和通化市部分地区。

2）环境对墙体砌筑形式的影响

东北传统民居建造讲究的是经济、施工方便、就地取材等因素，民居建造形式基本上与当地的自然环境及资源有很大关系，因此，造就了东北地区丰富多样的建筑景观形态。

土坯墙：构造方式为砌筑前先制作土坯块，将草和土加水混合放入坯模，为了使土坯更加坚固，需要用杵夯将其打实，其中草起到拉筋的作用，因此，土坯墙可以承受很大的荷载压力。施工时与砖砌相似，施工时土坯多为顺砖砌筑，上下两层有错缝，相互错缝搭接。

土坯作为农耕经济下的产物，最早是在汉族民居中使用，清代移居垦荒的农民因地制宜，利用碱土造房，形成独具特色的碱土民居。在汉文化的影响下，朝鲜族传统的墙体建造技术发生改变，又有经济廉价的地方性建筑材料，因此更多的朝鲜族人开始使用土坯房。

东北朝鲜族民居土坯墙分布在东北地区中西部，土坯民居在辽北分布广泛与其所处的地理环境密不可分，东北西部的碱土平原分布非常广阔，长千余里，包括吉林西部的吉西碱地、辽宁西部的辽西碱地和黑龙江西部碱地。土壤分布广泛，取材便利，价格低廉，远胜于其他材料。东北地区碱土平原一望无际，大多是无人种植的荒地，荒草丛生，草类分布广泛、就地取材、经济性佳、柔韧性好等特性，草与泥混合可以制成土砖，可砌墙也可垒炕，这两种材料结合，造就了土坯墙砌筑形式。因此土坯墙在朝鲜族民居中十分广泛。

井干式：又名"木克楞"，又被称作"木刻楞"。构造方式：将圆木或者半圆木的两端升凹槽，组合成矩形木框，层层相叠形成建筑外围护墙体。门窗洞口处的圆木用一种"木蛤蚂"的链接构件进行稳固。同时在上下层圆木之间施以暗榫将墙体拉结成整体使其具有良好的抗震性。

东北井干式最早出现在满族民居当中，是由最初满族先世勿吉、靺鞨所居住的"地窨子"和"马架子"发展演变而来。《三朝北盟会编》中记载的一段描述"依山谷而居，联木为栅，屋高数尺。无瓦，覆以木板或以桦皮或以草绸缪之，墙垣篱壁率皆以木，门皆东向。环屋为土床，炽火其下，与寝食起居其上，谓之炕，以取其暖"中得知，金代就大量出现了井干式民居。而随着朝鲜族人迁入白山、通化等地，与满族人民混居的现象日渐普遍，受到当地满族人民生产生活方式的影响，朝鲜族人大量建造井干式民居。

井干式建筑大量出现无不都是利用长白山漫山遍野的林木为房屋建造提供了源源不断的材料。长白山地区山势崔巍，地形复杂，周围为千里林莽覆盖，清代满族入关后，清政府为保护本族龙兴之地以及独占长白山丰富的物产，使得这里曾在两百年里一度被列为封禁之地，使本来林木资源丰盛的长白山更加富足。清晚期以后，朝鲜半岛人民大量涌入长白山地区，丰富的林木资源，为井干式民居的建造提供可能，同时还受到满族居住文化的影响，因此，井干式建筑成为东北地区朝鲜族传统民居的一种。

拉哈墙：构造方式是以柱为骨架，在横向上架设横木，用络满黏泥的草辫绳子紧紧地编在横木上，待其完全风干后，墙体两侧用泥抹平。拉哈墙坚固耐久且具有韧性，非常适合东北严寒地区。

朝鲜族传统民居拉哈墙主要分布在黑龙江地区，且具有很久的历史，在《黑龙江述略》中记载了光绪年间黑龙江省民居的构造："江省木植极贱，而风力高劲，匠人制屋，先列柱木，入土三分之一，上复以草加泥涂之，四壁皆筑以土，东西多开牖以延日，冬暖夏凉，视瓦椽为佳"。由此可知，在清代便大量使用拉哈墙砌筑房屋。该区域土壤肥沃，适宜农业发展。四季分明，夏季温热多雨，冬季寒冷漫长，森林总覆盖率高，木材资源丰富，同时由黑龙江、乌苏里江、松花江作屏障，水系发达植被茂盛，山林茂密，朝鲜族多选择在背山面水较平缓的山脚地带建村，按照传统的农业习俗种植水稻。树木林立，草被丰富，为拉哈墙民居建造提供大量的原材料，同时又受到当地文化环境的影响，因此朝鲜族民居中大量使用拉哈墙体。

石材墙：石材砌筑底层拐角处放置比较方正的石块，然后按照放线砌筑里外皮石，并将碎石或者土填入中间，然后逐层错缝砌筑。一般家庭多采用未加工的毛石进行砌筑，有条件的对石材进行切割，使得外表平整。石材砌筑主要是行列式堆法、人字形砌法等。

石材墙体主要分布在辽宁东部地区，自然地理环境对这一地区的朝鲜族民居墙体砌筑方式起到决定性的因素。该地区主要以山地、丘陵为主，境内土地肥沃、气候温暖、林木丰富、石质优良，建造材料多以砖石为主。该区域盛产的花岗岩、青石、黄白石等各类石材是朝鲜族民居最主要的建筑材料。

辽东地区是多民族聚集的重要区域，其中满族、汉族、朝鲜族人口相对较多，该地区聚集的朝鲜族人大多数是平安道的后人。多民族聚集使得将不同的文化融入进来，中原文化的长期渗透使这里成为东北地区开化较早的地区之一。这些也逐渐地对该区域内的朝鲜族民居建造产生深远影响，以致整体建筑形态更为接近汉族民居建筑模式。总的来说，辽东地区朝鲜石材墙民居不仅受到了其自然地理环境因素的影响，同时还与该地区的历史文化背景紧密相关，从而造就了东北地区朝鲜族传统民居又一文化景观。

7.2.3 行政区划与文化区形成

在交通和通信都不发达的古代，政区建制对地域文化的发展具有重要影响，同时也是促成各地区产生文化差异的主要因素。一般来说，在同一行政区划内，频繁的文化交流促使人们从行为模式到民俗风情、从生产方式到经济状况、从语言特征到宗教信仰等多方面内容都趋于一致，同时，也使得区域内文化景观特征逐渐趋同，甚至达到均质。

由于明朝是女真到满族共同体形成的重要时期，而清朝随着八旗驻军与出关垦荒的满族人口逐渐增多，使这一时期满城同旗屯遍布东北各地。因此，明清是东北满族聚落形成的主要时期，同时也是民居文化景观特征形成最为主要的阶段。故本书以明清时期东北各满族聚居区建制沿革为主要参考。

明代：明朝统一东北之后，并未实行中原地区的行省、州县行政建制，而是先后设置了辽东、奴儿干两个都司，以及北平行都司，下辖400多个"卫"，卫下辖"所"，成为军政合一的特殊管理体制。其中东北满族聚居主要集中在辽东都司和奴儿干都司两个辖境区域内。

清代：清朝废除明朝在东北推行的卫所制，转而实行八旗制和州县制并行的旗民分治制度。康熙至乾隆年间，逐渐形成三个相当于行省的将军辖区：盛京、吉林、黑龙江。将军之下设专城副都统分驻各城，并管理各城的临近地区。副都统下有总管统领各旗。在汉民聚居之处，置府、州、县、厅，如同内地。光绪年间，东北的三将军体制逐渐发生变化，直至最终建立奉天省、吉林省、黑龙江省。

如今东北满族聚居区主要包含：清代行政区划内奉天省的奉天府、兴京府、海龙府、昌图府、锦州府、凤城直隶厅、长白府；吉林省的吉林府、宁古塔府、宾州府；黑龙江省的齐齐哈尔府、黑龙江府、绥化府。

民国时期：1912年中华民国成立后，东北经历了多年争夺，奉系军阀首领张作霖最终于1919年彻底统治了东三省，至1931年"九一八"事变起，东三省行政上在清末官制改革的基础上，也起了一定的变化。直至1945年对日抗日战争胜利后，中华民国政府将原东北根据伪满洲国时期的行政区划改划分为东北九省，增设辽北、安东、合江、嫩江、松江、兴安6省，以及沈阳、大连、哈尔滨3个直辖市。

其中，满族聚居区主要分布在当时的辽宁省、安东省、辽北省、吉林省、松江省、嫩江省、黑龙江省。

中华人民共和国成立初期（1949—1954年）：中华人民共和国成立后，中共中央对东北地区行政区划进行了重新划分，辽宁省和安东省合成了辽东省，辽北省和辽宁省的一部分改成了辽西省，合江省和松江省合并。即在中华人民共和国成立初期，形成了辽东、辽西、吉林、黑龙江、松江、热河6个省，沈阳、抚顺、本溪、鞍山4个直辖市，以及旅大行署区。

其中，满族聚居区主要分布于当时的辽东、辽西、吉林、黑龙江、松江省。

从东北地区满族聚居区建制沿革中可以看到如下规律：

（1）吉林省是东北满族聚居区中行政疆域变化较大的一个。今双城区、宁安市、海林市、阿城区、五常市在清代都隶属于吉林将军的管辖区域，而在民国之后，吉林省疆域范围不断缩小，以至中华人民共和国成立后以上各市区全部划分至今黑龙江省。因此，从行政区划上来看，上述地区与其靠近的吉林省北部区域民居文化景观特征趋同具有极大的可能性。

（2）今兴城市、义县、北镇市、绥中县自明代以来，各时期都属于同一行政区域内。

该四市县是典型的囤顶民居集中分布区，其文化景观特征相对比较均质，在调研中也发现，区域内民居建造技术都以砖石混砌或石材砌筑为主。

（3）今昂溪区、富裕县、爱辉区、北林区、望奎区，自明代以来，都隶属于黑龙江省地区。行政区划的稳定加之这些地区内部相似的地理环境，因此，极有可能促进文化景观的趋同性。

（4）本溪满族自治县、东陵区、抚顺县、辽阳县这一区域与新宾满族自治县、通化县、临江县、桓仁满族自治县之间自清代以来，都分别隶属于两个不同行政区内。此外加之两个行政区彼此相邻，因此，上述地区的文化景观极有可能具有相似性。

7.2.4　信仰习俗与文化区形成

中原移民的不断壮大逐步扩展到东北各个地区，随着地域环境的改变，汉人的经济生产和文化也有一定的变化，随之影响了民居的营造。

一是宗法等级制对东北民居产生的影响。宗法等级制度是中国古代社会重要的社会制度之一，对整个古代社会产生过重大影响，从宗法制而衍生出的宗族制度以血缘为纽带，至今对汉族人仍有影响。东北传统民居的不拘形式受到古代阶级社会制度和其意识形态的影响，以农业为核心的立国之基和以独立的封闭式家庭为结构的组织关系占据着家庭和社会的主导地位。由家至国，从君臣到父子都讲究主从尊卑关系，因而在民居布局上也呈现了以中轴线为核心、均衡对称的建筑院落布局形式，以轴线对称的方式布局不同的坐标点上的建筑直接反映主人的社会地位等级，特别是在东北地区留存的富家大院更加体现这种等级思想，正方坐北朝南且台基最高，供家族中的长者居住，并且正房的堂屋为宗族的核心，用于供奉祖宗牌位，东西配房则是晚辈居住的空间，其他地方的房屋则更为次之（图7-15、图7-16）。

二是礼制秩序，受到儒家思想的影响，礼制规范的祭祀活动不仅影响了祭祀同时也影响了人们生活的各个方面。在民居空间布局上则讲究长幼有序、内外有别、男女有避、合族而居的等级秩序，这种秩序在中原地区的汉族民居中体现最为严谨的规制，但随着中原儒家文化核心辐射范围距离的扩大，这种影响在东北地区也逐渐衰

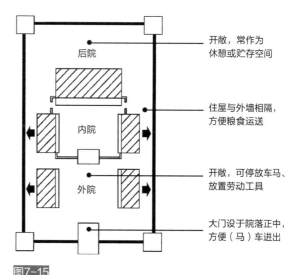

图7-15
东北汉族传统民居平面布局

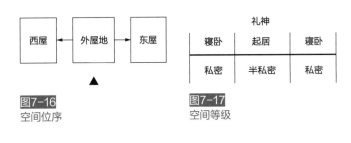

图7-16
空间位序

图7-17
空间等级

落，东北民居中仅有部分大院仍保留了这种空间秩序，但普通人家这种秩序则衰落而尽了（图7-17）。

三是宗教文化，在宗教文化中，佛教、道教、儒教、萨满教等都对汉族民居产生了重大影响，其中道教力主的"师法造化，崇尚自然，虽由人作，宛如天开"的原则也深刻影响了东北民居的营造，民居在择地选址、空间布局、材料选择、塑形传神和造景立意等方面都展现了与自然山水融合的特征，讲求顺其自然、依山就势的原则。

四是生活观念，院落随着汉人迁徙而逐渐变得宽大敞亮，主要是东北地区地多人少，宅基地大，此外大面积的农耕生产需要存放大量工具和马车等，冬季也需要存储柴垛、秸秆、囤粮等。汉族民居的面阔通常为单数，一般为三到五间，后来也受到少数民族文化的影响出现两间、四间等双数间。房屋平面的布置上有传统的生活观念例如择地、择日、格局、结构、材料、建造等事项。有些观念则如房间窗户尺度不能大于门，草房铺砖根脚忌铺八层砖，因为"八"与"扒"谐音，恐屋倒房扒不吉利等观念也影响着民居的营造。在生活上东北人最喜爱"炕"，原本在中原民居中被视为宗教礼法核心的"堂屋"则逐渐弱化成为厨房或暖阁，称之为"外屋地"，而东间则用作主要招待宾客和长辈居住的场所，"炕"文化也在东北兴盛起来，围绕炕头展开的生活成为汉族人的日常。

附录1 东北地区满族传统村落名录

省份	荣誉	批次	村名
黑龙江省	中国传统村落	第一批	齐齐哈尔市富裕县友谊乡三家子村
	中国少数民族特色村寨	第二批	哈尔滨市南岗区红旗满族乡东升村 哈尔滨市双城区希勤乡希勤满族村 哈尔滨市双城区幸福街道办事处久援满族村 齐齐哈尔市昂昂溪区水师营镇衙门满族村
	满族民俗村	—	齐齐哈尔市铁锋区扎龙满族村
	满族聚居村	—	哈尔滨市： 双城区（希勤满族乡爱德满族村、幸福满族乡庆城村、新兴满族乡新红村、联兴满族乡长生村、料甸满族乡烈火村、厢黄村、杨树镇红旗村）；五常市（拉林满族镇后黄旗村、西黄旗村、牛家满族镇头屯村、二屯村、红旗乡前兰旗村、营城子满族乡营城子村、南土村） 齐齐哈尔市： 昂昂溪区（水师营满族镇小阿拉街村、榆树屯镇霍托气村、榆树屯镇大阿拉街村、铁锋区扎龙乡赵凯村） 绥化市： 北林区（绥胜满族镇胜利一村、胜利三村、永安满族镇正黄二村、永安村、望奎县惠七镇惠七前村、惠六后村） 牡丹江市： 宁安市（范家乡联合村、渤海镇响水村、宁海浪镇大牡丹村、沙兰镇郭老五沟屯、石岩镇团子山村、南沟村） 黑河市： 爱辉区四嘉子满族乡西四嘉子村、爱辉区四嘉子满族乡小乌斯力村、爱辉区四嘉子满族乡卡伦山村、爱辉坤河乡黄旗营子村、孙吴县沿江乡胜利屯村、孙吴县沿江乡东光村
吉林省	中国传统村落	第二批	通化市通化县鹿东来乡圈子村 白山市抚松县漫江镇锦江木屋村
		第三批	白山市临江市花山镇珍珠村松岭屯
	中国少数民族特色村寨	第二批	吉林市龙潭区乌拉街满族镇韩屯村 四平市铁东区叶赫满族镇永合村
	满族民俗村	—	四平市铁东区叶赫满族镇英额卜村 吉林市乌拉街镇打渔楼村
	省级美丽乡村	—	吉林市龙潭区金珠镇农林村 吉林市龙潭区大口钦镇富屯村 四平市伊通县伊通镇五四村 通化市通化县大泉源满族朝鲜族乡荣胜村

省份	荣誉	批次	村名
吉林省	满族聚居村	一	长春市：九台市（莽卡满族乡莽卡村、三道村） 吉林市： 龙潭区（乌拉街满族镇乌拉街、旧街村、公拉玛村、大口钦满族镇大口钦村、孤家子村）；永吉县（金家满族乡金星村、伊勒门村）；昌邑区（土城子乡土城子村、渔楼村、两家子满族乡李树村） 四平市： 伊通县（伊通镇河北村、伊丹镇毯子村、伊丹镇东升村、马鞍山镇东风村、景台镇富山村、西苇族镇红光村、西苇镇腰苇村、营城子镇新山村、营城子镇新宏村、靠山镇靠山村、大孤山镇孟家村）；梨树县孟家岭镇赫尔苏门村、铁东区叶赫满族镇叶赫村、公主岭市（龙山满族乡土门岭村、泉眼村） 辽源市： 东丰县（三合乡靠山村、胜利村）；东辽县（安恕镇关门村、泉太镇大顶村、新农村） 延边州： 珲春市（三家子满族乡古城村、西崴子村、杨泡满族乡庙岭村、红旗河村） 通化市：通化县大泉源乡新胜村 白山市： 抚松县（漫江镇长松村、东岗镇果松村、抽水乡北沟村、万粮乡黄泥村、西岗乡松山村）；靖宇县（大维乡沙河村、景山镇上营子村）；临江市六道沟镇夹皮沟村、长白县（龙岗乡二道岗村、马鹿沟镇万宝岗村、龙岗村）
辽宁省	中国传统村落	第三批	抚顺市新宾满族自治县永陵镇赫图阿拉村 抚顺市新宾满族自治县上夹河镇腰站村
		第四批	锦州市北镇市富屯街道龙岗子村 锦州市北镇市富屯街道石佛村 锦州市北镇市大市镇华山村
		第五批	鞍山市岫岩满族自治县石庙子镇丁字峪村
	省级传统村落	第一批	鞍山市岫岩满族自治县石庙子镇丁字峪村 鞍山市岫岩县朝阳镇北茨村 北镇市大市镇大一村 北镇市鲍家乡高起村 北镇市街道办事处双塔村
	中国少数民族特色村寨	第二批	丹东市凤城市凤山区大梨树村 沈阳市棋盘山开发区望滨街道闫家村 抚顺市清原满族自治县南口前镇王家堡村 抚顺市清原满族自治县大苏河乡三十道河村 本溪市本溪满族自治县东营坊乡湖里村 本溪市桓仁满族自治县华来镇二户来村 本溪市桓仁满族自治县木孟子镇木孟子村 本溪市桓仁满族自治县普乐堡镇龙泉村 丹东市宽甸满族自治县青山沟镇青山沟村 铁岭市清河区张相镇石家堡子村 铁岭市铁岭县白旗寨满族乡夹河厂村 辽阳市辽阳县吉洞峪满族乡吉洞峪村 葫芦岛市龙港区连湾街道荒地村

续表

省份	荣誉	批次	村名
辽宁省	满族民俗村	—	沈阳市东陵区李相镇化陨石山满族民俗村 本溪市南芬区思山岭街道甬子峪满族民俗村 大连市金州区石河街道 铁岭市铁岭县横道河子镇红带沟满族村 铁岭市开原市石家堡子满族民俗村 抚顺市清原满族自治县大苏河乡沙河子村
	满族聚居村	—	沈阳市： 苏家屯区（白清寨乡康家山村、十里河镇十里河村）；沈北新区石佛寺镇石佛寺村 抚顺市： 抚顺县（拉古满族乡刘山村、东洲区老虎台街道、上马乡南彰党村、海浪乡下海浪村、石文镇瓦房村）；新宾满族自治县（永陵镇西堡村、阿伙洛村、达子营村、新宾镇照阳村、黄旗村、木齐镇小洛村、上夹河镇马尔墩村、古楼村、苇子峪镇于家村）；清原满族自治县（南口前镇王家堡村、南口前村、大苏河乡三十道河村、夏家堡满族镇夏家堡村、小孤家村、大孤家镇西腰堡村） 本溪市： 本溪满族自治县（东营坊乡羊湖沟村、草河口镇草河口村、草河掌镇套峪村、草河城镇白水村、碱厂镇长咀子村）；桓仁满族自治县（八里甸子镇八里甸子村、业主沟满族乡业主沟村、江东村） 鞍山市： 岫岩满族自治县（石庙子镇蓝家村、石灰窑镇坎子村、杨家堡镇老虎洞村、黄花甸镇关门山村、黄花甸村、新甸镇合顺村、哈达碑镇桑皮峪村）；海城市（析木镇缸窑岭村、孤山镇孤山村、拉木房村） 丹东市： 凤城市（大堡镇纪家村、鸡冠山镇丁家房村、陡岗子村、白旗镇王家村、吴家村、边门镇大东村、石城镇南高村）；宽甸满族自治县（大川头镇大川头村、灌水镇边沟村） 大连市： 瓦房店市（三台满族乡西蓝旗村、老虎屯满族镇虎头村）；庄河市（吴炉满族镇吴炉村、光华村、塔岭镇棒槌沟村、石岭村、仙人洞镇三道沟村、黑岛镇北吴屯） 锦州市： 北镇市（富屯街道红石村、台子沟村、大市镇大二村、大三村、小岭子村、鲍家乡宁屯村、罗罗堡镇小三块石村、马太堡村、闾阳镇闾四村、前进村、吴台村、新立乡芦家村、柳家乡官营子村、吴家乡盘蛇村、赵屯镇后陆村、高山子镇关家村、季家村、青堆子镇于家村）；义县（头台满族乡万佛堂村、石头堡子村、城关满族乡东旱拉屯村、大榆树堡镇下大峪村、石匣地村、红墙子满族乡前窑村、头道河满族乡拉子村）；凌海市（温滴楼满族乡大茂堡村、英城子村）

省份	荣誉	批次	村名
辽宁省	满族聚居村	—	**铁岭市：** 铁岭县横道河子镇八家沟村、西丰县（成平满族乡成平村、营厂满族乡礼泉村、巨德村、金星满族乡金星村）、昌图县泉头满族镇泉头村、开原市（靠山满族镇靠山屯、八宝镇八宝屯村、莲花镇青石村、黄旗寨满脑子乡黄旗寨村） **营口市：** 鲅鱼圈区（熊岳镇郭屯村、西关村、红旗镇达营村、胜台村） **辽阳市：** 辽阳县（甜水满族乡甜水村、古家子村、庙沟村、吉洞峪满族乡礼备村） **葫芦岛市：** 兴城市（红崖子满族乡古城子村、大山台村、羊安满族乡羊安村、白塔满族乡老边村、白塔村、沙后所镇前王村、龙王村、东辛庄镇张虎村）；绥中县（网户满族乡马山界村、张监村、范家满族乡薛家村、明水满族乡明水村、姚家村、加碑岩乡东稍树村、前所镇前所村）

附录2 东北地区朝鲜族传统村落名录

省份	荣誉	批次	村名
黑龙江省	中国传统村落	第三批	牡丹江市宁安市渤海镇江西村
	中国少数民族特色村寨	第一批	牡丹江市宁安市江南朝鲜族满族乡明星村
		第二批	鸡西市密山市和平朝鲜族乡兴光村 牡丹江市宁安市卧龙朝鲜族乡勤劳村 黑河市北安市主星朝鲜族乡主星村 黑龙江省哈尔滨市尚志市鱼池朝鲜族乡新兴村 鹤岗市萝北县东明朝鲜族乡红光村 佳木斯市桦川县星火朝鲜族乡中星村 牡丹江市西安区海南朝鲜族乡中兴村
	朝鲜族民俗村	—	星火朝鲜族民俗村 鸡林乡朝鲜族民族风情园民俗村
	全国文明村镇	—	鸡西市鸡东县鸡林朝鲜族乡鸡林村 鹤岗市萝北县东明朝鲜族乡黎明村
	美丽乡村	—	—
	省级传统村落	—	
	朝鲜族聚居村	—	哈尔滨市： 尚志市（河东朝鲜族乡南兴村、鱼池朝鲜族乡鱼池村、筒子沟村开道村、兴安村、昌平村、锦河村、太阳村）；依兰县（迎兰朝鲜族乡迎兰村、红石村）；延寿县（平安乡星光村、加信镇富民村）木兰县（东兴镇东光村、中华人民共和国成立乡红鲜村）；五常市（民乐朝鲜族乡富胜村、民乐村、红光村、双义村、新乐村、振兴村、五常镇新村）；通河县（清河镇二道河村） 牡丹江市： 西安区（海南朝鲜族乡南拉古村、山河村、红星村）；宁安市（城东朝鲜族满族乡中马河、新安、下马河）；穆棱市（河西镇更新村）；东宁县（三岔口朝鲜族乡朝鲜族村） 佳木斯市： 桦川县（星火朝鲜族乡红光村、燎新村、星光村、星火村）；汤原县（汤旺朝鲜族乡红旗村、太阳村、金星村、红光村、金光村、火星村、星光村） 海林市： 海林县（新安朝鲜族镇中和村、西安村、密江村、和平村、永乐村、共济村、三家子村、再兴村、海南乡红星村、中兴村、海林镇铁南村） 绥化市： 北林区（兴和朝鲜族乡江南村、兴和村、中兴村、勤劳村）； 黑河市： 北安市（主星朝鲜族乡东星村、红光村、红星村）；逊克县（干岔子乡朝鲜族村）

省份	荣誉	批次	村名
黑龙江省	朝鲜族聚居村	—	鸡西市： 密山市（和平朝鲜族乡东明村、幸福村、兴凯朝鲜族乡兴凯湖村、石嘴子村、和平朝鲜族乡幸福村、东风村、东升村）；鸡东县（鸡林朝鲜族乡鸡林村、东兴村、东明村、进兴村、永光村、前进村、明德朝鲜族乡曙光村、五星村、红火村） 伊春市： 铁力县（年丰朝鲜族乡云山村、年丰村、东河村） 鹤岗市： 萝北县（东明朝鲜族乡东明村、红鲜村、红丰村、新胜村、新兴村） 齐齐哈尔： 昂昂溪区（三间房镇稻田村）
吉林省	中国历史文化名村	—	延边朝鲜族自治州图们市月晴镇白龙村
	中国传统村落	第二批	通化市通化县鹿东来乡圈子村
		第三批	白山市临江市六道沟镇三道阳岔村 白山市临江市花山镇珍珠村松岭屯 延边朝鲜族自治州图们市石岘镇水南村
		第四批	延边朝鲜族自治州敦化市大蒲柴河镇大蒲柴河村 白山市临江市六道沟镇夹皮沟村
	中国少数民族特色村寨	第一批	白山市浑江区七道江镇鲜明村 白山市长白朝鲜族自治县马鹿沟镇果园村 延边朝鲜族自治州珲春市敬信镇防川村 延边朝鲜族自治州和龙市西城镇金达莱村 延边朝鲜族自治州安图县石门镇茶条村 延边朝鲜族自治州安图县二道白河镇奶头山村 吉林市龙潭区乌拉街满族镇阿拉底村
		第二批	长春市双阳区双营子回族乡新胜村 吉林市永吉县口前镇兴光村 吉林市蛟河市乌林乡友谊村 吉林市桦甸市桦郊乡晓光村 四平市公主岭市南崴子街道大兴村 辽源市东辽县安石镇朝阳村 通化市通化县聚鑫经济开发区向前村 通化市梅河口市福民街道和盛村 白山市长白朝鲜族自治县马鹿沟镇二十一道沟村 白山市临江市六道沟镇三道阳岔村 延边朝鲜族自治州延吉市小营镇河龙村 延边朝鲜族自治州延吉市依兰镇春兴村 延边朝鲜族自治州龙井市东盛涌镇仁化村 延边朝鲜族自治州龙井市开山屯镇光昭村 延边朝鲜族自治州汪清县百草沟镇凤林村 延边朝鲜族自治州汪清县百草沟镇棉田村 延边朝鲜族自治州汪清县东光镇明月沟村 延边朝鲜族自治州汪清县东光镇磨盘山村 延边朝鲜族自治州安图县万宝镇红旗村

续表

省份	荣誉	批次	村名
吉林省	朝鲜族民俗村	—	梅河口市小杨满族朝鲜族古城朝鲜族民俗村
	美丽乡村	2017	延边朝鲜族自治州敦化市雁鸣湖镇腰甸村
	省传统村落	—	—
	朝鲜族聚居村		长春市： 榆树市（延和朝鲜族乡龙和村、延河村、长福村） 吉林市： 昌邑区（土城子满族朝鲜族乡巴虎村、永兴村）；磐石市（吉昌镇烧锅朝鲜族村）；蛟河市（乌林朝鲜族乡友谊村、南岗子乡新光村） 通化市： 通化县（金斗朝鲜族满族乡金星村、广信村、快大茂镇河鲜村）；梅河口市（小杨满族朝鲜族乡姜家街村、双龙村）；柳河县（姜家店朝鲜族乡姜家店村、三合村、三源浦朝鲜族乡安仁村、大北岔村）；集安市（凉水朝鲜族乡勇泉村、龙泉村、石青村、华田镇神河村、花甸镇新河村） 白山市： 长白朝鲜族自治县（马鹿沟镇下二道岗村、龙岗村、二道岗村、龙泉镇、梨树沟村、太阳村、沿江村、南尖头村、十九道沟村、大梨树村、二十道沟村、十八道沟村）；安图县（二道白河镇水田村、内头村、松江镇松花村、松江村） 延边朝鲜族自治州： 延吉市（小营镇小营村、东光村、吉兴村、仁坪村、依兰镇九龙村、大成村、台岩村、朝阳川镇三峰村、光荣村、兴安乡大成村、实现村、烟集乡台岩村、太阳村、明新村、龙井村）；图们市（月晴镇马牌村、笠峰村、水口村、杰满村、马牌村、安山村、大星村、德化镇吉地村、长安镇广兴村、苇子村一队、龙家村）；珲春市（英安镇甩湾子村）；龙井市（开山屯镇子洞村、弟东村、东盛涌镇龙山村、朝阳川镇三峰村、金乡东汇二队村）；龙市市（西城镇明岩村、南坪镇南坪村、八家子镇河南村、福洞镇福洞村、头道镇三河村、龙城乡河东村）；汪清县（汪清镇夹皮沟村、春和村、大仙村、东振乡春华村、大兴沟镇龙水村、大仙村）；安图县（小沙河乡茂朱村、离周焕、松江镇松花村）；敦化市（江源镇夹皮沟村、江南乡工业村、双胜村、马路村、贤儒镇贤儒村、南黄泥河村）
辽宁省	中国少数民族特色村寨	第一批	盘锦市盘山县胡家镇红岩村
		第二批	丹东市宽甸满族自治县下露河朝鲜族乡双联村 营口市大石桥市水源镇新光村 辽阳市灯塔市大河南镇新光村 盘锦市辽东湾新区荣兴镇海滨村 盘锦市盘山县甜水镇二创村
	朝鲜族民俗村	—	下露河朝鲜族乡三道河朝鲜族民俗村 荣兴稻作人家民俗村
	美丽乡村	—	
	中国传统村落	第五批	沈阳市新区石佛寺朝鲜族锡伯族乡石佛一村

续表

省份	荣誉	批次	村名
辽宁省	朝鲜族聚居村	一	丹东市： 宽甸满族自治县（下露河子朝鲜族乡马架子村、通江村、双河村、阳广村、川沟村） 盘锦市： 大洼县（荣兴朝鲜族乡中央屯村、海滨村、荣兴村） 鞍山市： 旧堡区（宋三台子朝鲜族满族镇红旗堡村、小营盘村、吴三村、宋三台子村）；千山区（达道湾镇晟新村、鲜明村、振丰村） 抚顺市： 顺城区（前甸朝鲜族镇詹家村、大道村、靠山村）；望花区（李石寨朝鲜族镇李石寨村、四方台村、刘尔屯村）；新宾满族自治县（旺清门镇旺清门朝鲜村、东江沿村） 沈阳市： 东陵区（浑河站乡满融村、金家湾村、上河湾村、西街道、东街道）；于洪区（大兴街道）；沈北新区（石佛寺朝鲜族锡伯族乡石佛寺一村、东兴村）

附录3 东北地区满族第三次全国文物普查不可移动文物名录——节选

省份	名称	年代	所在村落
黑龙江省	何家大院	清代	哈尔滨市双城区双城镇镇区
	张家大院	清代	哈尔滨市双城区双城镇镇区
	关家宅	清代	哈尔滨市双城区双城镇镇区
	孙家宅	清代	哈尔滨市双城区双城镇镇区
	赵玉斌宅	清代	哈尔滨市双城区双城镇镇区
	拉林镇满族四合院一	清代	哈尔滨市五常市拉林满族镇镇区
	拉林镇满族四合院二	清代	哈尔滨市五常市拉林满族镇镇区
	联合巷3号民居	清代	哈尔滨市依兰县依兰镇联合巷
	光跃巷56-3号民居	清代	哈尔滨市依兰县依兰镇光跃巷
	水点南巷14号民居	清代	哈尔滨市依兰县依兰镇水点南巷
	团结巷30号民居	清代	哈尔滨市依兰县依兰镇团结巷
	前五家子屯满族民居	清代	齐齐哈尔市昂昂溪区榆树屯镇前五家子屯
	曲老太太旧宅	清代	牡丹江宁安市宁安镇三合村
	清代满族民居	清代	黑河市爱辉镇镇区
吉林省	乌拉街清代建筑群	清代	吉林市乌拉街镇
	乌拉街民居	清代	吉林市乌拉街镇乌拉街
	关家老宅	清代	长春市九台市莽卡满族乡三道村
	范家大院	清代	伊通满族自治县景台镇范家村
	姜家宅院	清代	伊通满族自治县景台镇
	景家宅院	清代	伊通满族自治县景台镇
辽宁省	关向应故居	民国	大连市金州区向应乡关家村
	黄显声故居	清代	鞍山市岫岩满族自治县石庙子镇蓝家村
	夏文运故居	清代	大连市金州区七顶山满族乡大朱家村
	满族四合院	清代	沈阳市浑南区深井子镇民家村
	关大老爷旧居	清代	丹东市凤城市白旗镇王家村
	翁家大院民居	民国	本溪市南芬区思山岭街道办事处思山岭村
	尹登故居	清代	抚顺市新宾满族自治县上夹河镇胜利村
	佟家大院	清代	鞍山市岫岩满族自治县韭菜沟乡佟家堡村
	吴家大院	清代	鞍山市岫岩满族自治县朝阳乡朝阳村
	葛家大院	清代	鞍山市岫岩满族自治县洋河镇贾家堡村
	宋家大院	清代	鞍山市岫岩满族自治县偏岭镇包家堡子村
	口子门民宅	清代	丹东市凤城市边门镇口子里村
	宋老夫子旧居	清代	大连市瓦房店市老虎屯镇前二十里堡村
	山西宋家大院	清代	鞍山市岫岩满族自治县龙潭镇鹿圈村
	粉房谢家大院	清代	鞍山市岫岩满族自治县偏岭镇小偏岭村
	胡家大院	民国	鞍山市岫岩满族自治县偏岭镇包家堡村
	新屯夏家大院	清代	鞍山市岫岩满族自治县前营子镇新屯村
	门楼王家大院	清代	鞍山市岫岩满族自治县前营子镇门楼村
	沈家大院	清代	鞍山市岫岩满族自治县石灰窑镇新华村

省份	名称	年代	所在村落
辽宁省	马里马家大院	清代	鞍山市岫岩满族自治县汤沟镇马阳村
	上堡村王家老宅	民国	鞍山市岫岩满族自治县杨家堡子镇上堡村
	五道岔王家大院	民国	鞍山市岫岩满族自治县杨家堡子镇夹道沟村
	胡家大院	民国	鞍山市岫岩满族自治县杨家堡子镇兴开岭村
	湾沟林家大院	清代	鞍山市岫岩满族自治县洋河镇湾沟村
	北沟林家大院	清代	鞍山市岫岩满族自治县洋河镇贾家堡村
	荒地王家大院	民国	鞍山市岫岩满族自治县朝阳乡荒地村
	朱家岭王家大院	清代	鞍山市岫岩满族自治县岭沟乡碾盘村
	岭沟福合隆大院	清代	鞍山市岫岩满族自治县岭沟乡岭沟村
	马岭白家大院	清代	鞍山市岫岩满族自治县哨子河乡马岭村
	刘山民居	民国	抚顺市抚顺县拉古满族乡刘山村
	后沟民居	民国	本溪市本溪满族自治县碱厂镇后沟村
	魏家网民居	清代	本溪市桓仁满族自治县桓仁镇镇区
	沙尖子民居	清代	本溪市桓仁满族自治县沙尖子镇沙尖子村
	红石王家大院	清代	丹东市宽甸满族自治县虎山镇红石村
	红石安家大院	清代	丹东市宽甸满族自治县虎山镇红石村
	长岗子李桂月老宅	民国	丹东市宽甸满族自治县虎山镇长岗子村
	张海川故居	清代、民国	丹东市宽甸满族自治县毛甸子镇毛甸子村
	宝石陈家大院	民国	丹东市宽甸满族自治县毛甸子镇宝石村
	下甸子老史家大院	清代	丹东市宽甸满族自治县硼海镇下甸子村
	下甸子高家大院	民国	丹东市宽甸满族自治县硼海镇下甸子村
	小李堡王家大院	清代	丹东市东港市合隆满族乡齐家堡村
	龙源堡辛家大院	民国	丹东市东港市合隆满族乡龙源堡村
	康选三故居	清代	丹东市凤城市凤山街道老爷庙村
	夏家大院	清代	丹东市凤城市大堡镇三官村
	东德奎民居	清代	丹东市凤城市红旗镇德奎村
	刘氏宅	清代	丹东市凤城市鸡冠山镇薛礼村
	五间房民居	清代	丹东市凤城市石城镇镇区
	馒首山白氏住宅	清代	营口市鲅鱼圈区红旗镇馒首山村
	坡子民居	清代	营口市盖州市归州镇坡子村
	徐珍故居	清代	辽阳市辽阳县吉洞峪满族乡吉洞峪村
	菏泽方民居	民国	铁岭市清河区张相镇镇区
	马殿臣民居	民国	铁岭市清河区张相镇镇区
	陈家大院	清代	铁岭市清河区聂家满族乡
	金寨屯民居	民国	铁岭市西丰县成平满族乡兴德村
	秀峰屯民居	清代	铁岭市西丰县德兴满族乡连云村
	杨玉民家宅院	民国	葫芦岛市绥中县葛家满族乡
	华裕民石屋	民国	葫芦岛市绥中县范家满族乡

附录4 东北地区朝鲜族第三次全国文物普查不可移动文物名录——节选

省份	名称	年代	所在村落
辽宁省	蜂蜜沟民居	民国	抚顺市新宾满族自治县旺清门镇
	江南村民居	民国	抚顺市新宾满族自治县旺清门镇
	阿尔当庙	清代	抚顺市清原满族自治县清原镇（有待确认）
吉林省	延边朝鲜族民俗园	中华人民共和国	延边朝鲜族自治州延吉市小营镇
	南山路住宅建筑群	民国	延边朝鲜族自治州图们市新华街道
	新兴洞朝鲜族民居	民国	延边朝鲜族自治州图们市凉水镇
	石建二队朝鲜族民居	民国	延边朝鲜族自治州图们市月晴镇
	崔家大院	民国	延边朝鲜族自治州敦化市贤儒镇
	关家大院	清代	延边朝鲜族自治州敦化市黑石乡
	玻璃洞朝鲜族民居	民国	延边朝鲜族自治州珲春市敬信镇
	北兴村朝鲜族传统民居	清代	延边朝鲜族自治州龙井市三合镇
	尹东柱故居	清代	延边朝鲜族自治州龙井市智新镇
	朱德海旧居	民国	延边朝鲜族自治州龙井市智新镇
	上化民俗建筑	民国	延边朝鲜族自治州和龙市南坪镇
	奶头山朝鲜族传统民居	民国	延边朝鲜族自治州安图县二道镇
	西江知识青年集体户旧居	中华人民共和国	延边朝鲜族自治州安图县两江镇
黑龙江省	高安村民居	民国	牡丹江市东宁县三岔口镇
	北拉古村建筑一	清代	牡丹江市海林市海南朝鲜族乡
	北拉古村建筑二	清代	牡丹江市海林市海南朝鲜族乡
	北拉古村建筑三	清代	牡丹江市海林市海南朝鲜族乡
	红光村朝鲜族传统民居	中华人民共和国	佳木斯市桦川县星火乡
	东兴村朝鲜族民居	中华人民共和国	鸡西市鸡东县鸡东镇
	老永府侵华日军开拓团团部房舍	民国	伊春市铁力市年丰朝鲜族乡
	侵华日军畜产开拓团团部房舍	民国	伊春市铁力市年丰朝鲜族乡

参考文献

［1］ 赵东升. 东北地区现代气候变化及其对生态地理界线的影响研究［D］. 长春：东北师范大学，
    2004：8-9.

［2］ 金正镐. 东北地区地区传统民居与居住文化研究［D］. 北京：中央民族大学，2005：8-13.

［3］ 张佳茜. 东北地区传统聚落演进中的人文、地貌、气候因素研究［D］.西安建筑科技大学，
    2016：93-94，33.

［4］ Carl O·Sauer. The Morphology of Landscape［M］. California: University of California Publications in
    Geography, 1925.

［5］ McKenzie P., Cooper A. The Ecological Impact of Rural Building on Habitats in an Agricultural
    Landscape［J］. Landscape and Urban Planning, 2011, 101: 262-268.

［6］ 杨立国，刘沛林，林琳. 传统村落景观基因在地方认同建构中的作用效应——以侗族村寨为
    例［J］. 地理科学，2015，05：593-598.

［7］ Allen G. Noble. Traditional buildings: a global survey of structural forms and cultural functions［M］.
    London: LONDON I. B. TAURIS, 2007.

［8］ 韩沫，王铁军. 北方满族民居历史环境景观［M］. 北京：中国建筑工业出版社，2015：72-77.

［9］ 王守卫，邓延发. 中国玉都岫岩老宅院［M］. 哈尔滨：黑龙江美术出版社，2009：22-110.

［10］ 姜欢笑，王铁军，石砚侨. 满族传统民居建筑材料历史演变过程［J］. 延边大学学报（社会
     科学版），2008，47（1）：93-99.

［11］ 赵龙梅. 我国东北地区传统井干式民居研究［D］. 沈阳：沈阳建筑大学，2012：57.

［12］ 韦宝畏，许文芳. 东北传统民居的地域文化背景解析［J］. 吉林建筑大学学报，2014，31（2）：
     49-51.

［13］ 杨永生，王莉慧. 建筑百家谈古论今——地域篇［M］. 北京：中国建筑工业出版社，2007：64.

［14］ 王玉. 辽宁满族民居建筑特色研究［D］. 苏州：苏州大学，2010：21.

［15］ 周立军，于立波. 东北传统民居应对严寒气候技术措施的探讨［J］. 南方建筑，2010，（6）：
     12-15.

［16］ 马雪峰. 以兴城古城周家住宅为例谈囤顶民居形制［J］. 山西建筑，2011，37（20）：32-33.

［17］ 张驭寰. 吉林民居［M］. 天津：天津大学出版社，2009：22-173.

［18］ 周立军，陈伯超，张成龙.东北民居［M］.中国建筑工业出版社，2009：173.

［19］ 张涛. 国内典型传统民居外围护结构的气候适应性研究［D］.西安建筑科技大学，2013：67-68.

［20］ 赵龙梅. 我国东北地区传统井干式民居研究［D］.沈阳：沈阳建筑大学，2012：57.

［21］　曾艳. 广东传统聚落及其民居类型文化地理研究［D］.华南理工大学，2016：66，169.

［22］　于学斌. 辽东满族和辽西满族民居的比较研究——以岫岩和北宁为例［J］. 满族研究，2006，1：103-109.

［23］　朴玉顺，陈伯超，李东培，具英敏，洪世杓. 中国东北地区朝鲜族民居特色浅析［A］. .建筑史论文集（第14辑）［C］. 2001：8.152.

［24］　杜文艺. 基于文化地理学的南宁地区传统村落及民居研究［D］. 广州：华南理工大学，2016：48-52.

［25］　冯志丰，肖大威，傅娟. 基于文化区划的传统村落与民居文化景观特征研究——以广州为例［J］. 建筑与文化，2016，6：102-104.

［26］　吴必虎. 中国文化区的形成与划分［J］. 学术月刊，1996，03：10-1.

［27］　曾祯. 基于图形叠加及地统计学的浙江文化区空间透视［D］. 杭州：浙江师范大学，2013：6-8.

［28］　周尚意，孔翔，朱竑. 文化地理学［M］. 北京：高等教育出版社，2004：16.

［29］　周尚意. 文化地理学研究方法及学科影响［J］. 中国科学院院刊，2011，26（4）：415-422.

［30］　曾艳，陶金，贺大东，肖大威. 开展传统民居文化地理研究［J］.南方建筑，2013，1：84-85.

［31］　张淇. 大埔县传统民居文化地理学研究［D］. 广州：华南理工大学，2013：I.

［32］　赵映. 基于文化地理学的雷州地区传统村落及民居研究［D］. 广州：华南理工大学，2015：87-88.

［33］　方创琳，刘海猛，罗奎，于晓华. 中国人文地理综合区划［J］. 地理学报，2017，72（2）：179-196.

［34］　余英. 中国东南系建筑区系类型研究［M］. 北京：中国建筑工业出版社，2001：25-42.

［35］　卢云. 文化区：中国历史发展的空间透视［J］. 历史地理，1990，9：14.

［36］　刘沛林，刘春惜，邓运员等. 中国传统聚落景观区划及景观基因识别要素研究［J］. 地理学报，2010，65（12）：1496-1506.

［37］　［美］丹尼斯·麦奎尔，斯文·沮德尔. 大众传播模式论［M］. 祝建华等译. 上海：上海译文出版社，1987：16-20.

［38］　波·少布. 黑龙江满族的构成［J］. 满族研究，2006，3：52-59.

［39］　韦宝畏，许文芳. 东北传统民居的地域文化背景探析［J］. 吉林建筑大学学报，2014，31（2）：49-51.

［40］　徐宗亮. 黑龙江述略［M］. 哈尔滨：黑龙江人民出版社，1985：79.

［41］　董鸿扬. 黑土魂与现代城市人［M］. 北京：西苑出版社，2000：13.

［42］　Stevan Harrell, ed. Cultural Encounters on China's Ethnic Frontiers［M］. Seattle: University of Washington Press, 1995.

［43］　清原满族自治县民族系宗教事务局，清原满族自治县满族联谊会. 清原满族［M］. 沈阳：辽

宁民族出版社，2016：25.

［44］ 刘小萌. 清代东北流民与满汉关系［J］. 清史研究，2015，（4）：1–22.

［45］ 姜晔. 民国时期的东北移民潮探析［J］. 辽宁师范大学学报（社会科学版），2012，35（2）：
284–288.

［46］ Altman, Irwin & Chemers, Martin. Culture and Environment［M］. Brooks: Cole Publishing Company,
1980.

［47］ Rigger Shelley. "Voices of Manchu Identity, 1635—1935", in Stevan Harrelled., Cultural Encounters
on China's Ethnic Frontiers［M］. Washington: University of Washington Press, 1995.

［48］ 大间知笃三. 北方民族与萨满文化［M］. 色音译. 北京：中央民族大学出版社，1995：5–9.

［49］ 于学斌. 辽东满族和辽西满族民居的比较研究——以岫岩和北宁为例［J］. 满族研究，2006，
1：103–109.

［50］ 关亚新，张志坤. 辽西地区生态环境的历史变迁——以辽宁西部地区为例［J］. 渤海大学学
报（哲学社会科学版），2014，36（1）：29–32.

［51］ 黄普基. 清时期辽宁、冀东地区聚落建筑材料与形［J］. 中国历史地理论丛，2012，27（4）：
135–144.

［52］ 张其卓. 岫岩满族源流考［J］. 满族研究，1982，2：81–85.

［53］ 金日学，李春姬，张玉坤. 庆尚道原籍朝鲜族民居的近代变迁与传统要素的持续性——以黑
龙江省绥化市勤劳村为例［J］. 遗产与保护研究，2018，3（02）：20–25.

［54］ 李之吉. 吉林朝鲜族传统民居［J］. 小城镇建设，1998（05）：49–50.

［55］ 吴龙峰. 延边朝鲜族聚居地乡土景观研究［D］. 北京林业大学，2014：17–21.

［56］ 金日学. 庆尚道原籍朝鲜族民居的空间特性及变迁研究（ppt）. 中韩民居建筑研究展暨高层
次学术会议论坛，2018，5，30.

［57］ 李广林. 浅析囤顶传统民居的特点（以兴城为例）［J］. 中华民居，2011（12）：15–16.

［58］ 千寿山、金钟国：《中国朝鲜族风俗》，沈阳：辽宁出版社，1996年，第67–68页.

［59］ 吕静，张浩. 吉林省朝鲜族传统村落保护策略探究——以月晴镇白龙村为例［J］. 绿色环保
建材，2016（11）：234–235.

［60］ 孙睿珩. 基于可持续发展的延边地区乡村朝鲜族民居设计策略［J］. 长春工程学院学报（自
然科学版），2016，17（04）：53–79.

［61］ 金俊峰. 中国朝鲜族民居［M］. 民族出版社，2007：4–148.

［62］ 崔向日. 东北地区朝鲜族传统居住空间构成研究［J］. 成功（教育），2010（12）：292–293.

［63］ 刘思铎，于薇. 中国东北井干式传统民居的地域特色研究［A］. 中国建筑学会建筑史学分
会、中国科学技术史学会建筑史专业委员会、兰州理工大学设计艺术学院. 建筑历史与理论
第十一辑（2011年中国建筑史学学术年会论文集-兰州理工大学学报第37卷）［C］. 2011，3：
163–165.

［64］ 박경휘：《중국조선족의의식주생활풍습》，서울：집문당，1994년，151~157.

［65］ 朝鲜社会科学院民俗学研究室. 朝鲜民族风习［M］. 平壤：外文出版社，1988.

［66］ 金东勋. 朝鲜族文化［M］. 长春：吉林教育出版社，1986.

［67］ 朴玉顺. 温突——朝鲜族民居的独特采暖方式［J］. 沈阳建筑工程学院学报，2000（03）：159-162.

［68］ 최영철：《강*온돌》，서울：고려서적주식회사，1989년135-141.

［69］ 杨丹. 东北朝鲜族民居可持续发展调查研究［D］. 东北师范大学，2009.

［70］ 陆元鼎，杨谷生. 中国民居建筑［M］. 广州：华南理工大学出版社，2003：748.

［71］ 王红燕. 东北地区碱土民居提升和改良策略研究［D］. 沈阳建筑大学，2013.

［72］ 谷力主编，文化阅读 满族的取暖与火炕. 松原年鉴，长春出版社，2014，153，年鉴.